패션 비즈니스의 이해를 위한

의류상품학

패션 비즈니스의 이해를 위한

의류상품학

천종숙 지음

Apparel Products for Business of Fashion

교문사

저자소개

천종숙

연세대학교 생활과학대학 의류환경학과 (학사)
연세대학교 대학원 의류환경학과 (석사)
미국 University of Wisconsin-Madison, Dept. of Environmental,
Textiles and Design (박사)
산업자원부 기술표준원 교환교수
한국섬유산업연합회 자문위원
한국방송통신대학 전문위원
한국산업표준심의회 심의위원
한국교육개발원 심의위원
한국패션전자상거래협회 전문위원
현재 연세대학교 생활과학대학 의류환경학과 교수
연세대학교 생활환경대학원 패션산업정보 주임교수

의류상품학

2005년 3월 5일 초판 발행
2012년 2월 21일 3쇄 발행

저 자 천 종 숙
발행인 류 제 동
발행처 ㈜ 敎文社

413-756 경기도 파주시 교하읍 문발리
출판문화정보산업단지 536-2
전화 031) 955-6111(代)
FAX 031) 955-0955
등록 1960.10.28 제406-2006-000035호
홈페이지 : www.kyomunsa.co.kr
E-mail : webmaster@kyomunsa.co.kr
ISBN 89-363-0714-2(93590)

값 19,000원
※ 잘못된 책은 바꿔 드립니다.

머리말

우리나라의 중요한 산업 분야인 섬유 및 의류산업은 이제 저임금의 장점을 이용하여 원가 경쟁력에 매달리는 전통산업에서 고부가가치의 첨단산업으로 발전하는 단계에 와 있다. 패션산업의 역사가 오래된 미국은 기성복 제조가 산업의 형태를 갖춘 지 150여 년의 역사를 가지고 있다. 이에 비해 우리나라의 기성복 제조 산업은 50년 정도의 짧은 역사를 가지고 있지만 1970년부터 일본, 홍콩, 대만과 함께 아시아의 선도적인 의류생산기술 보유국으로 인정받고 있다. 그렇지만 국제적으로 시장이 개방된 무한 경쟁구조에서 한국의 섬유, 의류, 패션산업의 도약을 위해 요구되는 것은 국제적인 경쟁력을 갖춘 패션 브랜드의 탄생과 고급시장의 개척이다.

우리나라는 이러한 패션산업이 추구해야 할 시대적인 역할의 변화에도 불구하고 1990년대 후반을 기점으로 국내 섬유산업과 어패럴 산업이 위기를 맞고 있다. 이로 인해 급격한 국내외 경제 환경의 변화 및 세계 교역질서의 개편에 따른 국내의 섬유 및 의류산업 공동화에 대한 우려가 팽배하다. 하지만, 이러한 비관적인 전망을 뒤로 하고 한국의 패션산업이 발전할 수 있는 방안은 패션 비즈니스의 현실과 실용적인 문제해결 방안을 잘 아는 전문가를 양성하는 것이다.

전문가 양성의 첫 단계는 패션산업을 비즈니스로 이해하는 전문적인 시각을 갖도록 하는 것이며, 의류의 상품을 분석적으로 알도록 하는 것이다. 의류를 상품으로 인식하고 그 가치를 파악하여 상품을 개발하는 전문적인 업무는 1970년대를 기점으로 미국 패션산업의 성장과 더불어 부각된 패션머천다이징이다. 미국 패션산업의 발달 과정을 분석한 자료들은 전문화된 패션머천다이징 업무의 정립이 최근 30년 사이에 이루어졌음을 보여준다. 미국의 패션산업이 활성화되기 시작하던 1950년대에는 의류업체의 업무구조가 제조와 판매의 개념으로만 구성되었으나 이후 1960년대 브랜드 가치에 대한 인식으로 브랜드 홍보를 위한 마케팅 업무의 중요성이 높아졌다. 따라서 마케팅이 중요한 부서로 부상하였고, 이후 디자인 부서와 마케팅 부서 간의 전문성의 충돌을 해결하고 절충하는 업무를 담당하는 머천다이징 업무의 중요성이 인식되는 시기를 맞이하였다. 우리나라도 최근 10년 사이 머천다이징 업무에 대한 중요성이 인식되고 있으나 아직 전문적인 패션머천다이저를 교육시키기 위한 제도적인 지원 및 교육환경은 낙후된 실정이다.

최근의 국제 패션산업의 특징은 패션머천다이징 업무의 전문화와 소싱업무의 발달로 요약할 수 있다. 따라서 현대 산업사회에서 성공하는 패션기업은 창의적인 상품 디자인과 판매력이 있는 제품의 개발을 총지휘할 수 있는 매우 포괄적이고 전문적인 능력을 갖춘 전문 패션머천다이저를 필요로 한다. 즉, 패션산업을 구성하는 각 분야에 대한 해박한 지식을 갖춘 전문인이 필요해진 것이다.

이 책은 선진국형 패션산업, 부가가치를 창출하는 첨단 산업으로서의 패션산업에 대한 기대를 현실로 만들어가는 방안을 찾아보고자 노력하는 과정에서 얻어진 결과물이다. 그 동안 패션산업의 전문가들과 정보를 나누면서 얻은 지식들과 최근의 기술 발달에 관한 자료들을 중심으로 준비하였던 연세대학교 대학원과 학부과정 강의자료들과 학생들과 토론하면서 축적된 결과물이 이 책의 기초 자료로 활용되었다.

이 책은 4개의 부로 나누어 구성되었다. 1부는 패션산업의 특성을 이해하는 내용으로 구성되었고, 2부는 어패럴 상품을 복종별로 산업의 특징과 제품의 특징을 연계하여 이해하도록 하였다. 3부는 어패럴 상품을 분석적으로 평가하는 능력을 더하기 위하여 제품의 제조와 관련된 여러 가지 기술적인 측면을 포함하였고, 4부에서는 제품의 품질평가에 필요한 정보들을 수록하였다.

패션상품의 특징은 그 시대의 문화적인 특징과 가치가 반영되는 문화의 산물이므로 유기체처럼 변화한다. 또한 최근 50년간의 국내외 섬유 및 의류산업의 변화는 패션상품을 제작하고 유통시키는 기술이 정보통신 및 물류산업과 기계장비 산업의 발전과 더불어 발전함을 증명하고 있다.

따라서 지속적으로 변신을 거듭하는 패션비즈니스를 이해하기 위한 노력이 계속적으로 이루어져야 할 것이다. 이 책이 패션산업의 특징을 이해하는 데 조금이나마 도움이 되기를 바란다.

2005년 2월
천종숙

감사의 글

미국 University of Wisconsin-Madison의 Dr. Jasper 교수님의 당부 말씀에 깊은 감사를 드린다. 의류학의 모든 분야(디자인, 생산, 의류설계, 소비자연구, 마케팅, 소재과학 등)는 개별적으로 세분화된 전문적인 연구도 필요로 하지만 산업의 발전을 위해 통합적인 연구가 필요하다는 지도교수님의 마지막 당부는 이후 나의 연구의 주춧돌이 되어주었다.

아울러 그 동안 현장의 살아 있는 정보를 축적하기 위해 노력하는 과정에서 귀중한 가르침과 도움을 주신 많은 분들께 진심으로 감사드린다. 패션산업의 다양한 측면을 이해할 수 있도록 도움을 주신 많은 패션산업의 전문인들이 없었다면 이 책을 시작할 용기를 갖지 못했을 것이다. 특히 정보화 사회에서 한국 패션산업의 도약과 발전을 위한 정보를 나누었던 섬유 CEO e-Biz 교류회 등 좋은 기회를 마련해 주셨던 원대연 패션협회장님과 한국섬유개발원의 조상호 원장님, 한국섬유산업연합회의 안영기 부회장님과 정보화 추진팀의 팀장과 팀원들께 감사드린다. 또한 남성복 산업에 대한 중요한 정보를 제공해 주시고 최신 기술인 삼차원 인체측정 데이터를 남성용 정장 패턴 개발에 활용할 수 있는 산학협동 연구의 기회를 주신 (주)캠브리지의 이형대 사장님께 깊은 감사를 드린다. 패션상품과 제조기술에 관한 지식을 더하도록 도움을 주신 LG상사의 유지선 박사님, 코오롱의 송병호 부장님, 마담포라의 김수성 이사님, 신영와코루의 윤창규 실장님께도 감사드린다. 세계 속의 한국 패션산업의 현황과 발전 방안에 대한 생생한 경험을 들려주시고 학생들에게 현장학습의 기회를 제공해 주신 최신물산의 홍성표 고문님께도 깊은 감사를 드린다.

그리고 이 책이 나오기까지 4년 동안 인내하며 기다려준 교문사 류제동 사장님과 출판을 위해 편집과 원고 정리를 위해 수고해주신 직원 여러분께 감사를 드린다. 또한 표지디자인을 제작해 준 천정원 양과 자료정리를 도와준 제자 오설영에게도 고마움을 전하고자 한다.

의류상품과 패션산업, 머천다이징 업무의 특징을 이해하도록 강의하는 과정에서 많은 흥미를 가지고 자료를 수집하고 분석하였던 학생들의 성실한 과제 수행, 진지한 질문들도 이 책의 구석구석에 숨어 있다. 이들의 노력과 관심과 애정이 이 책을 마치는 데 큰 힘이 되었음을 기억하며 감사의 마음을 전한다.

차 례

제1부   패션산업의 특징

Apparel products for business of fashion

패션산업의 특징

패션산업은 패션상품과 소비자의 만남을 위해 준비하는 과정으로 이루어져 있다. 패션산업을 이해하기 위해서는 옷을 착용할 소비자, 새로운 스타일의 제품특성, 소비자에 의해 받아들여지는 시점 또는 판매가 이루어지는 시점, 판매가 이루어지는 장소에 대한 지식이 필요하다. 이러한 요소들은 상호 영향을 미치는 유기적인 관계에 있으며, 그 중심에는 상품과 소비자가 있다. 따라서 패션산업의 특징을 이해하기 위해서는 패션 상품의 물질적 특징에 대한 이해와 더불어 의류를 포함한 다양한 패션제품을 사용할 소비자의 특징과, 소비자의 요구에 대한 정확한 파악이 중요하다. 패션 비즈니스 활동의 성공을 위해서는 소비자의 수용에 대한 이해와 의류업체와 유통업체가 제안하는 새로운 스타일에 대한 이해가 무엇보다 중요한 요소이다.

'패션(fashion)'이라는 단어가 제공하는 의미는 개인의 라이프 스타일이나 직업, 가치관 등 여러 가지 관점에 따라 다르다. 예술적인 측면에 중요성을 높게 두는 사람들은 패션을 아름다움을 느끼고 창출하는 예술로 인식하지만, 실용적인 측면의 가치를 중요하게 여기는 사람들은 패션을 자연 및 주위 생활환경에 적응하기 위한 생활도구로 이해한다. '패션'이라

2

는 단어는 서구의 화려한 도시나 환상적인 느낌으로 다가오기도 하지만, 구체적으로는 백화점의 쇼윈도를 장식하는 매혹적인 상품이나 패션쇼에서 만나게 되는 늘씬한 모델을 연상시키기도 한다. 그러나 패션을 소비대상이 아닌 이윤 추구를 위한 비즈니스의 대상으로 이해하는 패션산업 종사자들에게 패션은 아이디어, 시간, 투자비용의 극대화라는 관점에서 경쟁이 치열한 비즈니스이다.

넓은 의미에서 패션은 단지 의류, 구두, 장식품 등의 특정한 물건에 국한되는 것이 아닌 무형의 문화적인 것까지도 포함된다. 따라서 한 시대에 유행했던 패션의 스타일은 그 시대의 문화, 사상, 가치관까지도 반영하고 있다. 패션산업을 구성하는 업종은 다양하다. 우리가 착용하는 것을 대상으로 한정하여 패션을 이해할 때 의류가 패션의 중심을 이룬다고 일반적으로 받아들여진다. 그러나 제화산업에 종사하는 사람들은 패션의 완성은 구두에 있다고 주장하고, 모자나 액세서리 산업에 종사하는 사람들은 완벽한 패션의 표현은 이들 액세서리로서 완성된다고 주장하기도 한다.

수중발레 선수들이 수면 위로 감탄을 자아내는 아름다운 율동을 보여주기 위해서 물밑에서 열심히 손이나 발로 물결을 조정하여야하듯 소비자의 감성을 만족시키며 소비자가 아름답고 편안하게 착용할 수 있는 패션 상품을 공급하기 위해 패션산업의 많은 전문가들은 각각의 분야에서 활발하고 바쁘게 움직이고 있다.

패션산업의 이해

이 장에서는 ...

≡ 패션산업의 특성과 구조를 이해한다.
≡ 패션산업을 구성하는 업종들의 종류와
  특성을 이해한다.
≡ 어패럴 업체의 업무 구조를 이해한다.
≡ 한국 패션산업의 특성을 글로벌시장의
  관점에서 이해한다.

패션산업의 범위는 소비자들이 외모를 치장하거나 신체를 보호하고, 안전하고 위생적인 생활을 위해 착용하는 상품의 제조나 판매, 유통과 관련된 산업분야를 포함한다. 패션산업은 의류상품이 소비자와 만나기까지 거쳐 왔던 모든 제조과정에 관련된 제조업체나 원료공급업체들과 백화점이나 패션전문상가, 할인점, 온라인 쇼핑사이트 등 유통에 관련된 기업들, 의류상품과 패션에 관련된 여러 가지 정보를 제공하는 신문이나 저널을 포함하는 언론 미디어 기업들도 포함하는 매우 폭넓은 산업이다.

경제의 규모가 확대됨에 따라 소비자들은 점점 더 고급화된 제품과 서비스를 요구하고 있다. 또한 인터넷을 비롯한 정보기술의 발달로 소비자들은 많은 정보를 제공받게 되고, 이러한 정보를 바탕으로 점점 더 다양한 제품을 요구하게 되었다. 따라서 현대의 패션산업은 소규모로 나뉜 소비자 집단이나 개인의 취향을 만족시키는 제품을 과거보다 더 낮은 가격으로 빠르게 공급할 수 있는 능력을 갖춘 전문가를 요구하고 있다. 이러한 패션산업의 구조적인 변화에 대한 요구는 산업기술 발달의 지원을 받아 실현되고 있다. 이러한 문화와 기술의 발전에 의지하여 현대의 패션산업은 소비자 개인의 감성적 취향을 만족시키는 제품을 제공하는 방향으로 발전하고 있다.

패션 비즈니스에서의 성공을 원하는 기업이 갖추어야 할 기본적인 능력은 소비자의 수요를 정확하게 파악하고 파악된 소비자의 요구를 제품에 반영할 수 있는 능력이다. 즉, 디자인이나 서비스의 측면에서 소비자가 만족할 수 있는 제품을 제공할 수 있는 능력이다. 또한 생산된 제품을 소비자가 원하는 시기에 쇼핑하기 원하는 장소에 판매 가능한 가격으로 공급함으로써 기업의 이윤을 높일 수 있는 영업 마케팅 능력도 필요하다. 패션비즈니스에서의 성공을 위해서는 패션산업을 구성하고 있는 여러 분야에 대한 이해와 패션의 속성을 이해하는 것이 필요하다.

이 단원은 패션을 전공하는 사람들과 패션산업을 이해하고자 하는 사람들을 위하여 패션산업의 구조와 특성을 이해하는 데 도움을 줄 수 있는 내용을 포함하였다.

1. 패션의 속성

패션산업을 이해하기 위해서는 패션의 속성을 먼저 이해해야 한다. 패션의 속성은 다음과 같이 정리할 수 있다.

- 패션은 정지한 상태에 머무르지 않는다. 패션의 경쟁력은 항상 새로움을 찾아 변화하는 것에 있다.
- 패션은 사이클을 가지고 변화한다. 패션은 항상 새로운 것을 찾아 변화하지만 예전의 스타일이 반복되어 나타나기도 한다. 그러나 과거의 스타일이 복귀되더라도 그 시대가 받아들이는 특징을 반영한 새로운 스타일이나 실루엣, 디테일로 복귀한다.
- 패션은 최종적으로 소비자에 의해 창조된다. 패션은 예술성과 상업성을 동시에 추구한다. 현실적으로 패션산업은 비즈니스이다. 패션 기업의 궁극적인 성공과 실패는 소비자에게 인정받고 받아들여지는 또는 소비자가 구매하는 제품으로 판정된다. 따라서 패션 비즈니스에서는 소비자 수요의 흐름이 어떻게 변화하는지 신속하고 정확하게 파악하고, 그 변화를 반영한 제품을 제공할 수 있는 능력이 중요시 된다.
- 패션에 대한 소비자들의 수용 속도는 다양하다. 민감한 감성을 가진 젊은 세대를 대상으로 한 제품들은 일반적으로 새로운 스타일에 대한 수용 속도가 매우 빠르지만 관심에서 멀어질 때도 매우 빠른 속도로 사라진다. 품목에 따라 짧은 시간동안 유행하는 스타일의 제품도 있으며, 오랜 기간 동안

꾸준한 판매 실적을 올리는 기본적인 스타일의 상품도 있다. 단기적인 유행에 민감한 반응을 보이는 상품들을 '패션 상품'이라고 하며, 기본적인 스타일 특징이 유지되며 장기적으로 꾸준한 판매가 이루어지는 상품들을 '기본 상품' 또는 '베이직 상품'이라고 한다.

- 패션 브랜드의 제품 스타일은 대상자의 특성에 따라 달라진다. 심리적, 경제적으로 안정적인 중년의 소비자를 대상으로 하는 의류상품은 오랜 기간 동안 변화하지 않는 기본적인(클래식한) 스타일의 제품 구성비율이 높다.
- 가격대가 소비자 또는 의류상품의 가치 등급을 의미하지는 않는다. 상품의 가치는 소비자가 해당 제품에 기대하는 가치요소에 따라 달라진다. 실용적인 가치를 중요시하는 소비자 집단은 소재나 용도의 실용성 등을 중요시하는 반면 유행에 민감하고 새로움의 추구에 가치를 두는 소비자들은 스타일이나 소재의 특이함, 유행의 반영에 더 큰 가치를 부여한다.
- 패션은 지역에 따라 특징적인 모습을 보인다. 인터넷은 소비자들이 세계적인 패션의 흐름을 공유하도록 한다. 하지만, 각 지역의 문화적인 특징과 감성의 차이가 있으므로 동일한 유행의 흐름을 공유하더라도 지역에 따라 선택되는 소재나 색상, 디테일에 차이가 나타나게 된다.

2. 패션산업의 분류

패션산업은 전통적으로 의류나 패션 액세서리의 제작에 필요한 원료와 직물을 공급하는 섬유(텍스타일)산업과 의류제품의 생산과 관련한 의류(어패럴)산업으로 구성된다. 토탈 패션의 개념에서 구두, 가방, 모자, 벨트, 스카프 등 각종 패션 액세서리 산업도 패션산업에 포함된다. 이 외에도 생산된 상품을 판매하는 패션유통업과 패션 관련 저널을 발행하는 언론기관, 패션쇼를 기획하고 연출하는 기획 서비스를 전문적으로 제공하는 행사(이벤트) 기획회사 등 많은 관련 분야가 연계되어 있다.

하나의 의류상품이 소비자에게 판매되기까지 과정에 관련된 산업은 크게 3단계로 나뉜다. 첫째, 재료를 공급하는 섬유산업 둘째, 공급받은 재료로 의류를 제조하는 의류(어패럴)산업 셋째, 생산된 제품을 소비자에게 공급하는 소매

유통산업이다. 섬유산업은 의류 제품의 생산에 필요한 직물을 공급하는 분야와 각종 산업에서 사용되는 산업용 섬유를 제조 공급하는 분야로 나뉜다. 이 책에서는 섬유산업을 의류 제품의 생산과 관련된 분야로 제한하여 설명하고자 한다.

1) 섬유산업

의류상품의 생산에 필요한 원료를 공급하는 섬유(textile) 산업에는 실을 만들

표 1-1 섬유산업과 의류산업분류

한국표준산업분류(통계청)	북미산업분류시스템(NAICS)
제조업(D)-섬유제품제조업(17)	Manufacturing(31)-313 Fiber, Yarn, Thread mills
171 제사 및 방적업 　1710 제사 및 방적업 　　17101 제사 및 견 방적업 　　17102 면 방적업 　　17103 모 방적업 　　17104 화학섬유 방적업 　　17105 연사 및 실 가공업 　　17109 기타 방적업	3131 Fiber, Yarn, Thread mills(제사 및 방적업) 　31311 Fiber, Yarn, Thread mills(제사 및 방적업) 　　313111 Yarn spinning(연사) 　　313112 Yarn texturing(실가공업) 　　313113 Thread(실가공업)
172 직물직조업 　1720 직물직조업 　　17201 화섬직물 직조업 　　17202 면직물 직조업 　　17203 모직물 직조업 　　17204 견직물 직조업 　　17209 특수직물 직조업	3132 Fabric mills(직물 직조업) 　31321 Broad-woven fabric mills(광폭 직조업) 　31322 Narrow fabric mills(협폭 직조업) 　　313221 Narrow fabric mills(협폭 직조업) 　　313222 Schiffli machine embroidery(협폭 자수업) 　31323 Non-woven fabric mills(부직포 직조업) 　31324 Knit fabric mills(원단 편조업) 　　313241 Weft knit fabric mills(편조업) 　　313249 Other knit fabric mills(기타 편조업)
173 편조업 　1731 원단 편조업 　　17310 원단 편조업 　1732 편조의복 및 기타 편조제품 제조업 　　17321 편조의복 제조업 　　17322 스타킹 및 양말 제조업 　　17323 기타 편조제품 제조업	

한국표준산업분류(통계청)	북미산업분류시스템(NAICS)
제조업(D)-섬유제품제조업(17)	Manufacturing(31)-313 Fiber, Yarn, Thread mills

174 섬유 염색 및 가공업
  1740 섬유염색 및 가공업
    17401 솜, 실 염색 가공업
    17402 직물, 편조원단 염색 가공업
    17403 날염 가공업
    17404 섬유사 직물 호부처리업
    17405 기타섬유 염색, 정리업
	3133 Textile and fabric finishing and fabric coating mills
	  31331 Textile and fabric finishing mills(직물 가공업)
	    313311 Broad-woven fabric finishing mills
	    (광폭직물 가공업)
	    313312 Textile and fabric finishing(313311 제외)
	  31332 Fabric coating mills(섬유코팅가공업)

	Manufacturing(31)-314 Textile product mills

179 기타 섬유제품 제조업
  1791 의복을 제외한 직물제품 제조업
    17911 침구류 제조업
    17912 자수류 제조업
    17913 커튼류 제조업
    17914 천막류, 캔버스 제품 제조업
    17915 직물 포대 제조업
    17919 기타 직물 제품 제조업
  1792 융단, 마루덮개 제조업
    17920 융단, 마루덮개 제조업
  1793 끈 및 로프 제조업
    17931 끈 및 로프 제조업
    17932 어망, 기타 끈 가공품 제조업
  1799 기타 섬유제품 제조업
    17991 세폭직물 제조업
    17992 위생용섬유 제조업
    17993 부직포, 펠트 제조업
    17994 특수사 및 코드 제조업
    17995 적층 및 표면처리직물 제조업
    17999 기타 섬유제품 제조업
	3141 Textile furnishing mills(실내장식용 직물 제조업)
	  31411 Carpet and Rug mills(카펫, 마루덮개 제조업)
	  31412 Curtain and linen mills(커튼, 인테리어 원단 제조업)
	    314121 Curtain and Drapery mills(커튼)
	    314129 Other household textile product mills
	    (생활용품)
	3149 Other textile product mills(기타 섬유제품 제조업)
	  31491 Textile bag and Canvas mills(직물 가방용 직조업)
	    314911 Textile bag mills(가방용 직조업)
	    314912 Canvas and related product mills
	    (캔버스 직조업)
	  31499 All other textile product mills(기타 직조업)
	    314991 Rope, Cordage, and Twine mills
	    (로프제조업)
	    314992 Tire cord and tire fabric mills
	    (타이어직물 제조업)
	    314993 All other miscellaneous textile product
	    mills(기타)

재료를 공급하는 기업, 직물을 짜는 데 필요한 실을 제조하는 제사 및 방적을 하는 기업, 실을 구입하여 옷감을 제직하거나 편직하는 기업, 실이나 직물·의류를 염색하거나 가공하는 기업들이 포함된다. 통계청의 한국표준산업분류에 의하면 각각의 업종은 다시 취급하는 원료에 따라 분류된다. 예를 들어 제사 및 방적업은 취급하는 재료에 따라 면방적업, 모방적업, 화학섬유(화섬)방적업

으로 나뉘고, 직물제조업은 화섬직물 직조업, 면직물 직조업, 모직물 직조업, 견직물 직조업, 특수직물 직조업 등으로 세분화된다. 원단 편조업은 원단을 편조하는 업종과 스웨터나 스타킹 및 양말제조업과 같이 실로부터 직접 옷이나 상품을 제조하는 업종을 포함한다. 이 외에도 침구류나 커튼류, 천막류, 카펫트, 위생용 부직포의 생산 분야도 포함하고 있다. 한국과 긴밀한 무역관계를 맺고 있는 미국은 북미산업분류시스템(NAICS)을 따르고 있으며, 직물직조업 (textile mills)을 넓은 폭의 직물을 생산하는 기업, 리본과 같이 좁은 폭의 직물을 생산하는 기업, 부직포를 생산하는 기업, 니트 직물을 생산하는 기업으로 구분하고 있다(표 1-1).

2) 의류산업

의류제조업은 여러 가지 옷감이나 가죽 등을 이용해서 옷을 제조하는 기업들로 구성된다(표 1-2). 통계청의 한국표준산업분류에 의하면 국내 의류산업은 '봉제의복 및 봉제제품제조업'으로 분류되고 있으며 복종에 따라 세분화된다. 남녀 성인용 정장을 제작하는 정장제조업, 내의제조업, 한복제조업, 셔츠, 체육복, 근무복, 작업복, 가죽의복, 유아용의복을 제작하는 업종으로 나뉜다. 이 외에도 모자, 장갑 등 패션 액세서리 제조업도 의류제조업에 포함된다. 그러나 전통적으로 가죽을 주재료로 하여 핸드백이나 가방, 구두를 제조하는 업체들은 의류제조업과는 별도의 업종으로 분류되고 있다(표 1-3).

한국과 많은 무역관계를 맺고 있는 미국의 북미산업분류시스템(NAICS)은 의류제조업(Apparel manufacturing)을 편조의복 제조업(Apparel knitting)과 재단과 봉제가 필요한 의류제조업(Cut and sew Apparel manufacturing)으로 분류한다. 봉제가 필요한 의류의 제조업은 처리하는 업무의 특성에 따라 세분된다. 제품의 기획이나 디자인, 기획에 관한 전반적인 업무에 대한 비중이 높은 제조업체(manufacturer)와 제조업체가 생산을 의뢰한 특정 제품의 생산을 전문으로 수행하는 하청제조업체(contractor)로 분류된다. 제조업체는 생산하는 제품의 특성에 따라 남성이나 소년용 옷을 생산하는 업체와 여성이나 소녀들이 필요로 하는 제품을 생산하는 업체로 나뉜다. 즉, 의류제조업체는 생산하는 품목에 따라 다시 세분화되고 있음을 보여준다(표 1-2).

표 1-2 의류제조 산업의 분류

한국표준산업분류(통계청)	북미산업분류시스템(NAICS)
제조업(D)-봉제의복 및 봉제제품제조업(18)	Manufacturing(31)-315 Apparel manufacturing

181 봉제의복 제조업
  1811 정장 제조업
    18111 남자정장 제조업
    18112 여자정장 제조업
  1812 내의 제조업
    18120 내의 제조업
  1813 한복제조업
    18130 한복 제조업
  1814 기타의복
    18141 셔츠, 체육복
    18142 근무복, 작업복
    18143 가죽의복
    18144 유아용의복
    18149 기타 봉제의복
  1815 의복 액세사리
    18151 모자
    18152 장갑
    18153 기타 액세서리
	3151 Apparel knitting(편조의복 제조업)
	  31511 Hosiery and sock mills
	    315111 Sheer hosiery mills(스타킹 제조업)
	    315119 Other hosiery and sock mills(양말 제조업)
	  31519 Other apparel knitting mills
	    315191 Outerwear knitting mills(니트 외의 제조업)
	    315192 Underwear, nightwear knitting mills(속옷, 잠옷 제조업)
	
	3152 Cut and Sew Apparel Manufacturing(봉제의류 제조업)
	  31521 Cut and Sew(C&S) Apparel Contractor(봉제의류 하청생산업체)
	    315211 Men's, boy's C&S Apparel Contractor(남성용)
	    315212 Women's, girls and infants' C&S Apparel Contractor(여성용)
	  31522 Men's, Boy's(M&B) C&S Apparel Manufacturing(어패럴 업체)
	    315221 M&B C&S Underwear and nightwear(내의)
	    315222 M&B C&S Suit, Coat, and Overcoat(정장)
	    315223 M&B C&S Shirts(정장/스포츠 셔츠)
	    315224 M&B C&S Trouser, slacks, jeans(바지)
	    315225 M&B C&S Work clothing(작업복)
	    315229 M&B C&S Other outerwear(기타 외의)
	  31523 Women's, Girl's(W&G), C&S Apparel Manufacturing(어패럴 업체)
	    315231 W&G C&S Lingerie and nightwear(내의)
	    315232 W&G C&S Blouse and shirts(정장/스포츠 셔츠)
	    315232 W&G C&S Dress(드레스류)
	    315234 W&G C&S Suit, coat, tailored jacket(정장)
	    315239 W&G C&S Other outerwear(기타 외의)
	  31529 Other Cut and Sew Apparel Manufacturing(기타 의류제조업)
	    315291 Infants' C&S Apparel(유아복 제조업)
	    315292 Fur and Leather Apparel(가죽, 모피의류제조업)
	    315293 All other C&S Apparel(기타)
	
	3159 Apparel Accessories and other Apparel Manufacturing
	  31599 Apparel Accessories and other Apparel Manufacturing(액세서리 제조업)
	    315991 Hat, Cap, and Millinery(모자)
	    315992 Glove, mitten(장갑)
	    315993 Men's, boy's neckwear(넥타이)
	    315999 Other Apparel Accessories and Other Apparel(기타)

10

표 1-3 패션 가죽용품 제조 산업의 분류

제조업(D)-가죽, 가방, 신발제조업(19)	Manufacturing(31)-316 Leather and Allied Product manufacturing
191 가죽 제조업 1910 가죽 제조업 　　　19101 원피가공업 　　　19102 재생 및 특수가공가죽 제조업	3161 Leather and Hide tanning and finishing(가죽가공업) 　31611 Leather and Hide tanning and finishing
192 가방, 핸드백 및 기타 가죽제품 제조업 1921 가방 및 핸드백 제조업 　　　19211 가방 및 보호용 케이스 제조업 　　　19212 핸드백 및 지갑 제조업 1929 기타 가죽제품 제조업 　　　19290 기타 가죽제품 제조업	3162 Footwear Manufacturing(신발제조업) 　　　316211 Rubber and Plastic Footwear (장화) 　　　316212 House sleeper(실내용 슬리퍼) 　　　316213 Men's Footwear(남성제화) 　　　316214 Women's Footwear(여성제화) 　　　316219 Other Footwear Manufacturing(운동화)
193 신발 제조업 1930 신발 제조업 　　　19301 구두류 제조업 　　　19302 기타 신발 제조업 　　　19303 신발 부분품 및 재단 제품 제조업	3169 Other Leather and Allied Product Manufacturing(기타) 31699 Other Leather and Allied Product Manufacturing 　　　316991 Luggage(가방) 　　　316992 Women's handbag and Purse(핸드백) 　　　316993 Personal Leather Goods(316992 제외) 　　　316999 All other Leather Goods(기타)
제조업(D)-고무 및 플라스틱 제조업(25)	
251 고무제품 제조업 2519 기타 고무제품 제조업 　　　25192 고무의류 및 기타 위생용 고무 　　　　제품 제조업	

어패럴

　어패럴(apparel)은 의류제조업에서 주로 사용하는 전문적인 산업 용어로, 학문적인 서적에서 주로 사용하는 옷(clothing)이나 의복(garment), 옷차림새(attire)와 동의어로 사용된다. 이 용어의 어원은 14세기 후반부터 성직자들이 착용하는 단을 자수로 장식한 옷이나 장식적인 갑옷을 의미하였으나 현대에는 의류를 표현하는 용어로 사용되고 있다. 예를 들어 의류산업을 클로딩 인더스트리(clothing industry)라고 표현하기보다는 어패럴 인더스트리(apparel industry)로 표현한다.

섬유산업의 글로벌 구조 변화

국내에서 생산되는 모직물이나 면직물은 원모와 원면 공급을 전량 수입에 의존하고 있으므로 수급과 가격등락에 따라 가격 및 품질경쟁력이 결정되고 있다. 화학섬유(화섬)는 제2차 세계대전 이후 일본이 미국과 유럽의 기술을 발전시켜 세계적인 생산국이 되었으나 이후 일본의 노동자 임금 수준이 높아지면서, 화학섬유 생산의 중심지가 한국으로 이전되었다. 그러나 1980년대를 기점으로 한국의 임금 수준도 높아지면서 화학섬유의 생산단지는 다시 중국과 인도 등 저임금 국가로 이동하고 있다. 유럽지역에서는 산업화가 이루어지기 시작하고 있는 동구권 국가들에서 생산되고 있다.

최근 일본은 고임금의 산업구조에 적응하여 물량위주의 생산 경쟁에서 탈피하여 고부가가치 제품의 생산에 주력하고 있으며, 한국도 섬유제품에 디자인과 가공기술을 덧입혀 부가가치가 높은 화학섬유를 생산하는 방향으로의 섬유산업구조 전환이 시급하게 요구되고 있다.

글로벌시장에서의 한국의 섬유제품 제조 기업들의 경영환경은 악화되고 있다. 특히 2005년 미국의 쿼터제도 철폐와 중국의 산업화 추진으로 가격 경쟁력이 약화되고 있다. 따라서 저가품을 중심으로 한 생산방식을 탈피하여 품질을 높인 고급제품의 개발로 방향을 전환해야하는 시점에 와있다. 예를 들어 생산, 수출 부문에서 가장 큰 비중을 차지하는 화섬사의 경우 대만, 인도네시아의 설비 투자, 중국의 생산량 증대로 인해 아시아 지역은 공급과잉에 처해 있는 상황에 있다. 중국산 화섬사의 품질 개선이 지속적으로 이루어지고 있어, 품질이나 가격조건에 있어서 한국의 섬유제품의 국제 경쟁력을 약화시키는 역할을 하고 있다.

따라서 한국 섬유산업체들은 부가가치가 높은 상품개발을 위한 기술지원 및 연구개발에 집중하여 원료 수출 및 물량위주의 수출정책에서 탈피하여 각종 기능성직물 등 차별화 제품 및 다품종 수출로 변화가 필요한 시점이다. 이러한 환경변화에 대처하기 위하여 의류업체와 섬유업체들은 염색가공 관련 기술정보, 환경보호 관련 정보를 비롯한 최신의 기술 및 정책의 변화에 대한 정보를 적극적으로 수집하고 활용하여야 한다. 예를 들어 유럽에 의류 및 섬유 제품을 수출하는 기업들은 유럽의 국가들이 강화하고 있는 환경규제 및 환경보호 무역주의에 대한 대응방안을 준비해야 한다.

미국은 정형화된 제품을 주로 생산하는 남성용 의류와 다양한 디자인이나 재질의 옷감을 사용하는 여성용 의류의 생산 장비와 제조기술은 다르기 때문에 이와 같은 분류 방식을 채택하고 있다.

3. 사슬구조의 협력기업들

패션산업은 다양한 업종이 사슬처럼 고리로 서로 연결되어 있기 때문에 여러 연계 업종과의 협력이 필요한 산업이다. 사슬을 구성하는 각각의 고리가 연계되지 않으면 사슬이 끊어져서 기능을 발휘하지 못하는 것과 같이 물품과 서비스를 주고 받는 사슬구조를 이루고 있는 섬유산업의 구조는 각각의 연계된 기업들이 서로 협력적으로 작업하지 못하면 앞뒤에 있는 기업들에게 타격을 입히게 되고, 이는 다시 전체 산업과 해당 기업에도 타격을 입히는 결과를 초래하게 된다.

패션산업을 구성하는 업종들은 어패럴 업체에 직물 및 각종 부자재를 공급하는 공급업체(supplier), 의류상품을 디자인 · 기획 · 제조하는 총괄적인 업무를 수행하는 어패럴 업체(apparel manufacturer), 어패럴 업체로부터 제품의 생산을 주문받아 생산 업무를 전문적으로 수행하는 위탁 생산업체(contractor), 생산된 의류제품을 유통시키고 소비자에게 판매하는 소매업체인 유통업체(retailer)로 구성이 된다. 이 중 어패럴 업체들은 패션산업의 핵심적인 위치를 차지하는 업종으로서 전체 사슬구조의 운영에 중심적인 역할을 감당하고 있다.

텍스타일(textile) 산업은 옷감을 구성하는 원료인 섬유를 식물이나 동물에서 채취하거나 화학적으로 생산하는 원사(fiber)산업, 생산된 섬유를 활용하여 실(yarn)을 생산하는 제사 및 방적산업과 연계되어 있고, 방적산업은 피륙을 짜거나(weaving), 편직(knitting)하거나 여러 가지 방식으로 제조하여 직물의 형태로 제작하는 산업과 연계되어 있다.

어패럴 산업을 구성하는 기업들은 생산된 직물이나 편물을 재단하고, 봉제하고 가공하여 의류제품을 제조하는 어패럴(apparel)업체, 생산된 패션제품을 유통시키고 판매하는 패션유통업체들이 상호 연계되어 있다. 이러한 업종 간의 연결구조를 경영학적인 측면에서는 하천의 흐름에 비유하여 업스트림(up-stream), 미들스트림(middle-stream), 다운스트림(down-stream)으로 분류하기도 한다(그림 1-1).

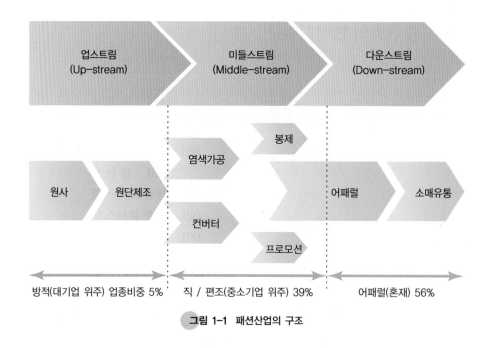

그림 1-1 패션산업의 구조

1) 업스트림

업스트림(up-stream, 상천)은 의류생산에 필요한 원료인 직물을 공급하는 산업으로 재료의 공급이 활발하게 이루어지는 산지를 중심으로 형성된다. 즉, 국제적으로 면, 양모, 마, 견과 같은 천연섬유는 원료의 공급이 이루어지는 지역을 중심으로 주요산지가 형성되었으며, 폴리에스터, 나일론, 우레탄 등 화학섬유의 주요 생산국은 풍부한 저임금의 인력이 제공되는 지역을 중심으로 산지가 형성되어 왔다. 예를 들면, 면은 미국·이집트·인도·중국 등이 주요 생산국이고, 양모는 영국·호주·이태리 등이 주요 생산국이다.

소재(원단)를 의류업체에 공급하는 업무를 주로 담당하는 공급업체들은 원단을 생산하여 공급하는 직물생산업체와 직물생산업체로부터 직물을 가공 전의 생지 상태로 구입하거나 가공이 완료된 상태에서 대량으로 구입하여 어패럴업체가 구매를 요청한 상태로 가공하거나 소량으로 나누어 판매하는 공급업체(컨버터업체라고도 함)들로 구성이 된다. 어패럴 업체들은 공급업체가 보유하고 있는 직물 중에서 개발하는 스타일에 적합한 직물을 선택해서 구입하기도 하지만 의류업체가 특정 제품을 만드는 데 필요한 특성을 갖춘 직물을 주문하면 주문 내용에 맞추어 직물 생산업체에서 생산하여 제공하기도 한다. 의류업체가 필요로 하는 특이한 원단을 주문에 따라 생산하여 공급하는 방식은 의류업체와 직물생산업체 간에 긴밀한 협조를 필요로 한다. 어패럴 업체의 입장에서는 필요한 원단을 특성에 맞추어 개발하여 사용할 수 있는 장점이 있으나 주문한 후 주문한 원단을 공급받기까지 소요되는 기간이 길어진다는 단점이 있으며, 공급자인 섬유업체로서는 어패럴 업체가 필요로 하는 소량의 원단 주문량에 맞추어 생산을 하기에는 공장의 규모가 대량생산방식으로 운영되므로 소량 공급하는 데 적합하지 못하다는 한계 때문에 국내의 대부분 의류업체는 원단 개발을 위해 직물제조업체와 긴밀한 협조를 이루지 못하고 있다.

이 외에도 한 벌의 의류제품을 완성하기 위해서는 원단뿐만 아니라 안감이나 심, 단추 등 여러 가지 부자재가 필요하다. 이러한 부자재는 종류에 따라 전문적인 생산업체에서 생산된다. 의류업체들은 각각의 부자재 생산업체로부터 필요한 부자재를 공급받기도 하지만 브랜드의 이름을 새긴 단추나 엠블럼 등은 제조업체가 별도로 주문하여 특수 제작하기도 한다.

2) 미들스트림

미들스트림(middle-stream, 중천)의 핵을 이루는 어패럴 산업은 공급하는 상품의 품목에 따라 남성복·여성복·캐주얼웨어·스포츠웨어·언더웨어·아동복 시장으로 분류되며, 어떤 연령과 감성이나 라이프 스타일을 가진 고객들에게 어떤 상품을 제공하는가에 따라 세분화된다. 예를 들어, 유행에 민감한 감성을 가진 소비자를 주요 고객으로 하는 캐릭터 캐주얼웨어, 10대와 20대의 젊은 남녀들의 감성을 반영하고 활동성을 제공하는 영캐주얼웨어, 20대의 젊은 체형에서 중년의 체형으로 옮겨가는 30대 이상의 남성과 여성에게 편안한 스타일과 안정된 스타일의 캐주얼웨어를 제공하는 트래디셔널 캐주얼 업체로 나뉜다. 또한 스포츠웨어 업체들도 각종 스포츠에 필요한 전문적인 의류를 공급하는 액티브웨어(액티브스포츠웨어) 업체와 스포츠캐주얼웨어 업체로 나뉜다. 액티브스포츠웨어는 스포츠 활동에 필요한 의류라는 특징을 가지고 있으므로, 업체들은 의류뿐만 아니라 신발과 스포츠 장비를 포함한 스포츠 활동에 필요한 다양한 용품들을 함께 제공한다. 아동복 산업은 신생아부터 젖먹이 어린이를 위한 의류를 생산 공급하는 유아복 업체, 초등학교 학생부터 15세 미만의 어린이를 위한 아동복 업체로 구성된다. 이 외에도 성인 남성과 여성의 패션속 옷과 남녀노소의 기초적인 내의류를 생산하는 언더웨어(이너웨어) 업체, 모자 나 벨트, 양말, 손수건, 넥타이 등 패션소품을 생산하는 액세서리 업체들이 미들스트림을 구성한다.

2002년도에 대표적인 국내 의류업체들을 대상으로 실시된 조사결과에 의하면 국내 어패럴 기업들은 토탈 패션의 추구로 제품 라인의 다각화가 이루어지고 있으며, 세계적인 추세로 자리잡은 메가브랜드로의 변화가 이루어지고 있다. 이러한 국제적인 의류산업의 변화에 따라 기업들은 생산과 유통의 경쟁력을 높이는 수단으로 정보기술(IT)을 활용한 업무 과정의 개선을 위해 노력하고 있음을 보여준다. 즉, 업무의 전문화가 추진되어 어패럴 업체는 디자인과 생산 기획 및 유통과 영업에 치중하는 경향이 있고, 실질적인 생산은 생산 공장을 가지고 생산을 전문적으로 수행하는 협력업체(또는 하청업체)에서 담당하는 전문적인 형태로 산업구조의 변화가 이루어지고 있다.

 업무 전문화와 생산의 아웃소싱

최근에는 업무의 전문화가 심화됨에 따라 의류업체들이 생산 공장을 직접 운영하여 생산하거나 자체 공장을 소유하지 않고 외부 협력공장(contractor)을 이용하여 상품을 생산하는 아웃소싱이 증가하고 있다.

제품을 기획하는 의류업체가 생산 공장을 소유하는 경우, 예상보다 시장의 수요가 긴급하게 발생하는 제품을 짧은 기일 안에 생산할 수 있고, 제품의 품질 관리를 철저하게 실시함으로써 고급제품을 효율적으로 생산할 수 있다는 장점이 있다. 그러나 공장을 직접 운영할 경우, 생산 설비의 구입에 관한 비용 투자의 문제와 작업자 관리의 추가적인 업무가 발생하므로 최근에는 많은 의류업체들이 공장을 보유하지 않고 생산 작업은 공장부지와 장비 등 시설을 갖추고 전문적으로 생산업무만을 용역 받아 처리해주는 외부 하청업체에 생산을 의뢰하는 경우가 많다.

하청업체들을 활용할 경우의 장점은 의류업체가 공장부지나 장비구입과 관리에 필요한 초기 투자비용을 준비할 필요가 없다는 점과 작업물량이 줄어드는 비수기에도 성수기에 필요한 수의 작업자들을 계속 유지 관리해야 하는 문제를 포함한 작업인원의 관리비용 및 제반 문제로부터 압박을 덜 받는다는 점이다. 특히 제품의 특성이 자주 바뀌거나 다양한 품종을 소량씩 생산하는 업종에서는 생산 장비에 대한 투자가 요구되지 않으므로 시장의 수요에 따라 다양한 제품을 유연하게 공급할 수 있다는 것이 장점이다. 그러나 하청생산의 단점은 자가공장에서 관리하는 수준에 접근하는 철저한 품질 관리가 충분하게 이루어지기 어렵다는 것이다. 업무가 과중하게 부가되는 성수기에는 생산업체의 생산능력(일일 작업생산량, 캐파, capacity)에 넘치게 많은 물량의 작업이 부과될 위험이 있고, 따라서 어패럴 업체가 주문한 완제품 납품 기일이나 품질 수준에 맞추기 어려운 상황이 발생하기도 한다. 따라서 다품종 소량 생산에 대한 수요가 많은 여성복은 하청생산에 의존하는 기업들이 많은 반면, 규격화된 스타일의 제품들을 품질 수준에 맞추어 대량으로 생산하는 특징을 지닌 남성 정장은 다양한 종류의 자동 생산 장비를 갖추어 자가 공장을 운영하기도 하고, 협력관계가 돈독하게 유지되는 공장을 활용한다.

인건비가 저렴한 해외의 공장을 활용하여 생산하는 해외생산(offshore production)은 의류 생산원가를 낮출 수 있는 방안으로 활용되고 있다. 해외 소싱의 증가로 어패럴 산업이 필요로 하는 해외시설투자 관련 정보서비스의 중요성이 증가하고 있다.

현재 국내 봉제의류 생산 업체는 75% 가량이 소규모 단순 하청생산 전문업체로 구성되어 있다. 매 시즌 생산해야 하는 제품의 품목이 늘어나고, 각 품목의 생산 물량이 줄어듦에 따라 기획, 제조, 판매 등을 자체적으로 일괄적으로 수행할 수 있는 시스템을 가진 기업도 일부 품목만 자체 생산하고, 나머지 대부분의 제품은 하청라인을 통해 생산하고 있다.

따라서 최근에는 기획, 생산, 판매의 업무를 각각 전문적으로 서비스하거나 상품기획부터 생산을 일괄적으로 처리해주는 프로모션 업체를 활용하는 비율이 높아지고 있다.

최근에는 유통업체가 직접 판매할 제품을 제조하는 PB 상품(Private Label Brand)이 증가하는 추세이므로 유통업체가 생산업체와 직접 계약하는 경우도 늘어나고 있다. 이 경우 의류제조에 필요한 제품개발 업무를 유통업체의 일부 부서가 수행하거나 외부에 위탁하므로 생산의 아웃소싱이 광범위하게 이루어진다.

하청공장 · 협력공장

여러 특정 의류업체와 계약하여 재단과 봉재를 포함한 특수공정 작업을 수행하는 공장이다. 생산을 담당하는 하청공장들은 작업자들에 대한 의존이 높으므로 세계적으로 노동임금이 낮은 지역에 주로 분포한다. 공장이 보유하고 있는 기계나 제공기술(서비스)에 따라 다양한 전문 하청업체가 있다. 예를 들어 자수 · 주름 · 벨트제조 · 프린팅 전문 업체는 대규모의 하청공장에서 재하청을 받는 방법으로 작업 물량을 확보한다.

우리나라 패션 PB 상품

PB(Private Label Brand)란 소매(유통)업체가 자체 브랜드를 만들어서 제품의 소비자 공급 가격을 낮춘 브랜드를 의미한다. 전통적인 방법과 다른 점은 제조업체가 제품을 기획 생산하지 않고 소매점이 직접 제품의 기획이나 디자인을 총괄하는 것이다. 소비자들의 합리적인 소비 경향, 할인점을 포함한 유통시장의 다각화에 따라 백화점과 할인점, 홈쇼핑에서 고객의 수요에 적합한 PB 상품개발을 시도하는 경향이 높아지고 있다. 국내 PB 상품의 예는 다음과 같다.

CJ39쇼핑

국내 홈쇼핑 PB 상품 개발의 선구자로서 1999년 여성의류 'NY21'을 선보인 이후 디자이너 브랜드인 '이다(IIda)'와 언더웨어 '피델리아(Fidelia)'를 가지고 있다. '이다'는 다양한 디자이너의 제품들로 구성되며, 상품을 공급하는 디자이너들의 파리 프레타 포르테 패션쇼 참가를 지원하기도 했다.

롯데마그넷

1998년 할인점 시작과 동시에 PB 상품 개발에 주력하고 있다. '오뜨망'과 캐주얼 남성의류 '피플즈', 여성용 캐주얼웨어 '위드원' 등이 있다.

이마트

'이베이직', '자연주의', '마이클로' 등 세 브랜드를 주축으로 여성, 남성, 아동의류와 생활용품 인테리어 소품도 공급한다. 이마트에서 2003년도에 PB 상품으로 달성한 매출이 전체 의류판매량의 30%에 해당하였다.

3) 다운스트림

다운스트림(down-stream, 하천)은 생산된 제품을 유통시켜 소비자에게 상품을 판매하는 업종으로 가격이 경쟁력의 중요한 가치인 제품을 주로 판매하는 대량유통(mass distribution)과 전국적으로 대리점 형식으로 제품의 판매가 이루어지는 방식과 고급 매장에 제한적인 수량의 상품만을 공급하는 방식으로 브랜드의 이미지를 고급화시켜 상품의 가치를 더하는 차별적 유통(exclusive distribution) 방식이 있다.

소매(retailing)는 최종 소비자를 대상으로 상품과 서비스를 판매하는 마케팅 활동이다. 소매 유통업체들은 매장의 소유권, 머천다이즈 믹스 방식에 따라 백화점(department store), 전문점(specialty store), 체인점(chain store), 할인점(discount store), 상설할인매장(off-price store), 창고형 매장(warehouse retailer), 무점포 소매점(non-store retailer)으로 분류되기도 한다(표 1-4).

많은 브랜드의 여러 가지 상품군의 패션상품을 가장 다양하게 판매하는 소매점인 백화점은 백화점의 유명도에 따라 입점하는 브랜드를 선별한다. 백화점은 다양한 브랜드의 제품이 제공된다는 장점이 있는 반면 할인점은 제한된 디자인이나 색상, 사이즈의 제품을 판매하지만 품질에 비교하여 가격이 할인된 제품을 판매하는 장점이 있다. 전문점은 품목이나 브랜드를 특화하여 제품을 판매한다. 예를 들어 스키용품 전문점, 골프백화점은 특정 스포츠에 필요한 다양한 제품을 판매하는 전문점이다. 패션 액세서리를 다양하게 갖추고 판매하거나 특정 브랜드의 제품만을 전문적으로 판매하는 경우도 있다. 창고형 매장은 고객을 맞이하는 장소인 매장과 판매할 물건들을 저장해두는 창고를 혼합한 형태로 고객이 셀프서비스의 개념으로 물품을 구매하는 경우라 할 수 있다. 즉, 창고형 매장은 품질이 비교적 우수한 제품을 저렴한 가격에 구입하는 대신 소비자가 구매와 동반하여 제공받는 서비스를 포기하는 방법인 것이다. 예를 들면 패션의류 판매점에서 일반적으로 제공하는 서비스인 옷을 미리 착용하고 확인하는 서비스가 제공되지 않으며, 판매되는 제품의 종류나 디자인 포장방법 등이 제한된 제품을 판매한다.

최근 들어 가장 비약적인 발전을 하고 있는 소매 형태는 무점포 소매점이다. 무점포 유통방식에는 카탈로그를 우편으로 회원에게 보내어 상품을 선택할 수

표 1-4 소매유통점의 종류와 특징

종 류	특징 및 예

백화점	• 다양한 브랜드의 패션상품을 폭넓게 구비한 소매점
	• 의류를 포함하여 다양한 패션상품을 종류에 따라 층을 세분하여 제공
	  (예: 1층 잡화, 2~3층 여성의류, 4층 남성의류, 5층 스포츠의류 및 유아동복, 6층 가전
	  제품 및 생활용품)
	• 각각의 품목에 대하여 다양한 브랜드의 제품을 선택하는 기회를 제공
	• 예: 미국의 메시스(Macy's), 마르쉘 필드(Marshall Field), 네이맨마르쿠스(Neiman
	  Marcus), 노드스톰(Nordstrom), 한국의 신세계, 롯데, 현대 백화점

전문점	• 특정 고객을 대상으로 상품을 구비함(예 : 큰 사이즈만 판매하는 매장) • 특정 제품군만을 대상으로 함(예 : 패션 소품만을 판매) • 한정된 제품에 대하여 다양한 디자인, 스타일 선택 가능 • 특정 브랜드의 토털 패션 제품을 판매하는 경우도 있음
체인점	• 중앙 집중적인 관리구조의 상품 종류, 판매방식이 통제되기도 함 • 경영관리와 머천다이징 의사결정을 중앙의 본사가 행사 • PB 상품의 의존 비율이 백화점보다 상대적으로 높음 • 예: 미국의 제이씨페니(J.C.Penney), 씨어스(Sears), 월마트(Wal-mart)*, 타겟(Target)* (* 표시는 체인점이며 할인점)
할인점	• 소수의 브랜드 제품을 낮은 가격으로 판매 • 제조자로부터 대량으로 구입하거나 공급망관리(SCM)를 효율적으로 운영함으로써 낮은 공급가격을 유지함. • 예 : 미국의 월마트, 타켓, 케이마트, 한국의 이마트, LG마트

상설할인점	• 약간 불량이 있거나 초과 생산된 제품이나 상품의 SKU 구성이 불완전한 재고 물량을
	  유통
	• 정상가격 판매율을 유지하기 위해 정상가격 판매제품과 차별하여 브랜드 라벨부위를
	  손상시킨 후 유통시킴

우편주문판매	• 카탈로그에서 상품을 선택한 후 우편이나 전화로 구매 주문 • 편리함, 품질, 선택의 다양성으로 미국에서는 안정적인 시장을 형성 • 직배전문업체들의 성장으로 배송 속도가 향상됨 • 신용카드 정보 보완에 대한 정보기술의 발달로 유통구조가 안정됨 • 개별 고객에 대한 서비스 강화로 고객과의 관계를 경영의 장점으로 활용 • 예 : 미국의 랜즈엔드, 스피에겔(Spiegel), 빅토리아스 시크리트(Victoria's Secret)
전자주문판매	• 인터넷을 활용하여 판매가 이루어짐 • 상품판매의 도구로 활용되며 매장정보나, 신제품을 소개하는 도구로 활용 • 우편주문판매로 소비자 신뢰가 확고하게 구축된 기업의 성공률이 높음
TV 홈쇼핑	• 유선채널을 통해 고정적으로 제품 판매 프로그램 운영 • 소비자가 프로그램을 시청하면서 바로 선택하여 전화 주문하는 방식 • 예: LG홈쇼핑, CJ홈쇼핑, 우리홈쇼핑, 동아홈쇼핑

있도록 하고 소비자가 우편이나 전화로 주문한 제품을 짧게는 24시간 안에 받아볼 수 있도록 하는 방식이 사용된다. 이러한 우편주문판매로 세계적인 명성을 얻고 있는 기업은 대부분 미국에 본사를 두고 있는 기업들이다. 예를 들면 랜즈엔드(Lands' End)와 엘엘빈(L.L.Bean), 제이크루(J. crew) 등이 있다. 특히 랜즈엔드는 카탈로그의 중간에 소비자가 제품을 구입하는 데 필요한 토막지식을 제공함으로써 소비자들을 교육하는 효과와 더불어 자사 제품의 품질이 좋다는 것을 간접적으로 광고하는 방법을 사용하고 있다(그림 1-2). 또한 고객이 자신의 신체를 닮은 사이버모델을 만들어 선택한 옷을 입혀봄으로써 매장의 피팅룸에서 경험할 수 있었던 제품 착용 서비스를 가상공간에서 체험하도록 하는 서비스를 제공하고 있다.

3겹의 Supplex
나일론 겉감은
방풍효과가 뛰어남

MAX 가공으로
10배 좋아진
방수기능

포켓안감을
부드러운
폴라플리스로 처리

건조가 잘되는
부드러운 폴라플리스
300 안감

리브니트로 처리한
소맷단은 형태가 안정적임

그림 1-2 카달로그로 판매되는 상품의 품질 소개 사진

인터넷쇼핑의 피팅 서비스 – 사이버모델

사이버모델은 오프라인 매장에서 소비자들이 경험하는 제품 착용 서비스를 가상공간에서도 체험하도록 하는 서비스를 제공한다. 사이버모델 개발 기술은 컴퓨터 그래픽기술의 발전과 더불어 급속하게 발전하고 있다. 예를 들어 2002년도 랜즈엔드(Lands' End) 사이트의 사이버모델은 얼굴의 모양을 선택하여 다양한 인종으로 표현된다. 또한 체형의 선택도 가능하다. 사이트의 서비스를 활용하여 여성(신장 163cm, 체중 50Kg)과 남성(신장 180cm, 체중 70Kg)을 만들어보면 아래와 같다.

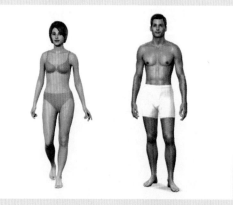

랜즈엔드(2002)로 구축한 사이버모델

	여 성	남 성
얼굴모양		
체형		

랜즈엔드 가상모델구축을 위한 얼굴과 체형 선택사항

4. 의류상품의 분류

어패럴 기업들은 제조, 판매하는 상품에 따라 남성용 정장(신사복), 여성용 정장, 캐주얼웨어, 스포츠웨어, 언더웨어, 유아복, 아동복 등으로 나뉘며, 이러한 분류를 복종별 분류라고 한다. 각각의 복종은 다시 상품의 스타일이나 목표 고객의 수요 특성에 따라 세분화된다. 예를 들어 여성용 정장 시장은 20대의 감성을 가진 소비자를 대상으로 하는 영 캐릭터 정장과 직장여성들의 사무적인 분위기에 적합한 스타일을 제안하는 캐릭터 정장, 중년의 여성을 고객으로 하는 여성정장으로 나뉜다. 이 외에도 제품의 계절성이 스타일의 유연성, 유행의 민감도 등에 따라 어패럴 브랜드들이 주로 취급하는 품목들이 다르다.

패션 비즈니스의 복합적인 변화에 따라 과거에는 의류만 생산하던 브랜드에서 구두와 핸드백을 포함한 다양한 패션 소품들도 공급하는가 하면, 구두, 핸드백, 벨트, 모자의 액세서리를 중심으로 활동하던 브랜드들이 의류생산 라인을 확대하면서 새로운 유명 어패럴브랜드로 급부상하고 있다. 예를 들면 구찌(Gucci), 페라가모(Ferragamo), 루이뷔통(Louis Vuitton), 케니스콜(Kenneth Cole) 등은 가죽 패션소품으로 브랜드를 구축한 기업들이지만 비즈니스 영역을 의류까지 확대하여 어패럴 브랜드로 자리잡고 있다.

의류상품은 스타일의 특징과 공급 특징에 따라 패션상품, 기본상품, 계절상품, 고정상품으로 분류된다.

1) 패션상품

단기적인 유행에 민감한 반응을 보이며, 스타일이 상품의 가치로 평가되는 상품이다. 젊은 여성용 의류를 포함하여 유행의 흐름이 빠른 상품으로 구성된다. 예를 들어 2003년에 유행한 바이어스 커팅 블라우스는 대표적인 패션상품이다. 패션상품은 다양한 스타일이 제안되는 상품이다.

2) 기본상품

패션상품에 대비되는 개념으로 오랜 기간 동안 스타일의 변화가 거의 없는

23

상품들로 기본적인 스타일이 유지되며 장기적으로 꾸준한 판매가 이루어지는 상품들이다. 예를 들어 남성용 드레스셔츠는 대표적인 기본상품이다.

3) 계절상품

계절에 따라 수요나 공급이 집중되는 상품이다. 예를 들면 겨울에 주로 판매되는 모피 제품이나 여름에 판매량이 늘어나는 수영복이 계절상품이다.

4) 고정상품

일정한 재고 수준으로 연중 일정한 판매율을 유지하는 고정상품은 계절상품에 대비되는 개념의 상품이다. 양말이나 런닝셔츠 같은 상품이 여기에 속한다.

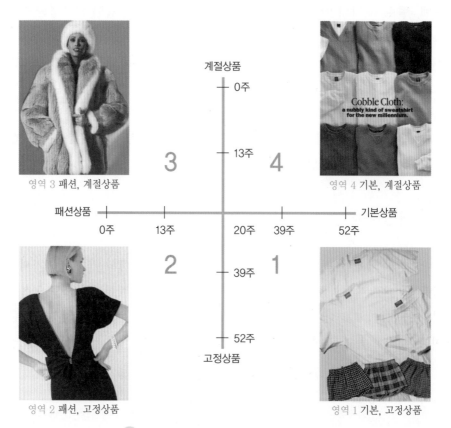

그림 1-3 상품공급주기에 따른 의류상품분류

5. 어패럴 업체의 구조

어패럴 업체들은 마케팅, 머천다이징, 생산, 재무에 관한 업무 기능을 수행한다. 각 부서들은 독립적으로 업무를 수행하지만 상호협력하여 소비자의 수요를 만족시킨다(그림 1-4). 기업들은 소비자들의 성별, 연령, 경제적인 수준, 라이프 스타일 등을 반영하여 타깃 마켓을 결정하고 이들의 소비특성, 수요특성이나 감성을 집중적으로 분석하여 이들이 필요로 하는 제품들을 개발하고 적절한 판매 시기와 장소를 선택하여 공급한다.

신상품이 시장에 나오기까지 의류업체에서 이루어지는 업무를 살펴보면, 시장의 흐름이나 전 시즌의 판매경향과 유행의 경향을 파악하여 디자인을 제안하는 업무에서부터 시작하여 제안된 스타일이 제품으로 생산되는 데 소요되는 각종 경비를 계산하여 원가를 산출하고, 제품의 생산에 필요한 여러 가지 협력 업무를 수행할 하청업체를 파악하고, 재료 구입에 필요한 정보를 수집하기 위한 시장조사, 구매업무, 제품의 생산에 필요한 패턴을 포함한 생산을 준비하는 업무, 생산업무, 생산된 제품을 매장으로 운반하는 업무, 판매 영업의 업무, 시장의 반응을 파악할 수 있는 자료를 수집하는 등 수많은 업무를 수행하고 있다.

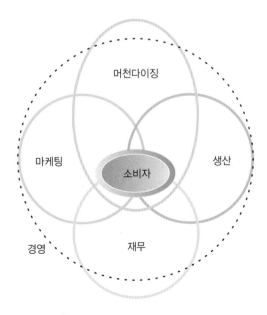

그림 1-4 어패럴 업체의 업무구조

기업 내 각 부서들은 다른 부서와 정보의 공유를 통해 시장의 흐름에 대응한다. 최근에는 시장의 구조가 소비자 주도형으로 바뀌어감에 따라 시장 경쟁력을 확보하기 위하여 목표시장 고객의 구매 변화에 관한 정보를 마케팅 부서뿐만 아니라 머천다이징이나 생산부서들도 상호 보완적으로 공유한다. 이러한 정보공유 정책은 시장의 반응이 좋은 제품의 스타일, 색상, 사이즈, 품질정보를 빠르게 파악하여 고객의 요구 수준에 맞는 제품을 신속하게 시장에 공급하는 데 결정적으로 중요한 역할을 한다. 이와 같이 현대 패션산업은 정보 경쟁력을 바탕으로 기업의 성장이 이루어지고 있다.

1) 머천다이징

시장의 세분화가 가속화 되어감에 따라 어패럴 상품군도 점차 세분화되고 있다. 어패럴 제품들은 백화점이나 할인점 등 다양한 시장에서의 판매가 이루어지고 있다. 따라서 동일한 제품군에 속하는 상품이라도 유통 채널의 특징에 적합한 상품의 제안이 이루어지고 있다. 머천다이징(merchandising)의 업무는 디자이너가 개발한 스타일을 고객이 원하는 가격대의 제품으로 개발하여 시장성과 이윤창출의 부분들을 세밀하게 분석한 후 적절한 수요 발생의 시기에 적정한 물량으로 시장에 공급하는 것이다. 따라서 이러한 작업이 순조롭게 이루어지도록 하기 위해서 머천다이징 업무는 제품의 개발단계부터 제조단계까지 참여하는 넓은 영역의 업무를 수행한다. 머천다이징 업무는 기업의 전략적인 방향 선정에 영향을 줄 수 있는 많은 정보를 다루고 있다. 따라서 제조중심의 어패럴기업의 머천다이저에게 요구되는 중요한 업무는 제품개발 시기에 디자이너와 함께 시장성이 있는 제품을 개발하여, 고객이 요구하는 수준에 적합한 제품을 적절한 구매시기에 맞추어 매장에 공급할 수 있도록 생산 스케줄을 관리하는 것이다. 생산에 깊숙이 관여하는 머천다이징 업무 담당자의 경우에는 새로운 소재나 부자재의 기술발전 경향을 파악하여 소싱을 준비해야 하며, 제품라인의 개발, 디자인, 생산, 공급에 이르기까지 모든 업무를 파악하고 종합적으로 관리하는 기능이 요구된다.

머천다이징이 어패럴 업체의 주요 기능으로 자리잡기 이전에는 마케팅 부서가 제품의 생산관리부서와 협력하여 머천다이징 업무를 처리하기도 하였으나,

지금은 대부분의 회사들이 머천다이징 부서를 독립적으로 운영하고 있고 마케팅 부서는 전략의 수립 및 실행방안을 제안하고 관리 운영하는 업무를 담당하고 있다. 머천다이저가 관여하는 업무의 범위가 넓어짐에 따라 규모가 큰 업체들은 세부적인 업무의 특성에 따라 머천다이저의 역할을 세분하여 전문화된 머천다이징 활동을 하도록 한다. 예를 들어 기획 업무를 주로 담당하는 머천다이저들의 역할은 브랜드의 특성에 적합한 목표 고객의 수요를 정확하게 파악하여 조사한 정보를 마케팅 업무 부서와 공유하는 것이다. 유통판매의 리테일 업무를 주로 담당하는 머천다이저는 소매단계인 매장에서의 상품의 구성이나 흐름을 관리하는 업무가 중요한 업무이므로 바잉 업무가 주를 이루게 된다.

2) 마케팅

마케팅(marketing) 업무는 회사의 제품과 회사에 대한 이미지를 강화시켜 브랜드의 가치를 높이고, 판매를 촉진하여 회사의 성장을 이룰 수 있는 전략을 제공하는 것이다. 마케팅 부서는 고객의 특성을 파악하고, 고객의 수요에 적합한 마케팅 전략을 제한하며 더 나아가 새로운 고객의 수요를 창출하는 마케팅 전략을 수립한다. 즉, 시즌이나 회계연도별로 목표 판매액이 설정되면 목표를 달성할 수 있는 전략을 수립하여, 시장에서의 경쟁력을 확보할 수 있는 방안을 제공해야 한다. 마케팅 부서의 궁극적인 목표는 시장 개척이라고 할 수 있으며 이를 위해서는 브랜드의 이미지를 높이고 제품에 대한 가치를 높일 수 있도록 제품과 회사에 대한 홍보를 위한 마케팅 계획과 프로그램을 수립하고 실행한다. 또한 소비자나 바이어의 반응을 신속하게 파악하여 관련 부서에 전달하는 업무를 수행한다.

어패럴 기업의 마케팅 핵심은 제품의 포지셔닝을 적절하게 하여 정상가격 판매율을 극대화시켜 회사의 이윤을 높이고 재고를 최소화하는 것이다. 따라서 공급과잉의 시대가 요구하는 마케팅 전략은 경쟁사와 제품의 차별화, 서비스의 차별화이다. 이전에는 공급자의 정보에 기초하여 기획한 상품을 시장에 공급하는 밀어내기식의 마케팅 방식도 가능하였으나, 공급이 수요를 넘어선 오늘날에는 소비자의 수요에 맞춘 제품을 적절한 공급 물량으로 생산하여 시장에 공급하는 수요자 주도형 시장 구조에 적합한 마케팅 방식이 사용되고 있다.

그러나 수요자 주도형의 마켓이라고 해서 수동적으로 수요 변화에 대응하는 방식만을 사용할 수는 없다. 따라서 마케팅의 업무는 제품의 스타일, 디자이너 이름, 브랜드를 소비자에게 각인시켜 수요를 창출하도록 노력해야 한다. 글로벌 마켓에서 경쟁력이 있는 브랜드가 마케팅 능력이 뛰어나다는 평가는 후자에 해당되는 업무 능력이 뛰어난 기업들이다.

3) 생 산

생산(production) 부서의 주요 업무는 제품의 설계를 위한 디자인과 패턴 제작 및 생산관리이다. 회사가 판매 위주의 유통회사이면 생산관리보다는 매장관리가 주업무이므로 생산부서의 중요성은 낮다. 그러나 제조중심의 어패럴회사에서는 납품일정에 맞추어 생산일정 계획을 하는 것이 머천다이징 업무의 일부분으로 처리되며, 생산관리 부서에서는 생산용 패턴의 제조, 그레이딩, 마커제작, 재단, 봉제, 가공에 관한 기술적인 관리를 담당하게 된다. 생산업무는 제품의 원가에 민감한 영향을 미치는 업무들로 구성된다.

4) 재 무

재무(finance) 부서는 기업의 이윤 창출 실적을 분석하여 향후 이윤 창출 목표를 설정하고 관리하는 업무를 수행한다. 구체적으로 재무계획을 수립하고 수익구조를 계획하고 실행하여 이윤을 창출하는 것을 주요 목표로 한다.

고객의 특성을 나누는 기준

인구 통계적 특성 : 나이, 성, 수입수준, 거주지, 가족 수, 직업, 교육 수준
주로 구매하는 물품의 특성 : 품목, 가격, 치수, 색상, 디자인, 소재
활동 영역 : 취미, 업무, 쇼핑 장소, 쇼핑 시간(달, 요일, 시간)
취향 : 감성, 레저 활동, 패션 관심도, 즐기는 통신매체 등

복습문제

1 패션의 속성은 무엇인가?

2 인터넷을 비롯한 정보기술의 발달은 패션산업에 어떤 영향을 미쳤는가?

3 기본상품과 패션상품의 차이는 무엇인가?

4 섬유제품 제조업은 어떤 업종들로 구성되어 있는가?

5 한국과 미국의 의류제조업의 분류방식의 차이는 무엇인가?

6 업스트림(up-stream)을 구성하는 기업들의 특성은 무엇인가?

7 미들스트림(middle-stream)의 핵심적인 역할은 무엇인가?

8 어패럴 업체가 자가공장을 운영하는 경우의 장점과 단점은 무엇인가?

9 하청생산업체(협력공장)을 이용하는 이유는 무엇인가?

10 무점포소매방식의 장점은 무엇인가?

11 계절상품과 고정상품의 차이는 무엇인가?

12 머천다이징 업무와 마케팅 업무의 차이는 무엇인가?

심화학습 프로젝트

1 우리나라 섬유제조업체를 방문하여 제품의 개발 및 생산과정을 조사하시오.
조사한 내용을 바탕으로 해당 업체의 장점과 경쟁력에 대하여 분석하시오.

2 여성복 제조업체와 남성복 제조업체를 선정하여 각 업체가 생산하는 제품의 특성을 분석
하시오. 해당 업체의 생산공장을 방문하여 장비의 종류, 작업 특성 등을 조사하시오.
두 업체의 차이를 비교하여 표로 작성하시오.

chapter 2

패션산업의 구조

이 장에서는 ...

= 의류산업의 글로벌 구조를 이해한다.
= 국내 패션산업의 특징을 이해한다.
= 패션산업의 정보화 추진의 배경을 이해한다.
= 정보화 사회에서 패션산업의 업무구조 변화를 이해한다.
= 국내 의류업체들의 신속대응 시스템 도입의 특성을 이해한다.

어패럴 산업은 상류사회의 특수계층을 위해 맞춤복을 생산하던 시대를 지나 19세기말부터 경제주체로 부상한 일반 대중들이 요구하는 의류제품을 공급하면서 산업으로서의 특징을 갖추어 발전하였다. 전통산업으로의 의류산업은 노동집약적인 특성이 있으므로 저임금의 노동력이 풍부하게 제공되는 지역을 중심으로 발전되어 왔다. 기초적인 섬유제품의 생산 및 봉제산업은 대부분의 국가들이 산업화되기 시작하는 초기단계에서 국가의 경제적인 기틀을 마련하는 데 큰 공헌을 해왔다. 우리나라도 1970년대 국가 경제의 기틀을 마련하는 데 섬유 및 어패럴 산업이 밑받침이 되어주었다.

그러나 선진국형 패션산업은 고급 패션감각이 문화 속으로 깊숙이 성숙되어 이루어지므로 값싼 노동인력보다는 디자인 감각이 있는 인재와 상품을 기획하여 가치를 높여 가공할 수 있는 능력이 있는 인재들이 주축이 된다. 따라서 선진국형 패션산업으로 거듭나기 위해서는 패션전문인들을 효율적으로 활용할 수 있는 환경의 조성이 중요하며, 패션상품의 기획, 디자인, 마케팅 분야의 활발한 활동이 필요하다.

패션 비즈니스는 새로운 스타일의 의류 제품을 소비자에게 제안하여 판매가 이루어지게 함으로써 기업의 이윤을 높이는 것이 궁극적인 목적이다. 의류 제조업은 다른 업종에 비하여 비즈니스를 시작하는 데 초기 투자자본이 많이 들지 않으며, 특별한 전문적인 기술이 필요하지 않다는 일반적인 인식으로 많은 업체들이 난립했다가 사라지는 악순환이 반복되어 왔다.

그러나 세계적으로 유명한 브랜드들은 100년에 가까운 수명을 유지하며 활발한 사업을 계속하고 있다. 반면에 철저한 사전 시장 조사나 특별한 경영전략, 기술 없이 무모하게 시작하여 1~2년의 짧은 수명을 다하고 사라져 가는 브랜드들도 많다. 이와 같이 수많은 의류업체와 디자이너, 브랜드들이 치열하게 경쟁하는 국제적인 패션 비즈니스의 현장에는 다양한 수준의 디자이너와 브랜드가 존재한다.

1. 패션 비즈니스의 글로벌화

최근에는 세계적인 브랜드 파워를 가진 소수의 기업들이 세계시장을 점유하고 있다. 세계적인 브랜드의 대부분은 본국에 생산공장을 가지고 있지 않고 해외에 산재한 다양한 생산기지를 활용하며, 세계 각처에서 판매 유통망을 관리하는 글로벌 브랜드들이다. 저임금이 가져다주는 원가절감의 효과를 찾아, 글로벌 생산구조가 이루어져 가는 이면에서는 노동의 착취에 시달리는 노동자들이 있으며, 이들에 대한 배려가 중요한 산업윤리의 문제로 대두되고 있다. 미국의 경우 의류산업의 노동착취업소(sweatshop)에 대한 징계방안이 정계와 학계에서 활발히 연구된 결과 1999년 의류산업의 글로벌 노동규약을 제정하였다. 이 노동규약은 생산국이 특별한 법률적인 제한이 있으면 해당 국가의 노동법을 따르나 그러한 법규정이 없다면 노동시간은 60시간/주를 초과하지 않고, 15세 이하의 어린이를 노동자로 고용하지 않아야 하며, 최소임금 시간을 지키는 조건을 만족시키는 공장에서 생산한 제품만 수입이 가능하도록 제한하고 있다. 그러나 후진국들의 열악한 경제 상황은 12세 이상을 정상적인 노동 인력으로 인정하고 있다. 또한 나이 어린 노동자들이 가족의 생계를 담당해야하는 열악한 경제적 환경 등 상상을 초월하는 상황이 일어나고 있다.

1) 해외생산

미국과 유럽의 제조업체나 유통업체들은 해외 에이전트나 지사를 통해 해외 소싱 작업을 진행하며, 직접 에이전트 회사를 운영하는 경우도 있다. 에이전트들은 특정분야에 전문화된 주거래 기업들을 중심으로 생산 네트워크를 구축하여 활동한다. 예를 들어 A업체는 복잡한 스타일까지도 성공적으로 수행할 수 있는 장비와 기술이 있고, B업체는 기술은 뒤떨어지나 간단한 스타일을 낮은 가격으로 생산할 수 있는 특징을 갖는다면, 에이전트들은 각 스타일의 작업 요구수준에 맞추어 생산처를 소싱한다. 따라서 에이전트들은 최적의 생산협력업체 선정을 위해 공장들의 생산능력을 파악하고 생산단가에 대한 정보도 폭넓게 수집하여, 가격과 기술 경쟁력이 우수한 업체를 선택할 수 있도록 한다. 의류업체와의 계약을 성사시키기 위해 대부분의 소싱 업무 담당자는 해당 스타일을 생산할 대략적인 단가 수준을 미리 정하고 업무에 착수하며, 제품의 작업 사양서, 원단, 스타일 사이즈 스펙 등 세부적인 사항을 가지고 가격협상에 임하게 된다.

생산 및 재료 공급업체 선정의 또 다른 중요한 기준은 납기일 준수이다. 패션비즈니스의 가치 창출은 시간에서 나오는 경우가 많다. 따라서 정확한 납기일을 준수하기 위해서는 생산에 소요되는 시간뿐만 아니라 물류 및 운송 시스템의 효율성에 대한 철저한 분석이 요구된다.

이미 해외 협력 경험이 있는 업체와 계약하는 경우 방문은 필수적인 요소가 아니나 일반적으로 주문하는 기업의 소싱 담당자가 제조업체와의 협상을 위해 제조사를 방문하는 경우 협상의 보조를 위해 에이전트도 동행하게 된다. 주문하는 업체는 생산협력업체와 계약 체결을 위해서 주문제품의 스타일, 원단, 세부적 디자인, 사이즈 스펙을 생산협력업체에 제시하게 된다. 주문하는 상품의 품질관리를 위해서는 이 단계에서 재료의 정확한 규격이나 공급처와 같은 매우 구체적인 사항까지도 언급한다. 이러한 주문사항을 검토한 후 생산협력업체가 생산단가를 제시하게 되고 협상이 진행된다. 원활한 협상 진행을 위해서는 공급업체가 주문할 스타일 생산에 필요한 원단의 수급방안이나 가격 등의 문제를 검토할 수 있는 시간적 여유를 허용해야 한다.

생산단가의 협상은 여러 차례 의견 조율을 거쳐서 이루어지며 주문업체가 제안한 가격과 생산업체가 수용할 수 있는 가격의 차이가 너무 클 경우에는 수용가격에 근접하게 원단이나 세부사항의 선택을 바꾸어보는 방안도 생각할 수 있다. 이와 같은 협상과정을 거쳐 생산부분의 전문가인 생산업체와 소비자의 수용수준을 가장 잘 파악하고 있는 주문 발주 업체(바이어, 제품개발자) 간에 유연한 업무협조가 이루어질 수 있다. 이러한 과정을 통해 소싱 업무 담당자는 각 생산 공급 업체의 장단점이나 능력을 파악하고 완제품 생산에서 발생할 수 있는 사고를 미연에 방지할 수 있게 되며, 적정 생산단가에 대한 감각도 익히게 된다. 또한 각 생산업체의 생산규모에 맞추어 주문량을 분산시키는 방법도 터득하게 된다.

2) 브랜드 다각화 전략

특정 분야 또는 제품으로 시장에서의 지명도를 높인 브랜드가 주 대상품목을 넓혀서 브랜드의 활동 범위를 넓히는 메가브랜드(Megabrand) 전략은 브랜드에 대한 소비자의 이미지를 제품의 가치에 부가시켜 판매하는 것으로 소비자가 기존 상품에 부여하였던 브랜드이미지나 가치, 품질 수준을 새롭게 추가하여 제공하는 제품에 덧입혀 판매하는 것이다. 예를 들어 정통 진브랜드인 리(Lee®)는 브랜드에 대한 소비자의 인지도가 높아지자 취급 품목을 청바지와 함께 착용하는 셔츠, 스웨터 등 여러 가지 품목으로 확대하였다.

이 외에도 기업들은 브랜드 다각화 경영 전략(multiple segment)을 사용한다. 최근에는 목표로 하는 소비자층이 다른 여러 개의 브랜드를 각각 독립적으로 운영하는 추세를 보이고 있다. 예를 들어 세계적인 여성복 브랜드인 리즈클레이본(Liz Claiborne)이 소유하고 있는 러스(Russ)라는 브랜드는 대량판매점인 월마트에 제품을 공급하는 브랜드이고 크레이지호스(Crazy Horse)는 대중적인 백화점인 제이씨페니(J.C.Penney) 백화점용으로 개발한 브랜드이다.

그러나 이러한 다각화의 방법과는 반대로 소비자들을 나이, 성별, 구입제품의 가격대, 옷치수, 라이프 스타일에 따라 세분화하여 제한된 고객만을 대상으

그림 2-1 빈폴 브랜드의 다각화

패션은 그 시대를 살았던 사람들의 생각이나 감성이 반영된 스타일을 가지고 있다. 따라서 패션은 유한한 생명의 시간을 가진 유기물처럼 태어나고 성숙하고 늙고 사라진다. 그러나 패션브랜드가 주요 고객층의 이탈을 방지하기 위한 노력이 지나쳐서 고정 고객이 필요로 하는 제품의 특성에 맞추어 스타일과 제품의 구성의 변화를 반복하다보면 브랜드 고유의 특성이 변질되어 새로운 고객의 유치가 어려워지는 위험에 빠질 수 있다.

로 그들이 필요로 하는 다양한 제품을 제공하는 브랜드들도 있다. 예를 들어 에스쁘리(Esprit)는 패션을 중요시하는 청소년과 20대를 대상으로 독특한 스타일, 색상, 디테일을 갖춘 간단한 상품에서부터 정장까지 다양한 제품들을 고객이 선호하는 마케팅 방식을 활용하여 제공한다.

2. 의류산업의 글로벌 구조

1) 글로벌화

1960년대부터 한국, 대만, 홍콩은 세계 어패럴산업에서 중요한 생산기지로서 역할을 담당해왔다. 그러나 중국의 시장개방과 남아메리카 지역의 산업화가 가속화되어감에 따라 미국과 유럽에 본사를 둔 의류업체들은 전통적인 생산기지였던 홍콩, 한국, 대만 등 아시아 국가들 외에 지리적으로 가까운 멕시코나 남미 국가들, 동유럽의 국가와 인건비가 저렴한 중국을 생산처로 활용하고 있다. 따라서 한국을 비롯한 아시아 국가들의 의류업체들은 단순 생산기지에서 마케팅 능력까지 갖춘 브랜드로의 탈바꿈을 시도하고 있다. 우리나라 의류업체들도 생산 원가를 최소화하기 위하여 해외생산을 늘려가고 있다.

많은 의류업체들은 국제적으로 공장의 입지 조건이 우수한 지역에 생산기지를 만들어 임금이 저렴한 제3국의 노동자들을 활용하여 생산을 진행시킴으로써 원가 상승을 최소화하고 있다. 예를 들어 미국령 사이판의 해외 생산기지의 노동자들은 대부분 중국인들로 구성되고, 아랍연맹의 생산기지에는 파키스탄인들로 채워지며 말레이시아의 생산기지는 스리랑카의 노동자들로 채워지고 있다. 이와 같은 국제적인 노동시장의 변화는 복잡한 삼각무역 구도를 가져온다. 예를 들어 한국의 한 의류업체는 미국의 쿼타가 비교적 큰 러시아 블라디보스토크에 생산시설을 갖추어 의류를 생산하여 미국으로 수출함으로써 쿼터 제한도 피하고 한국 노동자의 시간당 임금보다 매우 저렴한 가격으로 생산하고 있다. 그러나 2005년 쿼터제의 폐지에 따라 이러한 작업환경에 큰 변화가 예상되고 있다. 미국을 중심으로 볼 때, 멕시코는 북미자유무역협정(NAFTA)의 영향으로 가장 강력한 미국 의류산업의 파트너 위치를 지킬 것으로 기대되고 있다. 중국은 풍부한 노동력을 무기로 신규투자를 활발하게 유치하여 세계적인 생산단지의 위치를 확보하고 있다. 따라서 방글라데시나 스리랑카와 같은 저임금 국가로의 활발한 진출 방안을 모색하지 않으면, 상대적으로 홍콩이나 한국의 의류업체들은 타격을 입을 것으로 예상되고 있다. 대부분의 미국과 유럽의 도매업체나 소매업체들은 해외 에이전트나 지사를 통해 해외 소싱 작업을 진행한다. 이러한 의류산업의 제조 시스템의 변화에 따라 리 앤 펑(Li & Fung)과 같은 아시아 지역 최대 에이전트 기업의 성장이 두드러지게 나타나고 있다. 이 외에도 미국 유통업체들은 자체 네트워크와 에이전트 회사를 운영하고 있다. 예를 들면, 메이 컴페니(May Company)와 메이시스 연합(Macy/Federated), 타겟 코퍼레이션(Target Corp.), 블루밍데일스(Bloomingdale's), 사크스 앳 에이엠씨(Saks at AMC)와 같은 거대 유통업체들도 공동 에이전트 기업을 활용하고 있다. 따라서 우리나라도 국제적으로 경쟁력이 있는 브랜드의 개발과 더불어 에이전트 사업으로의 확장을 추진해야 한다.

2) 국내 패션산업의 구조 변화

패션 산업이 시작되던 1970년대와 패션산업이 전문화되던 1980년대에 급성장을 보이던 국내 패션시장은 국가 경제위기의 충격으로 1998년 내수 시장규모가 일시적으로 급격하게 감소하였다. 이후 2000년에 안정세를 회복하였지만, 성장이 둔화되어 연평균 성장률 5% 이하의 저성장을 보이고 있다. 이러한 저성장의 원인은 국내경기 불확실성에 따른 소비자 구매심리 위축, 인건비 상승으로 인한 해외생산 급증, 명품 선호경향에 따른 수입의류 급증, 내수시장 경쟁심화 등 다양한 요소가 영향을 미친 것으로 평가된다.

1990년대 이후 한국 패션산업의 새로운 경향은 캐주얼웨어와 스포츠웨어 시장의 증가와 정장 시장의 지속적인 감소이다. 2002년 전체 의류시장 중 35.8%를 차지하던 캐주얼웨어와 스포츠웨어 마켓 점유율이 2003년에는 38%로 성장하였다. 특히 캐주얼웨어의 주고객 범위가 10대나 20대에서 모든 연령대로 확산되고 복종의 경계가 과거에 비해 불분명해지면서 모든 복종의 스타일이 캐주얼화 됨에 따라 전통적인 스타일을 고집하는 여성복 정장과 남성정장 시장은 감소되고 캐주얼 의류 시장의 규모가 더욱 확장되고 있다. 이러한 수요의 변화에 대한 원인은 라이프 스타일의 변화이다. 주 5일 근무제도의 정착에 따라 가종 스포츠와 레저 행사에 직접 참여하는 문화의 확산에 따라 소비자가 필요로 하는 의류 품목이나 스타일이 변화하고 있다.

과거 의류제품의 공급방식은 다음 시즌의 수요를 예측하여 제품 생산을 결정하는 기획에 근거한 공급자 위주의 대량생산 방식이 주류를 이루었다. 2000년대 이후 소집단의 감성적인 수요 특성을 맞추어가는 소비시대로 바뀌면서 다

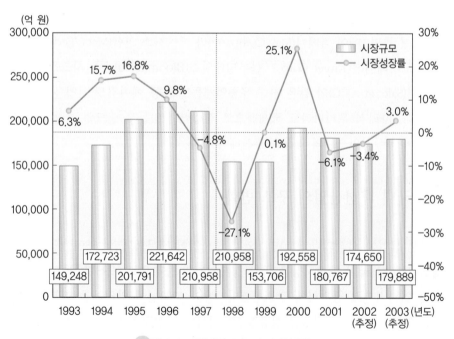

그림 2-2 의류시장 규모 및 시장성장률

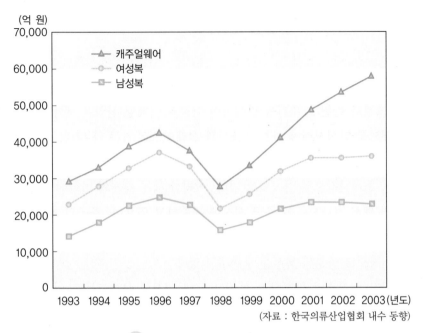

그림 2-3 복종별 의류시장 규모 변화

(자료 : 한국의류산업협회 내수 동향)

양한 소비자의 욕구와 요구에 맞추어 패션 비즈니스의 형태도 급격한 변화의 시기를 맞이하고 있다. 이러한 변화는 다양한 스타일의 상품을 제공할 수 있는 복종인 캐주얼웨어 시장의 확대를 가지고 온 계기이기도 하다. 우리나라의 캐주얼 의류 시장은 1980년대에 대기업을 중심으로 시작되었으며, 중국을 생산 기지로 활용하는 국제적인 산업구조변화 영향으로 중국생산으로 제품의 공급 가격을 낮춘 중저가 캐주얼웨어가 공급되면서 캐주얼웨어 시장의 외형적인 성장이 이루어졌다. 이후 1990년대에는 국가의 경제적인 성장과 더불어 고급 제품에 대한 새로운 수요의 증가에 따라 캐주얼 시장이 다각화되었다. 기본적인 제품을 주로 제공하는 베이직 캐주얼 또는 이지캐주얼, 감성적인 제품을 제공하는 감성캐주얼, 진제품을 중심으로 상품을 제공하는 진캐주얼 등 캐주얼 시장의 세분화 시기를 맞이하여 전성기에 접어들고 있으며, 전체 의류 시장의 흐름을 캐주얼웨어 시장이 주도하고 있다.

3. 세계 시장으로의 진출을 위한 조건

한국 어패럴 산업의 양적인 성장은 세계 수준의 제품 생산 기술을 축적시켜 주었다. 그러나 한편 21세기를 맞이하여 한국의 어패럴 산업은 세계적인 패션 전문 브랜드를 탄생시켜야 하는 초조함과 설레임으로 가득 차 있다.

국제적인 산업구조에서 21세기의 중국은 세계의 거대한 생산단지이며 동시에 광대한 소비시장으로 인식되고 있다. 이러한 세계 경제의 변화에 따라 많은 해외 유명 패션 브랜드들이 중국 시장에 진출하고 있으며, 중국의 패션시장은 미국과 유럽의 유명 브랜드가 점유하는 고급시장과 중국산 제품이 차지하는 중저가 시장으로 양분된 특성을 보여주고 있다.

해외 시장에 진출이 활발하지 못했던 국내 내셔널 브랜드들도 이러한 중국 소비시장의 특성에 맞추어 활발하게 중국에 진출하고 있다. 예를 들어 국내 최대 어패럴 업체인 제일모직은 남성정장 브랜드 '갤럭시'와 스포츠웨어 브랜드 '라피도' 외에 '아스트라'를 중국에 진출시킴으로써 중국에 다수의 매장을 열었다. 이들 매장은 대부분 상해와 북경 중심지의 백화점 위주로 유통망을 전개하기 시작하였으며 고급시장을 겨냥한 마케팅을 펼치고 있다. 캐주얼 브랜드 '후부'도 힙합 스타일의 캐주얼의류를 판매하는 직영매장을 열었다. 국내의 스포츠웨어 전문업체인 (주)FnC코오롱은 라이선스 브랜드로 국내에서 운영하던 '잭니클라우스'의 사업권을 2012년까지 중국 전 지역에서 행사한다.

국내에는 많은 내셔널 브랜드들과 라이선스 브랜드들이 유통되고 있다. 그러나 아직 세계적으로 명품 대열에 합류하는 국내 의류 브랜드는 매우 드물다. 그 이유는 무엇일까? 세계적인 패션 브랜드의 탄생은 많은 투자비용을 쏟아부어서 하루아침에 이루어지는 것이 아니다. 한국 섬유 패션산업의 고질적인 문제점으로 분석가들은 디자인 능력의 부족을 원인으로 지적하기도 하고, 마케팅 능력의 낙후성을 이유로 들기도 한다. 그러면 디자인 능력 부족의 원인은 무엇일까? 많은 사람들이 창의적인 디자인의 부족이라고 대답하기도 하지만, 이것만이 원인은 아니다. 시장경쟁력이 있는 제품의 제안 능력의 부족도 문제인 것이다. 제조, 물류, 유통을 포함한 기업의 경영 전략과 함께 독창성 있는 디자인에 대한 중요성을 인식하고 두 가지 측면에서 발전을 위한 노력이 필요하다.

한국의 많은 의류 브랜드들은 두 가지의 취약점을 가지고 있는 것으로 해석된다. 첫째는 브랜드의 상품 스타일과 유통방식의 독창적인 특성보다는 유행하는 디자인을 모방하여 시장에 신속하게 제공하여 판매율을 높이는 것이 비즈니스의 성공이라고 생각하는 조급한 경향이 크다는 것이다. 또 다른 문제점은 디자이너가 중심이 되어 이루어진 브랜드의 경우 경영적인 측면에서의 브랜드 관리 능력이 부진하다는 것이다. 이러한 두 가지 원인을 종합해보면, 디자인의 부가가치를 높이기 위해서는 상품성과 독창성의 균형을 유지하는 제품을 우수한 마케팅 전략에 근거하여 공급할 수 있는 전문인의 확보를 위한 투자가 절실하다는 결론을 내릴 수 있다. 세계적인 패션 브랜드의 육성을 위해서는 패션 트렌드를 빠르게 읽고 트렌드에 적합한 창의적인 디자인을 제안하는 능력을 갖춘 패션 디자이너, 소재 디자이너와 패턴 설계의 전문성을 갖춘 스타일리스트들이 필요하다. 또한 트렌드를 반영하면서 독창성 있는 디자인을 창조할 수 있으며, 다양한 감성의 소재를 기획하고 디자인할 수 있는 능력과 디자인의 상품성을 높여주기 위해서 소비자와 디자이너 간의 커뮤니케이션 통로

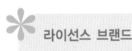

라이선스 브랜드

라이선스 브랜드는 계약에 따라 허가를 받아 브랜드명을 사용하는 브랜드이다. 이 경우 브랜드의 이름을 사용하는 기업은 라이선스 제공기업에 판매금액 중 일정액을 로열티로 지불한다. 라이선스를 받아가는 기업은 해당 제품에 대한 생산이나 마케팅의 전문성을 가지고 있으나 경쟁력 있는 브랜드를 가지고 있지 못하므로 유명 브랜드의 라이선스를 취득함으로써 브랜드의 이미지를 활용한다. 라이선스 브랜드의 장점은 디자이너나 브랜드명이 뒷받침됨으로써 판매율이 높아지는 효과를 볼 수 있다는 것이다. 그러나 라이선스 브랜드의 가장 큰 약점은 자체 브랜드를 소비자에게 인식시킬 기회를 갖지 못하므로 장기적으로는 비즈니스 경영적인 측면에서 위험에 처할 수 있다.

라이선스를 제공한 브랜드들은 브랜드 이미지 관리를 위해서 라이선스 사용업체의 선정 기준을 강화하고, 제품 디자인이나 마케팅 과정에도 깊숙이 관여한다. 무차별적으로 라이선스를 제공하는 것에 대해 주의가 필요한 이유는 라이선스 남발에 따른 브랜드 이미지, 마케팅, 품질, 디자인의 관리 유지가 어려워질 가능성이 있기 때문이다.

역할을 담당하여 디자인 개발, 제품 개발의 방향 제시를 할 수 있는 전문성을 갖춘 바이어의 육성도 시급히 요구되는 사항이다.

4. 섬유 패션산업의 정보화

전형적인 어패럴 상품의 재고 보충과정은 '생산자-물류업체-소매상' 간의 물리적인 상품의 이동과정과 '소매상-에이전트(바이어)-생산자' 간의 구매 정보의 흐름으로 이루어진다(그림 2-4). 이상적인 물류는 물리적으로 상품이 정해진 시간과 장소에 전달되도록 하는 것이며, 이를 위해서는 주문에 관한 정확하고 신속한 정보를 제공하는 시스템이 필요하다. 소비자 주도형 시장구조를 형성한 패션산업은 극심한 판매경쟁 속에서 소비자의 요구와 유행의 변화에 신속하게 대응하여 상품을 매장에 공급해야 한다. 따라서 거래처의 관리와 상품의 안정적 공급을 위해서는 물량의 변동상황에 따라 유통업체에 정확한

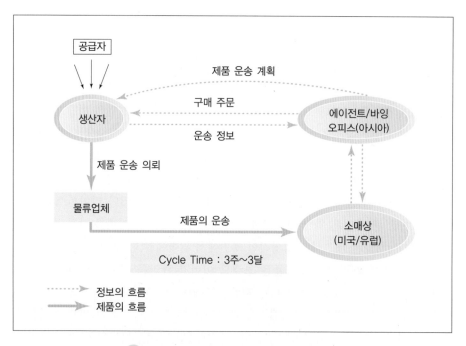

그림 2-4 전형적인 어패럴 재고보충 프로세스

납기일을 맞추어 공급할 수 있는 물류시스템이 필요하다.

특정 시즌에 집중하여 입·출하되는 계절성, 디자인과 트랜드 변화에 민감한 유행과 제품의 라이프 사이클이 짧다는 패션산업의 특징 때문에 물류시스템의 현대화는 패션산업의 발전을 위하여 매우 중요하다. 물류분야의 개선에 대한 파급효과는 생산, 판매 등 모든 분야에서 나타나며 경영활동 전반에 영향을 미치므로 국내 의류업체들도 컴퓨터 정보기술을 활용한 물류시스템을 추진하고 있다. 이러한 기술적인 투자와 더불어 시스템을 효율적으로 운영하기 위해서는 비용절감과 판매촉진 실현이라는 목표에 대한 명확한 인식이 요구되고 있다.

1) 신속대응 시스템

의류제품의 생산 및 유통 과정은 다단계적인 구조로 진행된다. 가치사슬의 연결로 구성된 산업의 특성으로 의류상품의 기획에서부터 생산, 판매, 유통에 이르기까지 정보 네트워크에 의한 통합 관리 시스템의 중요성에 대한 인식이 높아지고 있다. 소비자의 동향이 반영된 판매 정보를 정확하며 신속하게 파악하여 소비자의 요구에 빠르게 대응하기 위해 신속대응 시스템(QR 시스템)의 도입도 확산되고 있다.

급변하는 환경에 대응하기 위한 신 경영전략으로 거론되고 있는 신속대응 시스템은 의류 및 직물 제조업자와 소매업자 간 정보와 제품의 흐름을 가속시키기 위한 새로운 경영전략이다. 이러한 새로운 패러다임은 거래관계 및 업무환경의 변화를 통해 생산업계와 유통업계가 소비자의 요구에 신속하게 대응하여 기업의 이익을 창출할 수 있는 경영을 요구하고 있다.

신속대응 시스템은 컴퓨터 정보기술을 섬유, 패션산업에 접목함으로써 생산과 유통에 소요되는 시간을 절감하여 시장의 수요 변화에 빠르게 대응하기 위한 방안으로 패션산업 정보화의 추진과 병행하여 추진되고 있다. 미국에서 1980년대 아시아지역에서 제공되는 가격 경쟁력을 갖춘 수입섬유 및 의류제품의 급격한 증가에 대응하여 미국의 섬유산업과 어패럴 산업을 보호하기 위한 방안으로 공급체인관리의 정보화를 시작한 것이 신속대응 시스템의 시작이다. 그러나 최근에는 섬유 및 어패럴 산업의 정보화는 미국뿐만 아니라 일본, 홍콩, 한국 등 세계적으로 많은 국가가 채택하는 전략이다. 즉, 신속대응 시스템은 원사와 직물, 어패럴의 제조, 유통에 이르기까지 관련 업종 간에 파트너십을 강화하여 패션산업에서 중요한 가치로 평가되는 신속성과 재고관리의 효율성을 높이는 목적으로 불필요한 생산 대기시간 등을 획기적으로 단축하기 위해 시작된 패션산업의 경영전략이다. 예를 들어 미국의 의류제조업체가 면바지 생산과 유통에 소요하였던 66주를 분석한 결과 실제 생산에 투여되는 시간은 11주(17%)에 불과했으며, 55주는 각 단계별로 대기에 소요되는 시간으로 분석되었다. 따라서 실질적으로 생산 및 제조에 투입되는 시간이 아닌 대기시간을 단축하기 위한 방안이 필요함을 인식하게 되었다. 즉, 신속대응 시스템의 근본적인 목적은 제조과정의 대기시간을 단축시킴으로써 원가 절감과 자금회전율을 높이는 효과를 기대하는 것이다.

현대의 소비자는 다양하고 개성있는 상품을 요구하므로 다품종 소량주문에 대응할 수 있는 제품기획 및 생산시스템을 필요로 한다. 시장의 변화에 신속한 반응이 가능한 신속대응 시스템의 생산체제는 '규모의 경제'가 지향하는 대량 생산방식보다는 수요를 탄력적으로 충족시키기 위한 생산을 지향하는 시스템이다.

정보와 상품의 흐름을 촉진시키는 전략인 신속대응 시스템은 재고수준을 감소시키고, 납기지연을 방지하여 원가절감 및 생산력향상을 통해 궁극적으로 변화하는 시장 수요에 대한 대응력을 높임으로써 기업의 경쟁력을 향상시킬 수 있다. 주문이 발주된 시점부터 상품이 배달되는 시점까지의 시간인 납기의 단축은 중요한 문제이다. 경쟁이 극심한 패션상품은 제품의 판매시기가 짧기 때문에 고객이 원하는 시간 내에 상품을 제공하지 못하는 경우 그런 능력을 갖춘 경쟁자에게 시장을 빼앗길 수밖에 없다. 의류제품의 생산을 위한 원료공급 및 생산, 판매과정에서의 비효율적인 부분들을 제거하여 전반적인 원가구조를 개선하고자 하는 것이 신속대응 시스템의 또다른 목적이다.

현대의 극심한 경쟁상황 하에서는 적절한 납기시간 내에 고품질의 상품을 생산하는 능력은 기업의 생존 및 지속적인 성장을 위한 필수적인 조건이다. 신속대응 시스템을 도입하기 위해서는 통합전산망의 구축이나 기업의 정보 네트워크 구축을 위한 초기 투자비용이 많을 수 있으나, 시스템의 원활한 운영을 통해 전략적 우위를 얻을 수 있다. 국내 의류제조 생산업체들이 정보화 시스템을 도입해야 하는 또다른 이유는 국내외 유통업자들이 전산 시스템을 통한 업무 추진 체계가 구축된 제조업자와 공급업자를 선호한다는 것이다.

신속대응 시스템의 실행은 판매 데이터를 관련업체들이 실시간으로 공유하는 것에서 시작된다. 제품에 부착된 바코드(bar cord)의 스캔을 통해 판매되는 제품의 품목, 물량, 판매장소의 정보가 저장되고, 완제품의 판매시점에서 수집되는 판매정보(POS, Point of sale)는 판매된 해당 제품을 생산하는 데 관여했던 모든 가치 사슬에 해당하는 업체들에게 제공될 수 있다. 재고의 흐름에 대한 정보를 실시간으로 공유함으로써 제조업체는 비생산적인 리드타임을 단축하는(JIT, Just in time) 장점을 누리고, 리테일 업체는 재고수준을 낮출 수 있다. POS 시스템으로 수집한 판매데이터 즉, POS 데이터는 어떤 상품이 잘 팔리는지, 색상 추세를 분석할 수 있는 정보를 제공한다. 예를 들어 축적된 POS

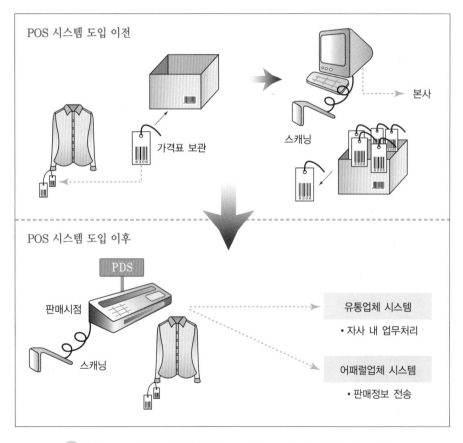

그림 2-5 패션산업의 정보화에 따른 제품 판매정보의 수집 및 유통경로 변화

POS 시스템과 상품코드체계

소매점의 판매 정보를 수집·분석·관리하는 POS 시스템은 정보네트워크화에 있어 가장 기본적인 시스템이다. 과거의 판매 데이터 관리 방법은 하루의 매출을 점검하여 기록하거나 한 시즌이 마감된 후 판매량에 대한 자료를 정리하는 방법이었으나 POS 시스템에서는 상품이 판매되는 바로 그 시점에서 상품에 붙어있는 바코드를 자동 판독하는 방식으로 판매 정보를 입력한다. 이 시스템은 단품별로 수집된 판매정보와 상품구입·운송 등의 단계에서 발생하는 각종 정보를 가공·전달하는 기능도 있으며, 국내에서는 1970년대에 도입되기 시작하여 최근에는 거의 모든 제조업체와 유통업체가 사용하고 있다.

POS 시스템의 원활한 운영을 위해서는 바코드로 검색하는 데이터베이스인 마스터 파일에 상품의 메이커명, 상품명, 판매가, 규격 등 정보들을 모두 입력한 상품 마스터 파일이 필요하다. 의류산업에서 사용되는 POS 시스템은 많은 제조업자와 소매업자가 관련되어 있기 때문에 POS 시스템의 효율적인 운용을 위해서 의류산업 전체가 공동으로 사용할 수 있는 상품코드체계가 필요하다.

국제적인 공통 상품코드 체계는 북미지역에서 사용되는 UPC(Universal Product Code)와 유럽에서 사용되는 EAN(European Article Number)의 두 가지가 있다. EAN 체계는 북미지역을 제외한 대다수 국가들이 채택하고 있으며 우리나라는 EAN 체계에 따라 1988년부터 KAN을 시행하고 있다.

KAN(Korean Article Number)은 우리나라에서 제조, 판매되는 상품의 고유 상품코드로 그 상품을 다른 상품과 구별해 주는 식별번호이다. KAN은 EAN 체계에 따라 전 세계적으로 사용되는 공통상품체계로 표준형과 단축형 두 가지가 있다. 표준형은 국가코드, 제조업체코드, 상품품목코드, 체크디지트로 구성되어 있다. 국가코드는 2~3자리로 우리나라는 880이며 일본은 49, 영국은 50이다. 제조업체 코드는 4자리로 코드 관리기관이 전국의 소스마킹 업체에게 코드를 부여해준다. 우리나라에서는 한국유통정보센터에서 이를 담당한다. 상품품목코드는 5자리로 제조업자가 제품마다 자유롭게 코드체계를 설정하고 코드목록을 관련 유통업자에게 통보한다. 마지막의 체크디지트는 1자리로 자동판독기에서 판독 시 잘못을 방지하기 위한 것이다. 단축형은 표준형 코드를 인쇄하기에 여백이 충분하지 못한 상품에 사용되는 8자리 코드이다.

KAN-13A(표준형 A)

국가식별코드	제조업체코드	상품품목코드	체크디지트
3자리	4자리	5자리	1자리

KAN-8(단축형) : 의류의 경우 해당사항 없음

국가식별코드	제조업체코드	상품품목코드	체크디지트
3자리	3자리	1자리	1자리

추가생산 요청서

요청일자 : 1999년 11월 08일   월요일

STYLE :

K	K	W

9	2	7	1
	5	4	6

3
2

COLOR \ SIZE	44	55	66	77	88	TOTAL
BK		44	36			80
GR		20	30			50
0						0
TOTAL	0	64	66	0	0	130

원단명	DOUBLE FINE GEOGETT		
요 척	1.52	폭	59
원.단 혼용률	WOOL	100%	
안 감 혼용률	PE	55	
	RA	45	
COLOR별 소요량	BK	121	YDS
	GR	76	YDS
			YDS
			YDS
세탁표시방법			
DRY			

추가생산요청 사유

현재 판매율		208		110		53%	
STL	COL	입 고		판 매		판매율		비 고
		55	66	55	66	55	66	
9271	BK	62	66	55	46	89%	70%	
9546	GR	44	36	1	8	2%	22%	
	0					##	##	
						##	##	
TOTAL				56	54	53%	53%	

최초입고 : '99.11.02

참고 사항

소매가	230,000	4,984
직접 원가		46,145
TOTAL D. C		5,998,808

— _____ — ____의

STOP성 REPEAT

MAIN원단과 동일

BK : T B WOT 1252

원 단	업 체	입고예	입고처
	영테크 제일모직	11월 08일	구로창고

완 제 품	납 기	입고처
	11월 19일	수원물류

공 장	1 차	2 차	3 차
	CMT	CMT	
	부림	부림	
DELIVERY		11 월 19 일	

발 행	담 당	대 리	UNIT장	팀 장
결재일	11/ 8	/	/	/

점 수	담 당	대 리	UNIT장	팀 장
결재일	/	/	/	/

그림 2-6 전산화 이전의 추가생산요청 서류의 예

정보로 전년도 같은 기간에 어떤 상품이 잘 팔렸는지 분석이 가능하기 때문에 유통업체는 물론 의류메이커, 원사메이커 모두에게 유용한 정보이다. 나아가 신속한 생산, 배송, 납품이 가능하게 되어 과잉재고와 품절의 발생을 방지할 수 있게 되고, 신제품 개발시간도 단축된다. 신속대응 시스템을 이용하는 의류업체들은 상품의 초기 1~2주일 간의 판매결과를 바탕으로 추가생산 물량을 결정한다. 예를 들면, 특정 상품에 대한 반응이 기대 이하인 경우에는 추가생산을 포기하고 이미 생산한 물량의 재고를 줄일 수 있는 방안으로 가격인하나 다른 지역 매장으로의 점간 이동을 고려한다. 반면에 특정상품의 수요가 기대보다 높게 나타나면 추가생산에 대한 의사결정을 한다. 추가생산을 위해서는 원부자재의 수급이나 생산공장의 수용 능력 등을 면밀하게 검토하여 신속하고 치밀하게 계획을 수립하고 추진하여 목표한 기간 내에 추가 생산 물량을 출고할 수 있도록 해야 한다.

신속대응 시스템의 정착을 지연시키는 장애물들은 아직도 많다. 정보 전산망의 구축 및 정보화된 사무처리 전산화를 위해 투입되는 시간과 비용에 대한 경제적인 부담과 원자재 공급업체, 제조업체, 유통업체 사이에 소극적인 정보공유 태도와 같은 폐쇄성의 극복이 선행되어야 한다. 이 외에도 생산관리의 효율성을 높이기 위해 컴퓨터를 연계한 제조방식(CIM, Computer Integrated Manufacturing)을 사용하고, 종이서류를 대신하여 전산으로 서류를 작성하고 결재하는 전자데이터교환방식(EDI, Electronic Data Interchange)의 사용을 위한 전산시설 인프라 구축도 필요하다.

2) 국내 어패럴 업체의 신속대응 시스템 도입 현황

국내 의류산업에서는 원사 및 원단, 의류 그리고 유통산업에 걸쳐 신속대응 시스템이 도입되고 있다. 신속대응 시스템은 대기업들을 중심으로 도입되고 있으며 특히 신속대응 도입의 효과를 인정하는 기업들이 더 많이 도입하고 있는 것으로 나타나고 있다.

국내 모직물업계도 최근 급격하게 진행되고 있는 패션의 단주기화에 효과적으로 대응하고 수입 모직물과의 경쟁력을 확보하기 위해서 신속대응 시스템 확립의 중요성을 인식하고 있다. 1995년에는 75일 내에 납품이 가능하다는 것이 화제가 되었으나 1997년에는 60일 납기가 보편화될 정도로 납품기간의 단축은 기업 경쟁력의 핵심으로 인식되고 있다. 특히, 리라화의 평가절하로 품질 좋고 값싼 이탈리아 수입복지가 대량 유입되면서 국산 모직물 업계는 국내 제조업체의 최대 이점인 단납기를 더욱 중요시하고 있는 추세이다. 따라서 국내 선도적인 모직물업체들은 전사적인 조직 개편으로 신속대응 시스템 구축을 위한 시스템 정립에 총력을 기울이고 있다. 예를 들어 K모직은 마산본사 공장의 제직부문을 3개 부문으로 세분화시켜 생산효율을 극대화시키는 동시에 조직의 세분화와 전문화를 이용한 단납기를 유도해 나가고 있다. D모방은 서울사무소와 부산 생산공장의 업무를 효율적으로 접목시켜 상품기획과 생산이 하나의 흐름으로 원활히 진전될 수 있도록 조직하고 관련된 부서업무를 서로 순환 근무케 함으로써 시간을 단축시키는 동시에 품질 손실을 최소화할 수 있도록 시스템화하였다.

다음은 국내 대표적인 어패럴업체들의 신속반응 생산시스템 도입 현황이다.

(1) A사

A사의 POS 시스템은 의류매장의 모든 영업업무를 자동화하여 매장에서 발생한 다양한 정보를 물류시스템으로 연결하여 관리하는 의류매장 종합정보 관리시스템이다. 매장의 판매관리 기능에 국한된 일반적인 POS 시스템 형태로는 본사, 매장 및 영업부서의 영업활동을 실질적으로 지원하는 데 한계가 있다고 판단하여 상호 정보공유와 활용에 초점을 맞춘 전산 시스템을 개발하였다. 이에 따라 매장에서 그 동안 사용했던 수작업 장부가 폐지되었으며 또한 본사의 업무에서도 상품기획, 생산계획 및 출하계획도 브랜드, 스타일, 사이즈 단위까지 전산 관리가 가능한 수준으로 전환되었다. POS 도입 이전에는 매장의 일일 판매정보가 15~20일 후에 집계되어 수작업으로 입력됨으로써 본사에서 시장의 변화에 신속하게 대응하는데 실질적인 데이터로서 활용되지 못한 실정이었으나 시스템의 도입 이후 판매시점 혹은 다음날 오전에 전매장의 단품별 판매정보를 파악할 수 있게 되었다. 이에 따라 본사 영업부서에서는 매장에서 전송한 판매정보를 기초로 상품의 이동에 대한 의사결정, 재생산 계획 및 재출하 계획을 하고 있다. 또한 매장 및 고객의 판매성향 분석을 통한 고객성향별, 지역별 구체적인 영업 전략의 수립 등으로 판매율 신장의 효과를 거두었다. 본사

의 영업과 관리 부서에서는 매장의 단품별 재고현황을 파악하여 적절한 매장 간 상품이동과 물류센터 유지물량의 신속한 출하를 통해 재고감축과 금융이자 절감 효과를 거두었다. 시스템 도입 이전에는 매장에서 수작업으로 작성되어 송부된 판매, 이동, 반품에 관한 정보들을 본부에서 다시 일괄 입력하였으나, 시스템 도입 이후에는 본사 물류시스템과 매장의 POS 정보가 자동 연결되어 매장관리 인력과 비용의 절감이 이루어졌으며 본사와 매장 간의 업무절차가 정형화 되었다. 또한 각종 서식의 표준화 작업도 병행 추진되어 매장의 관리수준 향상에도 기여하였다.

(2) B사

이 기업은 모든 제품에 대하여 전국 매장의 POS 데이터를 온라인으로 받는다. 일주일 단위로 주요매장의 점장들과 판매, 생산, 기획부서가 함께 모여 회

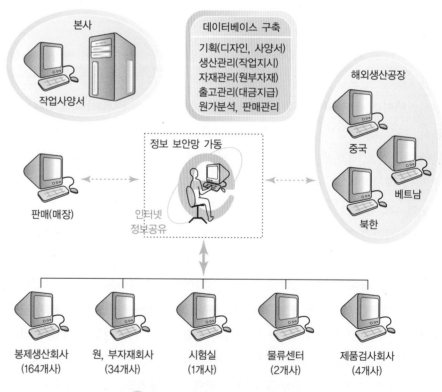

그림 2-7 반응생산시스템 네트워크의 예

의를 통해 시장동향과 소비자 반응을 검토하고 추가 공급방향을 결정한다. 그리고 제품전시와 수주회의와 기본생산 횟수를 2배로 늘려 생산관리 시점을 세분화하여 보다 신속하게 수요에 대응함으로써 비축생산을 최소화하고 판매시점에 근접하여 생산하는 체계를 구축하였다. 또한 매장에 누적되는 재고량을 줄이기 위하여 일정한 재고 수준을 스타일별로 유지하도록 관리한다. 즉, 소매점에 보내는 제품별 출고 수량을 줄이고 판매 반응에 따라 판매된 물량을 매일 매장으로 배송하는 방식을 사용한다. 이 기업의 신속대응 시스템의 주안점은 소비시점에 근접해서 제품기획을 하고 빠른 시기에 제품을 공급하는 데 있다. 평균 전체 출시량의 15% 가량을 신속대응 시스템을 통해 공급하며 호황기에는 30% 이상으로 신속대응 시스템 물량을 늘릴 수 있도록 시스템을 운영하고 있다. 그리고 이 기업에서는 EDI로 업무를 효율적으로 추진하기 위해 전산 시스템에서 사용하는 문서의 80%를 표준문서로 사용하고 있다. 이 기업의 시스템은 원부자재의 공급업체나 생산 협력업체들뿐만 아니라, 자재의 이화학적 품질 안정성을 검사하는 기관, 완제품의 품질을 검사하는 검품기관들도 시스템에 연계되어 있다.

(3) C사

이 기업은 초기부터 전략적으로 100% 외주관리 생산을 시작하였고, 생산의 30% 이상을 해외에서 생산하였으며 해외생산의 비율을 증가시키고 있다. 이러한 특징에 따라 이 기업은 자산 규모에 비하여 정보화 시스템의 도입을 초기에 이루었다. 1994년에 EDI를 도입하여 생산성의 향상을 경험하였다. 예를 들어, 한 개 스타일의 옷을 기획, 생산하는 과정에 10개 이상의 서류가 필요한 상황에서 EDI를 도입함에 따라 시간과 비용을 절감하는 효율성을 경험하였다. 또한 이 기업은 정보화 시스템을 도입하여 브랜드별로 전체 생산량의 30~60%가량을 반응생산으로 생산하는 방식을 채택하면서 10%대의 낮은 재고율을 유지하였다. 이 기업이 관리하는 P브랜드의 경우 반응생산의 비중을 2000년 10%에서 2001년 50%, 2002년 60% 등으로 확대한 결과 시즌 마감 재고율을 2001년 30%에서 2002년 13%대로 낮출 수 있었다. 또한 POS를 활용하여 물류배송 주문을 받은 후 24시간 이내에 배송이 가능하게 하여 리드타임의 감소 및 비용절감 효과를 보았다.

패션산업의 정보화 용어

Bar Code
바코드는 EDI의 핵심 활용 기술로서 12개의 숫자 속에 많은 정보를 함축한다. 바코드로 확인할 수 있는 정보는 제조업체, 제품특징(색상, 사이즈, 스타일, 가격) 등이다. 판매시점에서의 판매동향 파악뿐만 아니라, 제품의 흐름, 물류의 흐름을 파악하여 재고관리의 효율성도 높이고, 물품의 보충, 추가 생산, 추가 주문 등을 손쉽게 해주며 정확한 매장 관리, 물류 단계의 단순화를 가능하게 한다. 판매 및 반품된 상품의 특성과 흐름을 실시간으로 파악할 수 있을 뿐만 아니라, 생산이 중단된 물품이 다른 매장에 있는지 확인하는 데에도 사용된다.

CIM(Computer Integrated Manufacturing)
효율적인 생산관리를 위해 컴퓨터 네트워크에 연결하여 업무와 작업을 신속 정확하게 처리하는 데 이용된다. 디자인, 패턴제작, 그레이딩, 마커 제작, 연단, 봉제, 가공 등 거의 모든 생산 관련 업무에서 컴퓨터가 활용되고 있다.

EDI(Electronic Data Interchange)
원부자재의 수급업무나 생산, 유통, 판매 단계에서 상품의 흐름을 파악하는 효과적인 수단이며, 물동량 흐름, 업무 진척 상황을 실시간으로 파악하는 수단이다. 종이 서류를 대신하는 전자데이터 교환방식은 빠른 정보의 교환과 결재가 장점이다. 인터넷의 보급으로 기업 내부 전산망인 인트라넷(intranet)의 활용은 낮아지는 추세이다. 인터넷망의 확장은 전자상거래(e-commerce)를 가능하게 함으로써 구매와 판매가 온라인으로 이루어지는 기업 간 B2B(Business to Business) 거래와 기업과 소비자 간 B2C(Business to Consumer) 거래의 활성화를 가져왔다.

JIT(Just in Time)
작업과 작업 사이에 대기시간을 단축하여 바로 다음 작업을 연결한다.

QR(Quick Response)
원사와 직물, 어패럴의 제조, 유통에 이르기까지 관련 업종 간에 파트너십을 강화하여 패션산업에서 중요한 가치로 평가되는 신속성과 재고 관리의 효율성을 높이는 데 목적이 있다. 불필요한 생산 대기시간 등을 단축하기 위해 시작된 패션산업의 경영전략이다.

SCM(Supply Chain Management)
상품의 제조 및 유통에 관여하는 여러 공급업체의 업무 과정 관리를 의미한다.

SCM(Shipping Container Marking)
상품을 SKU(Stock Keeping Unit)별로 정리한 내용을 파악할 수 있도록 매장으로 보내는 상품 포장상자에 붙이는 바코드이다.

5. 패션정보의 전파

매년 실시되는 국제적인 기성복 박람회나 패션쇼는 신상품이나 새로운 디자인 경향을 전 세계의 바이어에게 보여주는 역할을 한다. 제공하는 제품의 특성에 따라 원·부자재 박람회, 남성복박람회, 여성복박람회, 패션 액세서리 박람회 등 전문적인 박람회가 개최된다. 패션제품의 기업 규모 구매와 판매거래가 이루어지는 패션박람회는 전통적으로 제조업체나 공급업체들과 가까운 위치에서 열린다. 바이어들이 참가하기에 편리한 위치가 선호되므로 컨벤션 센터, 호텔이 풍부한 지역에서 개최되기도 한다(표 2-1).

미국이나 유럽의 패션산업에서 리테일 바이어에게 새로운 패션상품들을 볼 수 있는 기회를 제공하는 수단으로 '컬렉션 오프닝(Collection opening)'이나 '라인 릴리즈(Line release)'가 있다. 여기에서 제조업체들은 새로운 시즌용 신상품으로 준비가 완료된 제품을 공개한다. 패션 컬렉션은 디자이너 하우스 주관으로 패션쇼와 같은 진행방식으로 신제품을 공개한다.

새로운 상품을 접할 수 있는 장소로 패션쇼 외에도 각각의 브랜드에서는 바이어와의 상담을 위해 신제품전시장(showroom)을 운영한다. 패션쇼에서 제공되는 의상은 관객의 관심을 끌기 위해 과감하고 과장된 디자인을 보여주지만 바이어의 주문을 수주하는 목적으로 제조업체의 신제품전시장에 전시되는 제품은 판매를 목적으로 한 제품들로 구성되므로 품질과 깔끔한 마무리에 많은 주의를 기울인다.

각 기업이 운영하는 신제품전시장은 제품라인을 공개하는 장소로서 디자이너 브랜드는 모델이 착용한 상태로 신제품을 보여 주며, 중간가격이나 저가품 어패럴 업체는 기업 사옥의 일부분을 전시실로 꾸며 사용한다. 이들은 신제품을 옷걸이에 걸어놓은 상태로 전시하는 경향이 있다. 이 외에도 전시 효과를 위해 신제품을 벽에 부착시켜 시각적인 효과를 동원하여 전시하는 방법을 사용하기도 한다. 대부분의 신제품전시장에는 방문객이 편안하게 상담을 할 수 있도록 의자나 탁자를 비치한다.

파리는 세계적인 디자이너들이 컬렉션을 발표하는 쿠튀르의 센터이다. 이태리의 대표적인 디자이너인 발렌티노나 베르사체도 쿠튀르 컬렉션 쇼를 파리에서 개최한다. 일반적으로 1월에는 봄 컬렉션이 개최되고 7월에는 가을 컬렉션

표 2-1 월별 세계 유명 패션시장과 컬렉션 개최

장소(품목)	개최 시기(월)	개최 도시
피티 워노 앤 워모 이탈리아(남성복)	1	플로렌스
밀라노 꼴레지오니 워모(남성복)	1	밀라노
디자이너 남성복 컬렉션	1, 7	파리
패션 액세서리 엑스포, 액세서리 써큇 앤 마켓 위크	1, 8, 10	뉴욕
홍콩 패션 위크	1, 7	홍콩
NAMSB-남성 스포츠웨어 바이어 쇼의 국내 Assn.	1, 3, 6, 10	뉴욕
쿠튀르 컬렉션(여성복)	1, 7	파리
마켓 위크(여성 기성복)	1, 2, 6, 7, 11	뉴욕
로스엔젤레스 마켓	1, 8, 11	로스엔젤레스
피티 빔보(아동복)	1	플로렌스
살롱 드 라 모드 앙파틴느(아동복)	1, 7	파리
프레타 포르테 파리(여성 기성복)	1, 10	파리
프르미에르 끌라스(액세서리)	1, 10	파리
AIHM-살롱 엥떼르나씨오날 드 라비으망 마스뀔렝(남성복)	1	파리
패션 온 탑, 헤런 모드 우취 앤 인터진즈(남성복)	2	콜론지
CPD-컬렉션 프르미에른 뒤셀도르프	2, 3	뒤셀도르프
FFANY-패션 풋웨어 어쏘시에이션 오브 뉴욕 앤 네셔널 슈 페어	1, 8, 12	뉴욕
WSA-신발박람회	2, 8	라스베가스
뉴욕 마켓 위크(여성 기성복)	2	뉴욕
매직쇼(남성복, 여성복)	2, 8	라스베가스
뉴욕 세븐쓰 온 씩스쓰 앤 마켓 위크(여성 기성복)	3, 9	뉴욕
프레타 포르테 디자이너 컬렉션 쇼	3	파리
밀라노 꼴레지오니 돈나 앤 모다밀라노(여성 기성복)	3, 10	밀라노
런던 패션 위크	3, 10	런던
미덱(MIDEC)-모드 엥떼르나씨오날 드 라 쇼쒸르(신발)	3, 9	파리
미펠(MIPEL)(가죽 액세서리)	3, 9	밀라노
미캠(MICAM)(신발)	3, 9	볼로냐
씨프(SIIF)-퍼 인더스트리 살롱	3	파리
퍼 앤 패션 프랑크프루트	4	프랑크프루트
패션 액세서리 엑스포 앤 액세서리 써큇	5	뉴욕
모다 프리마 (니트웨어)	6, 12	밀라노
밀라노 꼴레지오니 워모 (디자이너 남성복)	6	밀라노
피티 워모 앤 워모 이탈리아 (남성복)	6	플로렌스
피티 빔보 앤 모다 빔보(아동복)	6	플로렌스
로스엔젤레스 위민즈 위크	6	로스엔젤레스
SIHM-살롱 엥떼르나씨오날 드 라비으망 마스뀔렝(남성복)	7	파리
살롱 드 라 모드 앙파틴느(아동복)	8	파리

그림 2-8 의류 수출업체 쇼룸의 예

이 개최된다. 쿠튀르에는 디자이너 브랜드에서 관리하는 특별한 개인적인 고객 외에도 많은 수의 각국 언론인들이 초청된다. 언론기관들의 초청을 통한 언론 홍보는 각 기업이 사적으로 투자한 광고에 비해서 디자이너의 이름을 알리고 브랜드의 인지도를 높이는 데 매우 효과적이며 라이선스 계약사업에도 효과적인 수단으로 활용되고 있다.

유명 디자이너를 중심으로 이루어지는 파리의 쿠튀르 컬렉션 외에도 유럽 디자이너들은 1년에 두 번 신제품 기성복을 선보이는 프레타 포르테 컬렉션을 개최한다. 3월초에는 가을 컬렉션이 개최되고 10월초에는 봄 컬렉션이 개최된다. 프레타 포르테 컬렉션은 쿠튀르보다 앞서 개최됨으로써 대량생산을 위한 시간을 갖도록 배려하고 있으며, 세계적으로는 뉴욕에서 가장 먼저 열리고 그 뒤로 런던, 밀라노, 파리의 순서로 열린다. 프레타 포르테 컬렉션에는 고급 유통업체의 바이어들과 세계 각국의 저널리스트들이 참여한다. 바이어들은 컬렉션을 보면서 자신들이 거래하는 유통업체에 추천할 제품을 파악하고 주문을 위한 자료를 수집하는 장소로 활용한다. 바이어들이 이러한 활동을 통해 선정한 제품들은 바잉 오피스를 통해 구매요청이 이루어지기도 한다. 이 외에도 소규모 기성복 컬렉션은 개별 회사의 쇼룸에서 이루어지기도 하는데, 미국의 의류업체들은 1년에 4번 이상 개별 기업 차원의 기성복 컬렉션을 개최한다.

유럽에서 열리는 기성복박람회는 단지 새로운 디자인을 보여주는 기능뿐만 아니라 실질적인 거래가 성사되는 시장의 역할도 한다. 예를 들어, 독일에서 열리는 기성복박람회는 참여업체들의 약 75%가 주문을 성사시키는 비즈니스의 장으로 역할을 수행하고 있다. 따라서 박람회는 의류업체들이 새로운 시장을 개척하고, 새로운 바이어와 거래를 시작하는 데 큰 도움이 되며, 바이어의 입장에서도 새로운 거래 상대 의류업체를 탐색하는 기회가 된다. 유럽 각국에서는 기성복 컬렉션이 활발하게 이루어지고 있으며, 이러한 행사를 통해 자국의 패션제품들을 세계에 알리는 기능을 하고 있다.

대표적인 기성복 컬렉션으로는 이태리 밀라노의 여성용 기성복 컬렉션인 밀라노 콜레지오니 돈나(Milano Collezioni Donna)와 모다밀라노(Modamilano)와 독일의 컬렉션 프리미에른 뒤셀도르프(Collections Premierer Düsseldorf, CPD) 등이 있다. 남성용 기성복 컬렉션으로는 매년 1월과 9월에 파리에서 열리는 살롱 엥떼르나씨오날 드 라비으망 마스뀔렝(The Salon International de I' Habillement Masculin, SIHM), 밀라노 남성복 디자이너 컬렉션(Milan men's designer collections), 피티 이메진 우오모(Pitti Immagine Uomo) 남성복 전시회가 매년 1월과 6월에 이태리 플로렌스에서 개최된다. 이 외에 다양한 남성복 마켓이 런던, 쾰른, 코펜하겐에서 개최된다.

복습문제

1 선진국형 패션산업의 특징은 무엇인가?

2 'Sweatshop'의 의미는 무엇이며, 현대 패션산업에서는 어떠한 조치들을 취하고 있는가?

3 해외생산에서 에이전트들의 역할은 무엇인가?

4 브랜드 다각화 전략의 예를 들어 설명하시오.

5 1990년대 이후 한국 패션산업에 나타난 캐주얼웨어 시장 확대의 원인은 무엇인가?

6 국내 브랜드의 중국시장 진출 특성은 무엇인가?

7 라이선스 브랜드와 내셔널 브랜드의 차이는 무엇인가?

8 신속대응 시스템의 도입이 확산되는 이유는 무엇인가?

9 POS 시스템 도입의 장점에는 어떤 것이 있는가?

10 SCM은 두 가지의 약자이다. 각 용어의 정식 명칭과 의미는 무엇인가?

11 쿠튀르 컬렉션과 프레타 포르테 컬렉션의 차이는 무엇인가?

12 국제적인 기성복 박람회의 예를 들어보시오.

심화학습 프로젝트

1 우리나라의 대표적인 의류기업 2개를 선정하여 이 기업이 소유하고 있는 브랜드의 종류와 론칭시기, 대상 소비자의 특성을 비교하시오.

2 최근 5년 우리나라 의류수입의 변화추이를 한국무역협회, 섬유산업연합회, 한국의류산업협회 등의 자료를 참고하여 수입의류의 물량 및 주요 수입국에 대하여 분석하시오.

chapter 3
어패럴 상품 개발 프로세스

이 장에서는 ...

= 의류업체의 어패럴 상품 개발 과정을 이해한다.
= 원가계산서의 산출 요소를 이해한다.
= 소싱의 필요성과 소싱 업무의 목적을 이해한다.
= 어패럴 제품 라인의 설계를 이해한다.

상품을 개발할 때 고려해야 하는 요소들로는 상품의 용도, 생산성, 판매량, 이윤 등이 있다. 그러나 상품개발의 세부적인 추진 과정은 업체나 제품의 특성에 따라 약간 차이가 있다. 어패럴 상품의 개발과정은 디자인의 개발, 소재의 소싱, 생산공장의 소싱, 생산의 준비단계, 본 생산의 투입, 완제품의 물류 및 매장으로의 이동, 판매, 판매 데이터의 수집 및 분석, 다음 시즌의 준비를 위한 시장조사 등의 업무가 끊임없이 이루어진다. 예를 들어 상품개발의 완성인 상품화 샘플 개발이 이루어지기 위해서는 브랜드의 목표고객의 구매 패턴과 시장 정보의 수립이 가장 먼저 이루어진다(그림 3-1). 이와 같은 정보를 바탕으로 머천다이징 계획이 추가되어 상품으로서 가치가 더해진 새로운 제품 디자인이 이루어진다. 디자이너가 개발한 새로운 스타일을 신상품으로 채택할지 여부를 판단하는 것이 품평회이다(그림 3-2).

패션상품은 상품의 신선한 생명력 유지 기간이 짧은 제품이므로 매달 또는 2주 간격으로 소비자에게 신제품이 제공된다. 그러나 기획 및 생산 준비 기간이 짧으므로 기업들은 위에 열거한 제품의 개발과정의 흐름을 복합적으로 처리한다. 즉 머천다이징 부서의 업무 담당자가 현재 추진하고 있는 업무를 분석하면 다음 시즌을 위한 상품 B에 대한 디자인 개발에 참여하는 동시에 이번 시즌의 상품 A가 공장에서 본 생산이 원만하게 이루어지고 있는지 확인하는 작업도 병행하여 진행한다.

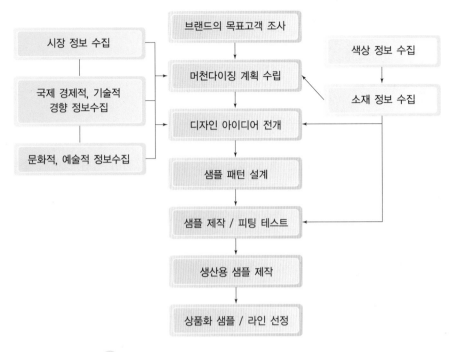

그림 3-1 시장조사부터 샘플 개발까지의 상품개발 단계

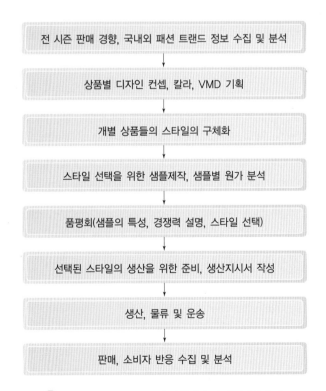

그림 3-2 국내 의류업체의 상품개발 및 생산과정의 예

1. 상품개발 과정

1) 상품개발 계획

(1) 머천다이징 계획 수립

머천다이징 계획을 세우는 첫 단계는 브랜드 목표 고객이 어떤 성향의 소비자이며, 어떤 특성의 제품을 원하는지 구체적으로 파악하는 것이다. 이를 위하여 전 시즌에 판매된 물량의 특징을 분석하고 전반적인 제품 수용 경향을 파악해야 한다. 이 외에도 선도적인 기업들은 더 근본적인 정보를 수집하기 위하여 소비자 라이프 스타일의 변화, 국제적인 소재 개발 및 제조기술의 변화, 문화 예술적인 흐름과 패션 경향과 같은 거시적인 안목의 자료를 수집하고 분석하여 다른 기업보다 앞서가는 정보를 준비하여 활용한다.

이 외에도 소비자 반품 분석, 경쟁사 상품과 비교 등에 기초하여 후속 시즌의 상품 계획을 작성하여 제품의 색상과 스타일을 제시하기도 한다. 구체적으로는 소비자를 대상으로 한 설문조사나 매장 직원들을 대상으로 인터뷰하는 방법으로 소비자의 욕구와 수요를 파악하며, 경쟁상품의 원단특성, 성능, 맞음새, 겉모양, 가격 등을 비교 검토하기도 한다. 세계적인 유행흐름을 파악하기 위해 디자이너나 머천다이저가 해외에서 개최되는 콜렉션에 참가하여 새로운 스타일의 유행이나 소재의 개발 경향을 직접 시장조사하기도 하고, 세계적으로 유명한 패션정보 제공 회사로부터 유행경향이나 유행색에 관한 정보를 받기도 한다. 또한 무역에 관한 통계자료도 분석하여 시장을 예측하고 패션 전문잡지 등을 통해 정보를 얻기도 한다. 이러한 정보를 토대로 라인을 설정하고 라인별로 색채, 소재를 기획하고 각각의 스타일도 기획한다. 신제품이 시장 경쟁력을 갖기 위해서는 해당 시즌의 트랜드와 수요를 반영하여야 하며, 브랜드의 독창적인 특성을 유지하도록 제안되어야 한다.

(2) 소 싱

가격 및 품질 경쟁력이 있는 소재 공급업체, 생산공장, 완제품 공급업체가 제공하는 상품 및 서비스의 종류 및 특징에 관한 정보를 수집하여 구매를 결정하는 것을 소싱이라고 한다. 원단소싱은 생산라인 개발의 초기 단계부터 시작되며 샘플 제품을 만드는 단계에는 대략적인 윤곽이 나타나게 된다. 원단 구매부서의 머천다이저는 제품의 디자인, 용도에 적합한 원단을 조사하며, 선택한 원단의 필요한 물량이 생산제조시기에 적절하게 공급될 수 있는지를 고려해서 선택한다. 판매 예측이 부정확하여 과다하게 구매된 원단의 재고는 다음 시즌에 사용할 수 있도록 창고에 비치하기도 하지만, 도매업체나 원단 소매업자에게 판매하여 처리하기도 한다. 원단을 제외한 제품 제작에 필요한 안감이나 심지, 지퍼, 단추, 봉사를 포함한 부자재도 원단과 디자인 및 관리방법이 균형을 이루어야 하므로, 적절한 테스트가 요구되며 재고 처리의 문제도 고려하여야 한다. 생산소싱에 있어 중요한 업무는 원단과 부자재를 생산계획일정에 맞추어 공장에 공급하는 것이다. 소싱을 결정할 때 고려할 중요한 요소는 비용은 원가 수준에 적합한가, 납기를 잘 맞출 수 있는가, 품질은 안정적인가 등이다. 이 요소들을 고려하여 생산지 및 배송방법이 결정된다. 제품의 품질 관리를 위한 기준도 마련되어야 한다.

원단의 구입단가는 주문 과정, 패키징(포장) 방식, 선적 비용 등에 따라 달라진다. 품질이 안정적인 원단의 구입을 위해서는 이화학 테스트 결과가 브랜드에서 설정한 품질 기준에 합격한 원단을 선택한다. 최근에는 다품종 소량생산이 보편적으로 이루어지므로 의류업체들이 구입하는 원단의 종류는 다양해지지만 종류당 구매량이 줄어들고 있다. 따라서 의류업체들은 최소 주문 물량 단위(order minimums)를 낮추기를 원하는 경향이 있다.

(3) 스타일 개발

신상품의 개발을 위해서는 전 시즌의 판매 동향이나 유행의 흐름 등을 고려한다. 또한 전혀 새로운 스타일을 개발할 것인지, 이전 시즌이나 경쟁제품과 비슷하게 할 것인지, 기존의 스타일을 일부 변경하여 사용할 것인지를 결정하게 된다. 디자인의 개발이 완료되면 해당 스타일을 상품으로 생산이 가능한지를 파악하기 위한 샘플 제작의 단계를 거치게 된다. 샘플의 종류에는 여러 가지가 있다. 제안된 디자인에 대해 최종적으로 생산할 디자인 선택을 제작하는 품평회용 샘플이 있고, 품평회를 거쳐서 최종적으로 선택된 디자인에 대해 생산공장의 생산 가능성을 검토하는 생산용 샘플도 있다.

(4) 품평회

품평회는 디자이너가 제안한 새로운 스타일 중 생산에 적합한 스타일을 선택하는 것이므로 디자이너나 머천다이저뿐만 아니라 생산 및 마케팅 등 모든 관련 부서의 관리자들이 참석하여 평가한다. 디자인을 제안하는 디자이너는 스타일의 특징과 소재, 색상 선택에 대한 당위성과 매력을 각 분야의 관리자들에게 설명하고, 참석자들의 의견을 반영하여 생산할 제품(스타일)을 선정한다. 머천다이저는 원가를 포함한 상품성에 대해 설명한다. 이 때 선정된 제품에 대해서 생산단가를 낮추기 위한 대안이 제시되기도 하며, 색상이나 사이즈의 배분 방안(assortment)이 제안되고, 판매단가의 결정, 코디네이션 상품에 대한 제안도 이루어지게 된다.

생산에 투입할 새로운 스타일의 선정이 완료되면 디자인 스케치를 반영하여 제품의 디테일, 장식 스티치를 정확하게 구체적으로 제공하는 작업지시서의 초안에 근거하여 샘플을 제작한다. 제작된 샘플의류는 대표적인 사이즈로 제작되며, 착용감 및 피트성을 점검하기 위해 피팅 테스트 단계를 거친다.

(5) 원가 산출

생산원가의 계산은 제안된 디자인에 대하여 품평회용 샘플을 제작하는 과정에서 산출이 되며, 원가는 의류제품을 생산하기 위해 구매한 원단이나 부자재, 임금에 근거하여 산출된다. 원가 계산은 디자인 작업지시서, 샘플용 의류와 생산용 패턴을 근거 자료로 하여 작업 단계별로 소요되는 작업과 원자재와 부자재의 종류별 소요물량을 분석하여 이루어진다. 노동 작업에 소요된 원가를 산출하는 방법에는 작업자의 작업시간, 각 단위 작업에 소요되는 작업시간, 옷 한 벌을 생산하는 데 소요되는 총 작업시간 등이 고려된다. 제품을 외부공장에서 생산하는 경우에는 한 벌의 생산에 지불해야 하는 가공료를 반영하여 원가를 산출한다. 구체적인 원가 계산을 위해서는 원단과 부자재 가격, 재단 가격, 생산노동 임금, 간접비용, 판매 이윤, 제조자 이윤 등을 고려한다.

2) 생산 준비

피팅테스트를 거친 샘플의류들은 소매상을 대상으로 개최되는 신상품설명회를 통해 생산 수량을 확정하여 생산 수량에 적합한 물량의 원단을 구매하여 생산된다. 이 단계에서 생산의뢰에 사용할 작업지시서의 작성이 완료되며 패턴을 제작하고 생산을 준비하는 과정을 거친다. 공장에서의 생산을 위한 준비단계로는 선택된 스타일의 생산을 위한 생산용 패턴제작, 샘플 사이즈 외에 생산의 범위에 포함된 모든 사이즈의 제품 생산을 위해 다양한 사이즈의 패턴을 준비하는 그레이딩 작업, 선택한 소재의 물리적, 화학적인 품질 안정을 재확인하기 위한 이화학 테스트, 최적의 바느질 방식이나 순서 등을 결정하는 기술검토 작업, 각종 필요한 부자재와 라벨 등을 준비하는 과정을 거치게 된다.

패션의 변화에 대한 정확한 예측이 거의 불가능하므로 최근에는 시장의 반응을 반영하여 생산 물량을 조절하고 기획된 물량의 25~30% 정도를 일단 생산하여 판매 경향을 지켜본 뒤 추가 생산을 결정한다. 추가 생산이 이루어지는 시기에는 일부 디자인을 조정하기도 하며, 예상보다 판매율이 낮은 경우에는 생산물량을 축소 조정하기도 한다.

61

2. 상품개발 업무

1) 원가 산출

의류제품 생산원가는 도매가를 결정하는 기초 자료로서 의류제품 생산에 필요한 원부자재 구매 비용과 생산 노동 임금 및 각종 간접비용으로 산출한다.

원가 계산은 샘플 의류와 생산의 작업 단계별로 소요되는 작업과 원부자재의 종류별 물량과 단가를 근거로 계산한다. 이 과정에서 원가를 산출하는 머천다이저는 의류 제품을 생산하는 데 소요되는 원가를 낮출 수 있는 방안을 모색한다. 또한 작업에 소요된 원가 계산에는 작업자의 총 작업시간, 각 단위 작업에 소요되는 작업시간, 옷 한 벌을 생산하는 데 소요되는 총 작업시간 등이 고려된다. 외주 공장에서 생산하는 경우에는 샘플을 외주 공장에 먼저 보내 해당 샘플 옷을 생산하는 데 필요한 원가를 공장에서 미리 계산하도록 한 후 상담하기도 한다. 각 제품을 생산하는 데 소요되는 구체적인 원가는 원단과 부자재가격, 재단 가격, 노동 임금, 간접비용, 판매 이윤, 제조자 이윤 등을 고려하여 책정된다. 원가 계산서의 요소별 원가 산출 요소는 다음과 같다.

① 원단 비용 : 제품 한 벌의 생산에 필요한 원단 소요량을 계산한 뒤, 야드 (마)당 가격을 곱하여 제품 생산에 소요되는 원단 비용을 산출한다. 대량 생산을 하는 경우에는 마커 제작 기술에 따라 원단을 효율적으로 사용할 수 있으므로 원단 비용을 다소 절감할 수 있다.

② 부자재 비용 : 부자재 비용은 생산될 제품에 소요되는 여러 가지 부자재를 모두 고려하여 한 벌을 생산하는 데 필요한 부자재 비용을 산출한다.

③ 생산용 패턴, 마커, 그레이딩 작업 비용 : 대부분의 기업들이 생산용 패턴을 제도한 후, 그레이딩하고 마커를 만드는 과정에 소요되는 경비를 디자인실 경비에 포함하여 산출하거나 간접비에 포함시켜 계산한다. 그러나 패턴을 전문으로 제작해주는 외주 업체를 이용할 경우에는 단위 생산작업 당 소요되는 경비를 총 작업비용을 단위 물량수로 나누어서 산출한다. 추가 주문이 발생하는 경우에는 생산용 패턴제도나 그레이딩에 관한 추가 생산비용을 포함시키지 않는다.

④ 연단과 재단 비용 : 자체 공장을 소유하고 있는 제조업체의 경우 해당 스타일의 총 생산물량을 연단하고 재단하는 데 소요되는 비용은 재단사들의 시간당 임금을 총 작업시간으로 곱하여 산출할 수 있다. 재단 및 연단에 소요되는 전체 비용을 생산할 제품 수로 나누면 각 제품을 연단하고 재단하는 데 소요된 비용이 산출된다. 그러나 외부공장에 재단을 위탁한 경우에는 재단할 전체 제품 수에 따라 재단 가공비가 책정된다.

⑤ 봉제 비용 : 제조업체에 따라 각 작업에 대해 각각의 봉제 노동임금을 책정하기도 한다. 작업별 임금 비용은 한 단계의 작업을 완성하는 데 소요되는 시간 분석자료를 근거로 산출된다. 따라서 하나의 제품을 완성하는 데 소요되는 총 봉제비용은 각각의 공정에 소요되는 비용을 합하여 산출된다. 이 외에 주로 사용하는 봉제비용 산출방법은 의류제품 한 벌을 완성하는 데 소요되는 평균봉제시간에 작업자의 평균 시간당 임금을 곱하여 산출하는 방법이다. 제품 생산이 외주 협력 업체에서 이루어지는 경우, 위

원가 계산 내역서

결재	담 당	주 임	대 리	과 장	본부장	사 장

▶ Style No : N9W-SW492F ◎ 청구일자 : 1999년 09월 16일(목)

◎ 자재 No : N9W-WO35 WATANABE   Report Date : 1999 11 18 07:41:54

자재구분	자재코드	품 명	규 격	단 위	요 척	단 가	금 액
원자재	N9W-WO35	WATANABE	58	YD	.58	16,500	10,527
원자재계 :							10,527
부자재 :	ZAG-AA44	TWILL	INCH	YD	.75	1,100	907
	ZBS-AE	하이론사	M	M	240.00	2,400	158
	ZBS-AF	하이론(견)	M	M	40.00	2,200	323
	ZGD-BA	걸고리(대)		SET	1.00	5	5
	ZML-DC	N(소)BK콜렉션		EA	1.00	25	27
	ZML-GB	품질라벨		EA	1.00	36	39
	ZOG-FB	하의(96 N.Y)		EA	1.00	630	693
	ZPB-BB	포리백(중)		EA	1.00	65	71
	ZPP-ND	96(소)품질보증서		EA	1.00	120	132
	ZSJ-CF	IS-3014M		YD	.15	1,300	214
	ZTG-EE	96 N.Y		EA	1.00	47	51
	ZTG-LA	S# 2600 TAPE		YD	2.00	28	61
	ZZP-DD09	콘솔지퍼	INCH	EA	1.00	450	495
부자재계 :							3,176
외주가공비(VAT 포함)							8,800
총원가 :							22,503
판매가 :						22,503×5.5	101,264

그림 3-3 원가계산서의 예

에 언급한 계산 방식에 근거하여 한 벌당 봉제 비용을 협상한다.

⑥ 가공비 : 배송을 위한 마지막 가공단계에 소요되는 비용이다. 작업자가 손으로 하는 가공에 소요되는 프레싱 비용, 상품을 접어서 포장하는 비용들도 포함된다.

⑦ 운송비 : 생산이 완료된 제품을 생산공장에서 매장이나 물류창고로 옮기는 데 소요되는 비용이다. 국내 생산일 경우, 일반적으로 트럭 운반비용이 계산되지만 수입품(해외 생산)인 경우에는 항공이나 해운 운송비용이 더해진다. 항공운송보다는 해운 운송 가격이 저렴하므로 단가가 저렴한 제품은 해운운송이 선호된다. 해운운송은 소요되는 시간이 길기 때문에 배송에 소요되는 시간을 고려해서 결정해야 한다. 소매업체에 배송되는 운송비는 물품을 인수하는 소매업체에서 부담하는 것이 일반적인 관례이다. 그러나 제품의 배송이 지연되는 문제가 발생할 경우에는 제조업체가 운송비를 부담한다.

⑧ 관세 : 수입품의 경우 관세가 추가로 원가 계산에 포함된다. 그러나 전체를 패키지로 계약한 경우에는 관세를 별도로 포함시키지 않는다.

이와 같이 원가계산에는 운반비, 사업체 운영비 등을 포함하여 옷을 생산하는 데 사용된 원단, 부자재, 인건비, 간접비, 기타의 비용이 포함된다. 이중 원단 비용은 옷의 가격을 결정하는 데 가장 중요한 요인으로, 전체 비용의 60~70%까지 차지한다. 한 스타일을 생산하는 데 필요한 원단 물량은 기존의 자료와 담당자의 경험에 의해 생산할 스타일의 요척을 판단하는 경우도 있으나, CAD를 사용하면 정확한 원단의 요척을 산출할 수 있다. 생산을 위탁하는 경우에는 불량 사고 발생을 예상하여 산출된 총 필요 원단보다 약간 많은 물량의 원단을 제공하기도 한다.

2) 샘플 제조 지시서의 작성

신제품 개발을 위한 일차적인 기획이 끝나면 여러 개의 디자인 중에서 샘플로 구성할 것을 선택하고, 판매될 아이템의 2.5~3배수의 샘플을 개발한다. 샘플을 제작하기 위해서는 샘플 제조 지시서의 작성이 필요하다. 샘플 제조 지시서에는 도식화로 나타낸 디자인과 구체적인 제작방법, 소재와 부자재의 필요

샘플의 종류

품평회용 샘플

상품화할 제품의 스타일 선택을 위해 디자이너가 제안한 다양한 스타일을 샘플 제작실에서 제작한 샘플이다.

생산용 샘플

선정된 스타일을 생산할 공장의 생산능력을 파악하기 위해 만들어진 샘플이다. 또한 해당 공장에서 생산한 샘플을 의미한다. 생산 과정을 세밀하게 기록한 작업지시서(생산의뢰서)와 함께 생산용 샘플을 공장으로 보내면 해당 공장에서 작업지시서와 샘플을 보고 다시 제작한 생산용 샘플과 본사가 제공한 생산용 샘플을 다시 본사로 보내어 공장의 생산능력을 확인받는다.

바이어용 샘플

완제품을 구입하는 바이어를 대상으로 제품의 스타일이나 품질을 확인할 수 있도록 제공되는 샘플이다. 바이어용 샘플은 가장 판매율이 높을 것으로 예상되는 색상으로 제작된다.

카탈로그용 샘플

홍보용 카탈로그 사진 촬영을 위한 샘플이다. 모델의 치수에 맞추어 별도의 샘플을 제작하기도 한다.

내역을 명시한다. 샘플 제작을 통해 원단 수축 여부를 확인하고, 적절한 봉제 방법을 선택하며, 본 생산작업 시 주의할 사항을 체크하고, 소재와 패턴 그리고 작업방법과 기타 문제점을 점검하여 디자인을 선택하는 단계에 근거 자료로 제시해 주어야 한다.

3) 상품 설명회, 주문 및 생산 수량 결정

기획실 및 영업부, 구매부, 생산부, 머천다이저, 디자이너 등이 참석하는 품평회에서는 생산할 스타일의 선정이 이루어진다. 품평회에서 선택된 스타일은 아이템별로 디자인 차트를 만들어 바이어를 초대한 수주회의를 개최한다. 바이어들은 제안된 샘플에서 구입할 주문수량을 제시하고 이를 통해 생산 수량이 결정된다. 생산 수량이 결정되면 이에 따라 필요한 원자재와 부자재의 발주가 이루어지고 대량생산과정이 시작된다.

4) 생산업체 선정 및 발주

직물의 패턴, 색채, 비용, 로트, 생산기간, 품질 등을 고려하여 생산에 필요한 원단을 선정한 후 원단 구매를 발주한다. 그 밖에 필요한 부자재 등도 해당 공급업체에 발주한다. 판매시기를 고려하여 생산일정을 확정하고 생산처를 선정한다.

(1) 생산의뢰서 작성

대부분 의류업체들은 자가공장을 소유하지 않는 추세이다. 따라서 생산은 대부분 외부 공장에서 이루어진다. 따라서 제품의 안정적인 품질관리를 위해서 생산 공정에서 혼란이 일어나지 않도록 생산의뢰서에는 다음의 정보를 구체적으로 제시한다(그림 3-4).

① 도식화
② 원자재와 부자재 종류 및 소요량
③ 세부적인 디자인, 생산 공정의 중요 부분의 설명
④ 사이즈와 색상별 생산수량
⑤ 품질 관리 라벨의 품질 표시
⑥ 납기일 등

(2) 칼라 매칭 차트의 구성

칼라 매칭 차트는 검품을 거쳐 본 생산에 사용할 원단과 스냅, 단추, 지퍼, 자수, 어깨 패드 등 부자재의 샘플을 색상별로 제시하여 전체적인 색상의 조화를 비교하는 표이다. 이와 같이 의복 생산에 필요한 각종 재료를 한 페이지에 모아서 보관함으로써 품질이 안정된 제품을 생산할 근거로 활용할 수 있으며, 품질 표시와 취급 방법을 표시한 라벨도 부착하여 다른 품질관리 라벨이 부착되는 오류가 발생하지 않도록 한다.

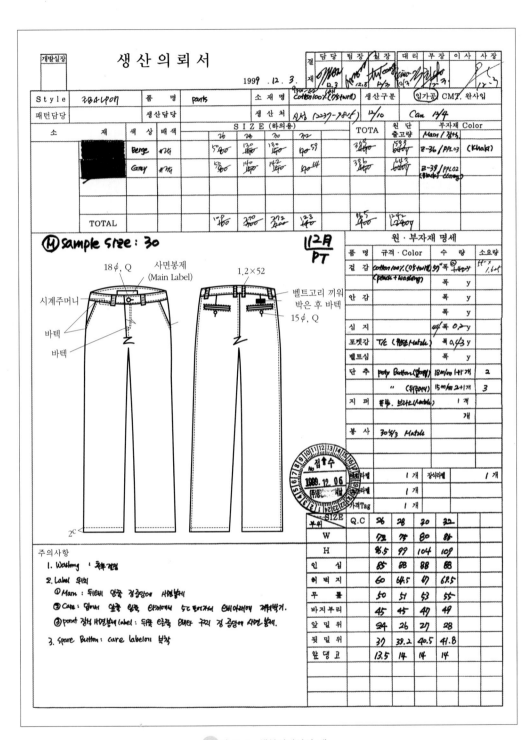

그림 3-4 생산의뢰서의 예

완제품 원가산출 요소들

원단 비용

제품 생산에 필요한 총 원단소요량을 야드(마)당 가격으로 곱하여 산출한다. 총생산 단가에서 원단의 비용이 차지하는 비율이 높다. 마커 제작 기술에 따라 원단의 효율 적인 활용이 이루어지므로 효율적인 마커의 제작은 원단 비용 절감에 도움이 된다.

부자재 비용

제품 한 벌을 생산하는 데 소요된 총 부자재 비용으로 원단을 제외한 모든 부자재의 구매 경비이다. 즉, 안감, 단추, 지퍼, 심지, 재봉사의 구매 비용이 포함된다.

생산용 패턴, 마커, 그레이딩 작업 비용

대부분의 기업들은 생산용 패턴을 제도한 후, 그레이딩과 마커를 만드는 과정에 소 요되는 경비를 디자인 경비에 포함하여 산출하거나 간접비에 포함시켜 계산한다. 그 러나 외부 업체에 별도로 의뢰하는 경우에는 따로 책정한다.

연단, 재단 비용

원단을 연단하고 재단하는 데 소요되는 비용은 재단 및 연단에 소요된 총액을 생산 할 제품 수로 나누어 산출한다.

봉제 비용

작업별 임금 비용은 작업동작시간 분석을 통해 산출한다. 제품 하나를 완성하는데 소요되는 총 봉제비용은 필요한 공정들에 소요되는 비용을 합산하여 산출된다. 이 외에도 의류제품 한 벌 완성에 소요되는 평균 봉제시간을 작업자의 평균 시간당 임 금으로 곱하여 산출한다.

가공비

워싱 가공 등 제품의 봉제가 완료된 상태에서 추가되는 비용으로 주로 구성되며, 프 레싱 비용이나 상품을 배송하기 적합하게 접어서 포장하는 비용도 포함된다.

운송비

생산이 완료된 제품을 생산 공장에서 물류 창고로 옮기거나 매장으로 운반하는 데 소요되는 비용이다. 최근에는 생산 및 물류시간을 단축시키기 위해 생산 공장에서 매장으로 직접 운송하는 방법도 사용되는 경향을 보인다.

관세

수입품의 경우 관세가 추가로 원가계산에 포함된다.

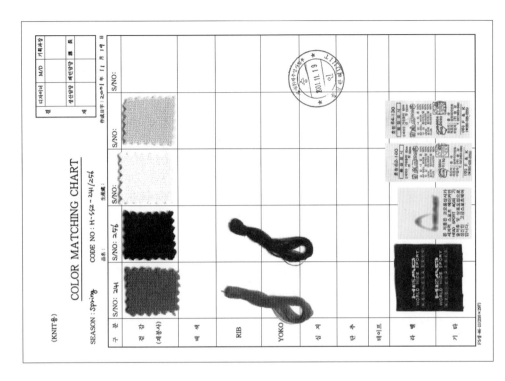

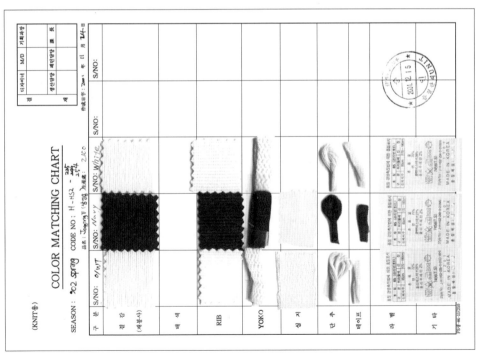

그림 3-5 컬러 매칭 차트의 예

3. 소싱 업무

패션산업은 국제적으로 시장경쟁이 극심해지는 반면, 마진율은 낮아지는 환경으로 변화하고 있다. 따라서 신속한 대응력이 경쟁의 중요한 요소로 부각됨에 따라 리드타임의 단축이 중요해지고 있다. 이러한 변화로 생산의 소싱뿐만 아니라 완제품 소싱도 증가하고 있다. 완제품의 소싱은 '완사입'이라는 용어로 사용하기도 한다. 바이어들은 기업이 원하는 품질 서비스 수준을 만족시키고 가격경쟁력도 높이기 위해 공급업체의 제품 제조능력과 품질 수준 정보를 활용하여 필요한 물품, 서비스를 필요한 시기에 적절하게 공급받는다. 소싱처에 대한 정보의 내용은 생산하는 제품의 품질, 공장의 생산능력, 주문일자에 맞추어 공급할 수 있는 시간관리 능력, 가격 등이다. 패션산업은 소싱에 대한 의존도가 높다. 그러나 계절, 패션 트랜드 변화에 따라 다양한 종류의 제품을 생산해야 하기 때문에 소싱의 관리 및 결정에 고도의 전문성이 요구된다.

표3-1 사입과 제조 의사 결정 평가 항목

의사 결정에 도움이 되는 평가 항목	사 입	제 조
생산시설과 장비가 있다		○
생산시설이나 장비보유가 부담스럽다	○	
소량만 필요하다	○	
생산 품질 관리를 철저히 해야 하는 품목이다		○
디자인, 기술이 특화된 것이라 기술 기밀 유지가 필요하다		○
비수기에는 생산직 노동력을 유지하는 것이 부담스럽다	○	
생산을 통합관리하는 것이 품질 관리에 중요하다		○
리드타임을 타이트하게 관리해야 한다		○
제품의 유통 수명이 짧다	○	

1) 소싱 결정에 영향을 주는 요소

소싱에는 상품의 생산에 필요한 소재나 부자재, 생산처에 대한 소싱도 있고, 완제품에 대한 소싱도 있다. 소싱의 중요한 요소는 원가효율성, 스케줄에 따른 정확한 업무수행, 품질의 유지이다. 즉 생산 과정에서 발생하는 지체시간을 최소화하고, 시장에서의 최대 수요를 놓치지 않도록 해야 한다. 예를 들어 원하는 시기에 매장에 상품이 공급될 수 있도록 일정관리를 빈틈없이 수행해야하며, 가격경쟁력이 있는 공급업체를 수배하는 능력을 필요로 한다. 완제품 소싱은 일반적인 제품 제조과정을 제조업체가 직접 관리하지 않고 협력업체(프로모션 업체)가 총괄적으로 관리하여 생산하는 방식이다. 완사입의 장점은 상품의 전체적인 구색을 맞추어 판매함으로써 판매율을 높일 수 있다는 것이다.

다음은 소싱결정에 영향을 주는 주요 요소－원가, 제품생산능력, 품질, 타이밍－에 대한 설명이다.

(1) 원 가

원부자재 가격, 임금, 공장 사용료가 소싱 결정에 결정적인 영향을 미친다. 거래가격은 품질 기준, 물량, 공급 일정, 제품의 스펙에 따라 결정되며, 물류 운송, 검수, 하역에 관련된 비용을 포함하여 고려해야 한다. 일반적으로 단기 생산물량이나 공정이 까다로운 제품, 특수한 장비가 필요한 제품, 스타일 변화가 많은 특징을 가진 제품은 생산단가가 높다. 따라서 한정된 원가로 제품을 생산해야 하는 제한이 있는 경우 스타일의 변화를 최소화하여 디자인 개발 비용을 절감한다. 생산단가를 위해 공급업체를 바꾸는 것도 신중하게 결정해야 한다. 왜냐하면 새로운 협력업체에 대해서는 협력과정에서 형성되는 상호 업무에 대한 이해의 범위와 협력업체의 보유기술에 대한 정보가 비교적 적으므로 예상하지 못한 부분에서 업무의 원활한 진행에 문제가 발생할 수 있기 때문이다.

(2) 제품 생산 능력

완제품이 예정된 시간 안에 기대 품질수준을 만족시키도록 생산되기 위해서는 협력생산 공장의 제품생산 능력을 정확하게 파악해야 한다. 예를 들어 하청 공장이 보유하고 있는 장비나 생산 시설, 작업자의 기술 수준을 분석하여 주문한 물량을 원하는 시간 안에 처리할 수 있는지를 구체적으로 검토해야 한다. 즉, 원하는 사양의 생산 업무를 충분하게 수행할 수 있는 장비, 인력, 기술을 보유했는지를 평가해야 한다.

(3) 품 질

제품이나 해당 브랜드가 추구하는 품질기준은 소싱의 중요한 요소이다. 품질에 영향을 주는 요소를 파악하기 위해서는 보유 장비의 종류, 작업자의 기능 수준, 품질관리 기능을 평가한다. 공장의 기술등급에 따라서 저가품 생산 위주 공장, 고급품 생산위주 공장으로 구분된다. 생산공장을 설정할 때는 안정적인 품질로 원하는 가격선을 맞추어 생산이 가능한 업체를 선정하도록 해야 한다.

(4) 타이밍

패션 비즈니스에 있어서 시간의 개념은 매우 중요한 요소이므로 비즈니스를 성공적으로 운영하기 위해서는 시장의 반응을 반영한 제품을 신속하게 생산하고 공급할 수 있는 시스템과 이 시스템을 안정적으로 운영할 수 있는 기술이 중요하다. 특히 유행의 흐름이나 계절적인 영향이 강한 패션상품은 오랜 기간 동안 일정한 판매율을 유지하는 기본상품에 비하여 시간이라는 요소가 차지하는 중요도가 높다. 따라서 패션상품의 구성비율이 높은 브랜드에서는 신속하게 신제품을 시장에 공급할 수 있는 시스템이 필요하다. 생산을 담당하는 제조업체, 판매를 담당하는 유통업체 간에 제품의 판매정보나 소비자 구매 패턴에 대한 정보의 공유가 중요하다.

타이밍은 제조업체나 소매유통업체 모두에게 중요한 사항이다. 주문 물량의 규모와 배송(공급)장소의 결정은 타이밍과 밀접한 관계가 있다. 신속하고 정확한 타이밍에 대한 신뢰는 장기 파트너십의 구축에 필요한 중요한 조건이다. EDI 활용은 주문 시간 단축에 유용하다.

2) 소재 및 완제품 소싱

(1) 소재 소싱

옷감이 옷의 스타일과 품질의 평가에 미치는 영향은 매우 크다. 따라서 소재의 개발이나 선택은 디자이너나 머천다이저에게 요구되는 중요한 업무이다. 소재의 소싱은 상품 개발의 단계부터 수행되며, 샘플을 만드는 단계에서도 필요하다. 소재 소싱의 기본적인 원칙은 제품의 디자인과 용도에 적합한 소재를 발굴하고 필요한 시기에 필요한 물량의 재료가 무리 없이 공급될 수 있는지를 확인하는 것이다. 이 외에도 각종 부자재 즉, 제품 제작에 필요한 안감을 비롯한 심, 지퍼, 단추, 봉사도 생산 스케줄에 맞추어 공급이 될 수 있도록 계획을 수립하고 실행해야 한다. 품질의 안정을 위해서는 소싱하는 소재의 품질을 미리 검토한 시험평가 결과를 최종 결정에 반영해야 하며, 주문한 물품이 공급처에서 생산공장까지 배달되는 시간이 정확히 지켜지도록 주문이 이루어진 후에도 계속적인 점검과 관리가 필요하다. 소재 구매에서의 애로사항 중 하나는 다품종 소량의 방식이 선호되기 때문에 어패럴 회사는 최소 주문 물량의 수준을 낮추기를 원하나 공급업체는 지나치게 적은 단위의 주문을 기피한다는 것이다. 주문한 재료를 공급하는 방식은 주문물량의 규모, 주문 과정, 패키징 방식, 운송비용 등에 따라 다르다.

(2) 완제품 소싱

어패럴 업체가 제품의 생산과정에 구체적으로 개입하지 않고 공급업체가 제안한 여러 가지 제품 중에서 구입을 원하는 제품을 선택하여 구매하는 방식이 완제품 소싱 또는 '완사입'이다. 시장에 빠르게 대응하기 위해 완사입의 비율을 높이는 경향은 타이밍을 통해 제품의 가치를 창출하는 업체에서 두드러지게 나타난다. 완사입의 의존도가 높은 어패럴 업체는 시장에서의 수요에 맞추어 적절한 시기에 매장에 상품이 공급될 수 있도록 스케줄을 관리하는 업무를 중요시하며, 시장에서의 수요가 발생하는 상품의 특성, 가격, 치수, 색상 등을 정확하게 파악하여 빠른 시간 안에 소비자에게 제품을 제공한다.

4. 어패럴 제품라인

제품라인(product line)은 바이어에게 제품의 판매가능성을 보여주고 제품의 특성을 어필하는 데 중요한 요소이다. 새로운 스타일을 제안하기 위해 디자이너들은 세계적인 패션 정기 간행물, 패션 전문지에서 색상, 스타일, 구성 방식의 특성에 관한 정보를 수집·분석하여 제품라인을 기획한다. 제품라인은 가격이나 품질 수준, 유행경향 반영 등 다양한 기준으로 세분화된다. 브랜드에서 생산할 제품들의 성격을 나타내는 제품라인의 특성을 중요시하는 이유는 제품라인의 성격에 따라 마케팅 전략, 머천다이징 과정, 생산 또는 소싱 방식이 달라지기 때문이다.

따라서 디자이너나 머천다이저는 브랜드의 제품군을 구성하거나 신제품 라인을 개발할 때 개별 제품에 대하여 근시안적으로 접근할 것이 아니라 각 제품들이 종합적으로 보여줄 라인의 특성에 집중한다.

예를 들어 상의, 하의를 단품으로 유통시키는 소매상은 여러 브랜드 상의와 하의를 다양하게 진열함으로써 소비자가 본인의 취향에 따라 각각을 구입할 수 있도록 한다. 이 방안은 다른 제안 방식보다 비교적 중저가의 제품에서 주로 사용하는 방식이다. 이 경우에는 제품라인의 기획자가 상의와 하의의 어울림 등을 구체적으로 제안할 필요가 없으므로 제품의 제안이 단순하고 대량 생산이 가능하다.

그러나 코디네이션을 배려하여 제안하는 방식은 제품을 개발하는 단계에서 같은 라인에서 제안되는 제품의 소재, 색상, 질감, 장식들이 서로 어울릴 수 있도록 각 제품이 다양성과 조화가 이루어지는 다양한 스타일을 디자인하고 제안한다(그림 3-6). 이 방식은 디자이너가 소비자에게 다양한 스타일 코디네이션이 가능한 방안을 제안하는 것이므로 신제품이 판매되는 시점에서는 세트형 판매를 촉진시킬 수 있는 이점이 있지만, 특정 스타일이나 색상, 치수의 제품이 품절되었을 때에는 구색을 맞추어 판매하는 비율이 낮아지는 단점을 가지고 있다. 따라서 판매 기회의 상실이 최소화되도록 매장의 판매를 자주 점검하여 상품의 구색이 일정하게 유지되는 동시에 재고도 발생하지 않도록 배려해야 한다.

이 외에 정장에서 많이 사용하는 개념은 상의와 하의 세트가 일정하게 유지

그림 3-6 코디네이션 방식의 제품라인 제안의 예

브랜드의 라인 설계를 위한 분석의 예

품목의 특성
중저가의 대중적인 아동복

품목구성
전체 판매 예상액의 40%를 소녀용으로 구성하며, 전체 상의 판매 예상액 중 35%는 소녀용 상품으로 구성함
· 시즌별 구성은 봄 30%, 여름 15%, 가을 30%, 새해명절에 25%로 함
· 평균 상의 가격: 25,000원
· 지난 봄 시즌의 사이즈별 판매 비율 참고
  (6호-8%, 7호-25%, 8호-40%, 10호-20%, 12호-5%, 14호-2%)

패션경향
스타일의 변화로 오버사이즈 상의는 수요가 감소하는 경향임
· 여아용 총 예상 판매비율 = 총 아동복 판매 금액 × 40%
· 여아용 상의 판매비율 = 여아용 판매금액 × 35%
· 여아용 봄 상의 판매비율 = 여아용 상의 판매금액 × 15%

되게 제안하는 라인운영 방안도 있다.

이 외에도 단품의 방식으로 개발되어 판매되지만, 특정 코디네이션을 제안할 수 있도록 각 스타일의 소재, 색상을 일정하게 유지하는 라인 운영 방안도 있다. 이와 같은 여러 가지 제품라인 개발 방식은 독자적으로 또는 복합적으로 사용이 된다. 예를 들어 갭(Gap)은 같은 제품라인이라도 일부는 단품의 개념으로 제품을 개발하고, 나머지 제품은 코디네이션을 제안하는 방식으로 개발하여 제공함으로써 소비자에게 단품의 제품을 구매하여 개인의 취향에 맞도록 코디네이션 하도록 하여 소비자가 자신의 스타일을 개발할 수 있도록 다양한 선택의 기회를 제공하여 성공한 사례이다.

따라서 판매에 관여하는 리테일 머천다이저의 역할은 제품라인의 구성이 균형을 이룰 수 있도록 계획을 세우고 추진하는 것이다. 즉, 구매자에게 선택의 다양성과 유연성을 제공하고, 구입하는 제품이 서로 어울리게 착용할 수 있는 방안을 소비자가 쇼핑하는 과정에서 착안할 수 있도록 제품의 스타일, 색상, 사이즈의 구색을 잘 맞추어 제품라인을 제안하여 판매를 촉진시켜야 한다.

SKU(Stock Keeping Unit)

  패션산업에서 SKU는 제품의 스타일, 색상, 사이즈에 따라 매장에 갖추는 물량의 단위를 의미한다. 예를 들어 매장에서 여성용 니트 상의제품을 2가지 스타일에 대하여 각각 5가지 색상(검은색, 회색, 카키색, 오렌지색, 모래색)의 제품을 3가지의 사이즈(S, M, L)로 구비하여 판매를 하고자 한다면 이 매장에서 판매하는 여성용 니트 상의의 전체 SKU는 30이다. 즉, 2가지 스타일에 대해 각각 5가지의 색상이 필요하고 각 스타일과 색상의 제품을 3가지 사이즈로 구비하므로 30가지 니트 상품의 구색이 필요한 셈이다. SKU를 크게 운영하면 기업의 입장에서는 다양한 제품을 소비자에게 제안한다는 장점이 있으나 재고의 증가를 피할 수 없으며, 작게 운영하면 반대로 소비자에게 다양한 제품을 제공하지 못한다는 단점이 있으나 재고를 낮게 유지할 수 있다는 장점이 있다. 이 중 한 가지 요소라도 종류가 다양해지면 기본적으로 구비해야 하는 SKU가 급속하게 증가한다.

  ※예) 폴로 셔츠 : 2가지 스타일, 15가지 색상, 3가지 사이즈 = 90 SKU

  따라서 재고가 남지 않으며 절품도 되지 않도록 SKU의 현명한 설정을 위해서는 목표고객의 구매성향과 제품의 특성에 대한 면밀한 분석이 필요하다. SKU를 설정하는 데 의류품목의 특성은 중요한 변수이다. 즉, 일 년 동안 판매의 변화가 크지 않은 기본적인 품목은 스타일을 다양하게 제공할 필요가 없으므로 사이즈나 색상을 다양하게 구비할 수 있다. 반면 유행의 변화가 심한 패션성이 강한 제품은 사이즈 선택의 폭은 낮추되 스타일이나 색상의 다양성을 제공할 수 있는 SKU 관리방법이 필요하다.

품목별 물량구성(어소트먼트) 비율

  전 시즌 판매율 등 소비자의 수요에 기초하여 품목별 주문물량구성(assortment)을 제품의 스타일, 색상, 사이즈에 따라 주문할 상품의 물량 비율을 설정한다. 설정방식은 상품의 특성에 따라 다양하다. 예를 들어, 특정 스타일에 집중하는 특성이 강한 남성용 드레스 셔츠는 커프스나 칼라의 모양을 약간 변화시키는 정도로 스타일의 종류가 다양하지 않으므로 색상에 해당하는 직물의 특성에 따라 종류를 나누어 주문한다. 따라서 드레스셔츠와 같은 특성을 지닌 상품은 2~3가지 스타일로 제안하며, 대신 소재나 색상, 사이즈는 다양하게 제안한다. 반대로 패션 지향적인 젊은 여성들을 위한 제품은 스타일을 다양하게 제공하는 대신 사이즈의 종류는 최소화하는 방법을 사용한다.

  어소트먼트 비율을 결정할 때 주의해야 할 사항은 색상이나 사이즈의 주문비율을 탄력적으로 적용해야 한다는 것이다. 재고에 대한 부담을 낮추기 위해서는 판매율이 높은 색상이나 사이즈에 더 많은 비율을 부여하는 방식으로 해야 한다. 그러나 최종적으로 판매가 이루어지는 색상은 아니지만 소비자를 매장 안으로 들어오도록 유인하는 스타일이나 색상에 대한 배려도 필요하다.

¹ 복습문제

1. 새로운 의류상품의 개발을 위해 수집하는 정보에는 어떤 것이 있는가?

2. 머천다이징 계획 수립을 위해 분석하는 자료에는 어떤 것이 있는가?

3. 품평회에서는 어떤 작업이 이루어지는가?

4. 원가산출을 위하여 반영시키는 비용 요소에는 어떤 것들이 있는가?

5. 샘플의 종류에는 어떤 것들이 있으며 각각의 용도는 무엇인가?

6. 생산의뢰서에 포함되는 내용에는 어떤 것들이 있는가?

7. 칼라매칭 차트의 용도는 무엇인가?

8. '완사입'이라는 용어는 무엇을 의미하는가?

9. 소싱을 결정할 때 고려해야 하는 4가지 요소는 무엇인가?

10. 소재 소싱과 완제품 소싱의 차이는 무엇인가?

11. 코디네이션 방식의 상품제안의 특징은 무엇인가?

12. SKU는 무엇의 약자이며, 어떤 의미가 있는가?

² 심화학습 프로젝트

1. 패션전문 잡지에서 유명 디자이너의 컬렉션을 2~3가지 선택하여 제품라인이 어떻게 이루어져 있으며, 스타일, 색상, 원단의 문양에서 어떤 공통점을 발견했는지 설명하시오.

2. 스포츠 캐주얼웨어를 판매하는 매장과 여성용 캐주얼웨어를 판매하는 매장을 각각 방문하시오. 두 매장에서 판매되는 상의와 하의에 대하여 각각의 SKU와 어소트먼트 비율을 조사하고 각각의 특성을 비교하여 설명하시오.

제 2 부 의류상품의 특성에 대한 이해

Apparel products for business of fashion

의류상품의 특성에 대한 이해

과거 신분사회에서는 개인의 신분과 직업에 따라 옷의 색상과 스타일의 선택이 제한되었으나 근대사회 이후에는 옷을 통해 신분의 차이를 드러내는 사회규범이 사라졌다.

옷은 개인의 필요에 따라 구매되고 착용되고 폐기된다. 겉옷은 예의에 갖추어 착용하는 정장에서부터 일상적이고 개인적인 활동을 위해 착용하는 옷, 특별한 환경에서 활동을 위해 착용하는 옷, 부의 표현을 위한 모피제품 등 다양한 종류가 있다. 또한 연령에 따라서도 신생아를 위한 유아복, 어린이를 위한 아동복, 노인들을 위한 의류 등 착용자의 연령이나 신체적인 특징과 수요를 반영한 제품들이 생산된다.

모든 소비자들은 용도에 따라 옷을 착용한다. 소비자들은 착용 목적에 따라 옷을 선택하므로 의류제품에 대한 이해는 바른 의생활문화의 형성에 도움이 된다. 옷의 가치평가 기준은 문화와 사회의 가치를 반영하여 변화한다. 예를 들어 속옷의 가치 평가 기준도 변화하고 있다. 가치관의 변화에 따라 전통적으로 요구되던 위생적인 가치뿐만 아니라 패션의류로서의 가치가 요구되고 있다. 또한 개인의 생활패턴이 변화되면 사용되는 옷의 종류나 스타일도 변화한다.

의류에 대해 상품으로서의 가치를 올바로 평가하고, 판단하기 위해서는 제품 자체의 특징과 더불어 제조 및 판매에 이르는 패션산업에 대한 종합적인 이해가 필요하다. 유아복 업체는 유아복만을 전문으로 다루며, 남성복 전문 브랜드에서 여성복을 다루는 경우는 거의 없다. 따라서 의류상품에 대한 보다 완전한 이해를 위해서는 해당 제품의 시장 특성에 대한 이해도 병행되어야 한다.

브랜드는 무형의 가치를 가지고 있으므로 브랜드를 소유했던 기업은 사라져도 브랜드는 남아 있는 경우가 많다. 소비자들이 신뢰하는 브랜드는 가치 있는 제품과 서비스를 제공하며 우수한 품질과 고급스러운 이미지를 제공하는 브랜드이다.

국내에는 1,900여 개의 의류 및 패션상품 브랜드들이 있다. 이 중 상당히 많은 수의 브랜드들이 국내 내셔널 브랜드이거나 해외 유명 브랜드의 라이선스 브랜드들이다. 국내 의류제품 수입은 2000년대에 들어 급속하게 증가하고 있다. 수입의류의 범위도 높은 가격대의 해외 유명 브랜드와 함께 중저가 의류로 넓어지고 있다. 따라서 상품의 가치에 대한 전문적인 지식에 대한 수요도 증가하고 있다.

2부에서는 남성복, 여성복, 캐주얼웨어, 스포츠웨어, 아동복, 유아복, 언더웨어 등에 대한 의류상품의 특징과 해당 복종의 시장 특성도 더불어 설명하고자 한다.

81

chapter 4

겉옷 - 아우터웨어

이 장에서는 ...

= 어패럴 복종의 종류를 이해한다.
= 복종별 시장의 특성과 변화를 이해한다.
= 복종별 제품의 특징과 차별점을 이해한다.

우리가 일상생활에서 착용하는 의류는 겉옷과 속옷 두 가지로 나눌 수 있다. 겉옷(outerwear)은 다양한 용도와 목적으로 착용되며 다양한 소재로 제작된다. 일상적으로 아웃웨어(outwear)라는 용어로도 겉옷을 표현하나 이 용어는 옷을 오래 입어 낡게 한다는 의미가 있으므로 주의해야 한다.

의류산업은 남성복, 여성복, 캐주얼웨어, 스포츠웨어, 아동복, 언더웨어 등 대상 고객의 성별과 연령, 감성, 라이프 스타일에 따라 세분화된다. 이러한 어패럴 시장의 세분화는 고객의 나이나 신체적인 특성이 동일한 소비자를 대상으로 하더라도 해당 고객이 어떠한 상황에서 착용할 제품인가에 따라서 제품의 특성이 다르기 때문이다.

국내에서 유통되고 있는 의류브랜드는 남성용 브랜드가 약 300개, 여성용 브랜드가 약 600개이며, 캐주얼웨어 전문 브랜드가 약 350개, 스포츠웨어 브랜드가 약 300개, 속옷 전문 브랜드가 약 200개, 유아복 및 아동복 전문 브랜드가 약 200개이다. 그러나 제품의 디자인이나 품질 서비스에서 특화되지 못하는 브랜드들은 경쟁력을 가지지 못하므로 빠르게 퇴출된다. 브랜드의 난립은 극심한 가격경쟁을 동반하므로 적정한 이윤 추구를 방해한다. 또한 많은 여성복 브랜드들은 유행에 민감한 제품을 중심으로 다양한 스타일의 신제품을 제안하므로 과도한 재고 발생의 어려움을 가지고 있다.

표 4-1 국내 의류 브랜드의 예

상품군	브랜드(업체)
남성복	로가디스(제일모직), 닥스(LG패션), 마에스트로(LG패션), 갤럭시(제일모직), 캠브리지멤버스(캠브리지), 맨스타(코오롱패션), 인디안모드(세정), 폴로랄프로렌(두산), 타임옴므(한섬), 파크랜드(파크랜드)
여성복	마인(한섬), 시스템(한섬), 타임(한섬), 톰보이(성도), 데코(데코), 씨씨클럽(대현), 나이스클랍(대현), 씨(신원), 베스트벨리(신원), 김연주부띠끄(김연주), 부르다문(부르다문), 설윤형(설윤형), 아이잣바바(바바패션), 앙드레김(앙드레김), 안혜영(로라), 모라도(모라도)
캐주얼웨어	지오다노(지오다노코리아), TBJ(엠케이트랜드), 코모도(성도), 빈폴(제일모직), 옴파로스(세계물산), NII(세정과미래), 마루(예신퍼슨스), 퀵실버(북방섬유상사)
스포츠웨어	르까프(화승), 아디다스(아디다스코리아), 프로스펙스(국제상사), 나이키(나이키스포츠), 라코스테(동일드방레), 아놀드파마(매일통상), 닥스골프(LG패션), 리복(한국리복), 슈페리어(슈페리어)
속 옷	BYC(BYC), 비비안(비비안), 와코루(신영와코루), 오르화(신영와코루), 보디가드(좋은사람들), 돈앤돈스(좋은사람들), 헌트이너웨어(리틀브랜), 라보라(라보라), 샤빌(쌍방울)
유아복·아동복	아가방(아가방), 이랜드쥬니어(이랜드쥬니어), 리틀브랜(리틀브랜), 제이코시(F&K), 톰키드(성도), 압소바(이에프이), 파코라반베이비(이에프이), 베비라(베비라), 뉴골든(태승어패럴), 블루독(서양물산)
생활한복	돌실나이(돌실나이), 여럿이함께(여럿이함께), 예나지나(쌍방울), 질경이우리옷(질경이), 나들잇벌(나라패션기획)
웨딩드레스	러보오그오뜨(초아산업), 스포사벨라(이경진스포사벨라)
모 피	디노가루치(삼애실업), 진도모피(진도)
패션 액세서리	기라로쉬(일보산업, 한영캥거루, 에스콰이어), 닥스(발렌타인, 유진양산, 예신상사, 티에스유통, LG상사), 라씨니(라씨니인터내서닐)

어패럴 브랜드의 이름은 대상으로 하는 고객의 감성과 연령, 제품의 품목과 깊은 관계를 가지고 있다. 전반적으로 외래어가 많이 사용되는 경향이 있으나 이름의 의미보다는 발음이 주는 느낌을 중요시하여 만들어지는 경우도 있다. 최근에는 숫자를 브랜드 이름의 일부로 사용하기도 한다. 예를 들면 '1492miles', 'ny96' 등이다. 과거에는 라이선스 브랜드라고 해도 영문과 우리말을 같이 사용하는 경향을 보였으나(예: 나이키 또는 Nike) 최근에는 국내 브랜드라고 해도 영문 브랜드명만을 제품의 라벨이나 매장의 간판에 사용하는 경향을 보인다.

여성복은 다른 복종에 비해 디자이너가 주인인 브랜드가 많으므로 디자이너의 이름이 바로 브랜드의 이름이 되기도 한다. 그러나 기업이 운영하는 여성복 브랜드의 경우 여성적인 이름이나 도시적인 이름을 사용하기도 한다.

남성복의 경우 해외 라이선스 브랜드들이 많이 있으므로 외국의 브랜드명을 그대로 사용하는 경우가 많고, 여성복에 비하여 단어의 의미를 사용한 브랜드명이 많다. 예를 들어 '은하수'를 의미하는 단어인 갤럭시(Galaxy), 거장이라는 의미의 마에스트로(Maestro) 등이 대표적인 예이다.

반면, 생활한복 브랜드들은 순수한 우리말로 된 브랜드명을 선호한다. 예를 들어 '돌실나이', '질경이우리옷' 등은 자연과 토속적인 느낌을 동시에 제공하는 경우이다. 스포츠웨어 브랜드들은 대형 다국적 기업들의 라이선스 브랜드가 많은 편이다.

유아복의 대표적인 브랜드인 '아가방'은 유아를 의미하는 '아가'라는 명사를 사용함으로써 누가 들어도 유아를 위한 의류나 용품을 다루는 브랜드임을 짐작할 수 있게 하는 포괄적인 이미지를 제공한다. 그러나 연령이 3세 이상이 되는 아동은 이미 해당 브랜드의 대상에서 벗어나는 듯한 인상을 주므로 대상 소비자의 연령이 매우 한정적으로 제한되는 이름이라고 할 수 있다. 1990년대에 들어 해외의 유명 라이선스 브랜드들이 우리나라 유아복 시장에 유입되면서 유아복의 브랜드에도 외래어를 많이 사용하기 시작하였다.

아동복 브랜드는 초기에는 외래어가 많이 사용되지 않았으나 1990년 후반기에 성인의류 브랜드의 연계 브랜드로 새로운 아동복 브랜드들이 생기면서 기존의 성인의류 브랜드 이미지의 상당부분을 계승하는 이름이 사용되었다. 이랜드의 '이랜드쥬니어', 톰보이로 유명한 (주)성도의 '톰키드' 등이 대표적인 사례이다.

1. 남성복

성인 남성을 대상고객으로 하는 의류브랜드는 격식에 적합한 옷차림이 중요시되는 남성 정장(혹은 신사복, 비즈니스웨어)을 주로 공급하는 브랜드와 주말이나 격식을 중요시하지 않는 편안한 상황에서 착용하는 남성용 캐주얼웨어 브랜드로 나뉜다.

남성 소비자들의 라이프 스타일이 바뀌면서 최근 남성패션 키워드는 '고급화'와 '비즈니스 룩의 캐주얼화'로 변화하고 있다. 주 5일 근무제의 확산으로 여가를 즐기는 소비자층이 늘어남과 동시에 비즈니스에서도 편안하게 착용할 수 있는 스타일에 대한 선호도가 높아지면서 남성 정장의 스타일이 빠른 속도로 캐주얼화 되고 있다. 이는 기존의 비즈니스 정장보다 감각적이고 품질도 높은 제품을 요구하는 소비자 수요의 변화가 제품의 변화를 유도하고 있는 것이다. 이러한 수요 변화에 따라 남성용 정장의류를 주로 생산하던 브랜드들은 동일한 브랜드명 뒤에 '캐주얼'이라는 이름을 덧붙여 브랜드를 세분화하는 경향을 보이고 있다. 이는 해당 브랜드의 정장을 착용하는 고객들을 위해 다양한 스타일의 캐주얼웨어도 함께 제안하는 방안이다.

'신사복의 캐주얼화' 현상에 따라 남성 정장의 제조기술도 변화하고 있다. 남성 정장의 제조를 위해 필수적으로 사용되던 재료의 사용이 사라지고 있다. 예를 들어 편안하고 자연스러운 스타일로의 변신을 위하여 앞가슴의 형태를 잡아주기 위해 사용했던 체스트피스와 같은 심지의 두께가 얇아지거나 사라지고 있으며 숄더패드도 얇아져서 부드러운 어깨선으로 변화하는 현상이 나타나고 있다.

1) 남성용 정장

여성복에 비해 상대적으로 스타일 변화의 폭이 좁은 남성 정장은 단추의 수나 앞여밈 방식, 깃과 주머니 모양, 뒤트임 모양 등 작은 변화로 스타일의 변화를 추구한다. 단추의 수가 증가하면 V-존이 가슴 위쪽까지 올라오며, 남성 정장 스타일의 변화를 가장 민감하게 느끼게 하는 부위가 V-존이다. 드레스셔츠의 칼라와 넥타이가 보이는 V-존은 싱글 여밈의 경우 가슴 위나 허리선까지 다양한 깊이로 스타일의 차이를 줄 수 있으나 더블 여밈의 V-존의 깊이는 가슴 아래로 일정하게 유지되는 특징이 있다.

남성용 정장은 토탈 패션의 전형이다. 남성 정장은 재킷과 바지로 구성된 수트, 재킷의 안에 착용하는 드레스셔츠, V-존의 스타일을 완성시키는 넥타이, 벨트, 양말, 구두와 같은 액세서리를 포함한다(그림 4-1). 재킷의 스타일은 앞의 여밈에 따라 싱글 브레스트와 더블 브레스트로 나뉜다. 그러나 여성복의 재킷과 크게 다른 점은 재킷의 길이나 소매의 길이를 변화시키지 않는다는 것이다. 이것은 남성 정장에서 추구되는 전통성의 유지, 품위의 유지에 대한 절대적인 가치 추구의 표현이다. 한때 새로운 시도로 반팔 정장을 시도한 브랜드도 있었으나, 이는 남성 정장이 추구하는 기본적인 가치를 간과한 해프닝이었다.

정장의 스타일은 정통성을 추구하는 이미지를 보여준다. 각 국의 정상들이 착용하는 남성 정장의 스타일은 개인의 선호가 반영되나 자국 문화의 전형을 보여주듯 V-존의 깊이나 실루엣에 차이가 드러나는 특징이 있다. 그러나 색상의 선택에 있어서는 크게 차이가 없다.

남성 정장은 브랜드에 따라 특별한 스타일의 차이는 거의 없으나 사용되는 소재 및 실루엣, 제조기술에 따라 브랜드의 차별화가 시도된다. 생활수준이 높아짐에 따라 소비패턴이 양적인 것보다는 질적인 것에 관심을 기울이게 되면서 고급지향의 소비경향이 나타나고 있다. 이러한 소비문화의 변화로 과거에는 사회 구성원의 1~2%에만 국한되었던 고급 제품에 대한 선호 현상이 중산층에까지 확대되고 있다.

폭넓은 성인 남성을 대상으로 하는 남성 정장 브랜드들은 전체 남성복 시장의 50% 정도를 차지한다. 남성복은 백화점을 주요 유통망으로 판매되는 특징이 있다. 그러나 1998년도 이후 가격에 따른 시장 양극화 현상이 심화됨에 따라 정통 남성 정장 제품은 고급 브랜드와 중저가 브랜드로 양분되고 있다. 상당수의 고객이 신사복의 캐주얼화의 영향으로 캐주얼 스타일의 제품을 소비함에 따라 남성 정장 시장 규모가 감소되고 있다.

고급 남성 정장 브랜드들은 사회적으로 안정된 전문직 종사자나 차별화된 고급제품 소비욕구를 가진 모든 연령의 남성을 대상으로 한다. 따라서 고급스럽고 편안한 이미지로 최고의 품질과 서비스를 제공하는 정책을 추구하고 있다. 이들 브랜드는 연중 세일을 하지 않고 정가판매를 고집하는 '노 세일(no Sale)

그림 4-1 남성 정장 구성품목들

87

"옷값은 옷을 만드는 데 써야 합니다." 라는 광고로 신사복 시장에 큰 반향을 불러일으켰던 이 브랜드의 마케팅 기본전략은 품질을 적정하게 유지하면서 가격은 중저가임을 강조하는 것이다. 진솔함, 솔직함을 제품 및 광고 컨셉과 부합시켜 가격에 비해 제품의 품질이 좋음을 소비자에게 인식시키는 데 주력하는 전략을 사용하였다. 또한 가격이 저렴하면 품질이 좋지 않을 것이라는 막연한 소비자의 인식에 도전하기 위해 '첨단 정밀공학으로 만드는 정장' 등의 메시지를 TV 광고를 중심으로 일반 대중들에게 인식시킴으로써 품질에 대한 신뢰성 향상을 추구하였다. 즉, 부담이 없는 가격으로 신사복을 구매할 수 있음을 인식시켜, 기존 유명브랜드 정장의 가격이 비합리적으로 높다는 대중의 공감을 유도하는 전략을 사용하였다. 따라서 '합리적인 가격'의 중저가 신사복 브랜드 인지도를 견고하게 하였다. 이 브랜드가 가격 경쟁력을 확보한 전략은 크게 두 가지이다. 첫째, 백화점 유통보다는 자사 직영점을 활용함으로써 높은 백화점 유통비를 지불하지 않는 것과 둘째, 생산과 물류시스템의 정보화를 통한 생산관리와 경영의 합리화이다.

특 징

- 최첨단 시설을 갖춘 8개의 대형 자동설비 직영 공장에서 생산하기 때문에 국내에서 생산이 이루어지지만 동남아 및 중국에서 생산, 수입되는 제품과 비교하여 가격 경쟁력을 갖추고 있으며, 처리가 까다롭거나 인력 투입이 요구되는 공정마다 최첨단 자동 생산설비를 배치하여 작업의 흐름이 막히는 병목현상을 해결함으로써 생산성을 높이고 있다.
- 물류관리 전산시스템, 이동식 행거 등을 이용하여 효율적인 물류창고관리를 가능하게 하여 경쟁회사에 비하여 물류비를 50%나 절감하였다.
- 전국의 대리점이 하나의 시스템으로 연결되어 있어서, 판매정보가 실시간으로 본사로 제공되어 제품의 판매 분석이 이루어지고, 이러한 데이터가 축적되어 데이터에 근거한 경영을 이루어 재고율을 획기적으로 낮추고 있다. 이 브랜드의 SKU(Stock Keeping Unit)는 기본적으로 투버튼과 쓰리버튼 두 가지 스타일로 제한하였으나 사이즈는 400단위부터 800단위까지 다양하며, 수트의 경우 16가지의 사이즈를 제공한다. 총 소재의 색상 수는 약 50에서 100가지 종류이다.

남성 정장 브랜드의 차별화 전략 : 가치경쟁력 강조 전략

시장의 수요에 비해 상품의 공급 초과가 가중되는 어패럴 시장에서 브랜드 파워는 소비자의 구매선택에 있어 우선적인 기준으로 사용되고 있다. 이 기업은 브랜드파워를 가장 중요한 자산으로 인식하여 모든 정책결정에 브랜드가 치를 높이는 것을 최우선으로 하고 있다. 이 브랜드 제품라인의 전반적인 특징은 젊은 남성들을 중심으로 패션화와 개성화가 점차 두드러지게 나타나는 소비문화의 변화를 반영하여 소재의 선택이나 실루엣을 새롭게 하여 남성 정장을 여성복처럼 부드럽게 변화시키고 캐주얼웨어를 고급화한 것이다. 이 브랜드의 목표 고객층은 25~35세의 전문직 종사자로 세분화된 소비자를 대상으로 하고 있다. 즉, 패션리더로서의 역할이 가능한 세분화된 구매고객의 구체적인 욕구를 채워줄 수 있는 다양한 스타일의 상품을 제공하여 브랜드의 특성을 명확하게 보여줌으로써 브랜드 마니아층을 확보하는 전략을 사용하였다. 이러한 전략으로 공급 과잉의 시대에 기업들이 안고 있는 재고에 대한 과제를 해결하였다. 이 브랜드에 대한 시장의 평가는 소비자의 라이프 스타일에 맞추어 정제하여 표현한 스타일의 제안이 우수하다는 것이다.

특 징

- 만성적인 상품 공급 과잉시대에 차별화되지 않은 제품은 끝없는 가격경쟁에 시달리게 된다. 반면 혁신적인 스타일의 제품만을 계속 제안하는 것은 수요가 확실하지 않은 상태에서 위험부담이 높다. 따라서 이 브랜드는 다품종 소량생산 방식의 효율적인 운영을 위해 '반응생산시스템'을 도입하여 상품을 소량생산한 후 소비자들의 반응을 스타일에 반영하고 재생산하여 재고에 대한 부담을 줄이고 있다.
- 다양한 디자인의 제안을 위해서 우수한 디자인 인력 확보에 과감한 투자를 하고 있다.
- 전국 매장의 매일 판매 물량을 스타일, 색상, 사이즈별로 분석한 자료에 근거하여 수요가 집중되는 상품을 다음날 아침 각 매장에 도착시키는 신속 정확한 물류 시스템을 갖추어 상품판매에 크게 기여하고 있다.
- 남성들의 의류 선택이 여성에 의해 주도되는 경향을 파악하여 브랜드의 이미지를 높이기 위하여 해외 유명모델과 사진작가를 발굴하여 광고를 제작하였고, 남성복이지만 패션 광고 사진을 여성지에 광고하고 있다.

89

어패럴 브랜드들의 가치 추구점은 구매자에게 어떤 가치를 제공할 것인가에 따라 달라진다. 기업의 경영전략, 제품기획, 마케팅 전략의 특징은 브랜드의 가치 추구의 차이에 따라 달라진다.

기업의 전략적인 차이는 광고의 이미지에서도 나타난다. 아래 사진은 한국의 대표적인 대중적 남성 정장 브랜드의 광고와 감성과 패션성을 대표적인 가치로 제안하는 브랜드, 고품격을 강조하며 국제적인 패션 감각에 대한 고객의 가치 추구를 만족시키는 브랜드의 광고이다.

이 광고는 브랜드의 가치 추구가 광고 화면을 통하여 전달되는 것을 보여준다. 예를 들어 오른편의 광고는 한국의 대중적인 브랜드 광고로 모델의 선정이나 배경을 간결하게 하여 시선이 옷 자체에 집중되도록 하였다. 이는 대중성과 가격 거품이 없는 진솔한 상품이라는 이미지를 나타내고 있다. 중간의 광고 컷의 경우 구매자의 패션감각을 만족시켜줄 제품들을 갖추고 있음을 말하고자 남성 정장브랜드에 대한 광고이지만 옷은 보여주지 않고 유명 모델의 얼굴을 중심으로 이미지를 전달함으로써 브랜드의 감성적인 이미지를 소비자에게 호소하는 것을 볼 수 있다. 또한 일반적인 칼라광고가 아닌 흑백의 사진은 이 브랜드의 제품이 예술적인 가치를 제공할 것임을 은근히 강조한다. 왼편 광고는 성공한 전문직 남성의 이미지를 제공함으로써 고객의 고급선호 취향을 만족시켜 줄 제품을 갖추고 있음을 소비자에게 인식시키고 있다.

전략'으로 고급이라는 브랜드 이미지를 유지하고, 소비자에게 '감성적인 만족감'과 '사회적인 지위의 과시'를 제공하는 데 주력한다. 이는 고급을 지향하는 제품일수록 가격 할인의 효과는 단기적일 뿐이며, 장기적으로는 제품의 이미지가 저급화되고 신뢰성이 떨어져 매출감소를 초래할 위험이 있기 때문이다. 남성정장 브랜드들은 브랜드의 고급화를 위하여 제품의 고급화뿐만 아니라 서비스의 고급화를 추진하고 있다. 통합적인 서비스와 개인 소비자를 위한 맞춤식 서비스는 고급 정장 시장에 대한 시각이 품질과 사회적 지위를 표현해주는 시각에서 한 단계 더 나아가 소비자의 개인적인 기대를 충족시켜줄 수 있는 방안으로 발전되고 있음을 보여주는 것이다.

반면 중저가의 남성 정장은 졸업 후 처음 직장을 갖게 되면서 출근복으로 정장을 착용하기 시작하는 25~35세의 젊은이와 사회적인 활동이 줄어들고 소득이 감소하는 노인층을 목표 고객으로 한다. 중저가 브랜드들은 가격 경쟁력을 확보하는 수단으로 유통비용을 최소화하기 위하여 직판점이나 할인점을 중심으로 판매한다.

(1) 스타일과 맞음새

남성 정장의 가장 큰 특징은 100년이 넘도록 유지되고 있는 기본적인 형태에서 나타나는 전통성이다. 이러한 점을 반영하듯 일상생활에서는 남성 정장이라는 용어보다는 '신사복'이라는 용어가 널리 사용되고 또한 남성 정장의 특징

그림 4-2 여밈방식에 따른 남성 정장 스타일

그림 4-3
남성 정장의 소맷단

에 대한 표현으로 "신사의 옷은 남자가 가져야 하는, 그리고 대대로 계승되어지는 힘의 상징이다.", "신사복은 비즈니스에 해가 될만한 부적절한 행동을 하지 못하도록 점잖은 프라이버시를 제공한다." 등의 표현이 사용되고 있다. 이러한 사회적인 관습으로 남성 정장은 사회적인 공감대를 이루어 형성된 표준화된 맞음새의 기준이 전통적으로 지켜져 내려오고 있다.

① 남성 정장의 스타일

남성 정장의 스타일은 앞자락의 여밈 방식에 따라 싱글 브레스트와 더블 브레스트로 나뉘며, 싱글 브레스트는 다시 단추의 수에 따라 투버튼, 쓰리버튼, 포버튼으로 나뉜다. 또한 뒤트임(vent)이 없는 것, 좌우에 있는 것, 중앙에 있는 것으로 스타일이 변화하며, 라펠의 길이나 폭에 의해 스타일을 다양화시킨다. 남성 정장의 소매는 윗소매와 밑소매로 구성되는 2장소매 방식이다. 소매의 하단에는 보통 3~4개의 단추를 줄지어 달지만 소맷단 단추를 열고 닫는 기능을 소비자가 사용할 것이라 기대하지 않으므로, 단추 구멍 스티치 위에 바로 단추를 다는 경우도 있으며, 단추 구멍 스티치를 만들지도 않고 단추만을 다는 경우도 있다. 그러나 전통적인 스타일의 남성 재킷은 소매의 끝을 열어서 위로 접어 올릴 수 있도록 단추 구멍을 만든다(그림 4-3).

전체적인 스타일의 차이는 실루엣에 따라 달라지므로 실루엣은 남성 정장의 느낌을 좌우하는 중요한 요소이다. 대표적인 남성 정장의 실루엣은 허리선을

| 아메리칸 스타일 | 유럽 스타일 | 새빌로우 스타일 | 이탈리언 스타일 |

그림 4-4 실루엣에 따른 남성 정장 스타일

분명하게 나타내지 않고 어깨가 각이 지지 않게 편안함을 강조하는 아메리칸 스타일, 어깨를 각이 지게 강조하고 허리선도 분명하게 강조한 유럽 스타일, 어깨의 각을 크게 강조하지는 않으나 허리를 날씬하게 하여 부드러운 균형미를 중요시하는 영국식의 새빌로우 스타일, 이 모든 스타일을 절충하여 편안한 어깨와 유연한 허리선을 약간 반영한 이태리언 스타일의 4가지로 구분하는 경향을 보인다.

② 남성 드레스셔츠의 스타일과 선택

남성 정장의 개성적인 스타일 연출은 드레스셔츠와 넥타이의 선택에 따라 달라진다. 남성의 드레스셔츠는 스타일의 변화가 적고 격식을 갖추기 위해 착용되므로, 칼라의 형태와 소재의 조직, 색상의 차이로 개성을 표현한다. 전반적으로 가장 널리 사용되는 드레스셔츠의 칼라모양은 좌우 칼라 사이의 간격이 5cm 내외이며 칼라가 빳빳한 특징이 있는 레귤러 스트레이트 포인트 칼라이다. 대부분의 드레스셔츠의 칼라는 빳빳한 심을 사용한다. 그러나 편안함을 원하는 스타일의 경우에는 칼라가 비교적 부드러운 버튼다운 스타일이나 좌우의 칼라를 가운데로 모아주는 탭이나 핀을 사용하는 스타일을 선택할 수 있다. 버튼다운 스타일은 칼라의 위치를 고정시키기 위해 칼라의 끝단에 작은 꼬마 단추를 이용하여 셔츠에 부착시킨다. 그러나 이 스타일은 스포티한 느낌이 있으므로 격식을 차려 입어야 하는 경우에는 피하는 것이 좋다. 이 외에도 넥타이의 너비가 넓은 경우에 착용하게 되는 스타일로는 좌우 칼라 사이의 간격이 넓고 칼라가 빳빳한 특징이 있는 윈저스타일이 있다.

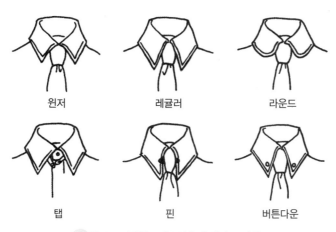

원저   레귤러   라운드

탭   핀   버튼다운

그림 4-5 남성 드레스셔츠의 칼라 스타일

(2) 남성 정장의 올바른 옷 입기

① 재킷

재킷의 길이는 앞자락이 뒤보다 약 1.5cm 길며, 깃부터 구두까지 상하 전체 길이의 약 1/2정도가 되는 것이 재킷 길이로 적당한 비율이다. 일반적으로 적절한 재킷의 길이는 재킷을 착용했을 때, 손을 아래로 내려 옷자락의 끝을 손바닥으로 쥘 수 있는 정도가 적당하다. 재킷 소매길이는 셔츠 소매 끝이 재킷의 소매 아래로 약 1.2cm 보이게 착용하는 것이 깔끔하다. 뒤 목깃은 셔츠의 깃이 약 1~1.5cm 위에 보이도록 하여 착용한다. 재킷의 품은 대부분의 남성들이 지갑을 재킷의 가슴 안 주머니에 넣고 다니는 것을 고려하여, 앞을 여민 상태에서 주먹이 하나 정도 더 들어가는 정도의 여유를 갖는 것을 선택한다.

② 바지

바지의 길이는 구두의 등을 살짝 덮을 정도가 적당하다. 바지 허리부터 샅까지의 밑길이는 너무 짧거나 길지 않도록 한다. 바지 밑길이가 너무 짧으면 품위가 부족해 보이고, 밑길이가 너무 길면 다리가 짧아 보인다. 다리가 길어 보이기 위해 바지길이를 너무 길게 착용하면 단 부위가 가로로 주름이 가므로 단정해보이지 않는다.

③ 드레스셔츠

드레스셔츠는 수트의 색상과 개인의 피부색을 고려하여 선택한다. 또한 얼굴형을 고려하여 셔츠의 칼라 스타일을 선택한다. 드레스셔츠의 목둘레는 자신의 목둘레 치수보다 약 0.5cm의 여유분이 있도록 착용한다. 목둘레 치수가 너무 작은 드레스셔츠는 목이 불편하여 첫째 단추를 풀어 입기 쉬워 단정하지 않다. 재킷의 소맷단 아래로 드레스셔츠의 커프스 끝이 약 1.2cm 정도 보이는 것이 정통적인 남성 정장의 차림새이므로 여름에도 긴팔의 드레스셔츠를 착용하는 것이 예의를 갖춘 옷차림이다. 따라서 예의를 갖추어 정장을 착용하기 위한 여름철 드레스셔츠는 시원한 옷감으로 만든 긴팔의 드레스셔츠를 구입하는 것이 좋다.

④ 조끼

조끼는 주로 추동복과 함께 착용한다. 조끼를 재킷 속에 착용하면 보온성도 좋아지며 재킷의 V-존에 조끼가 살짝 보여 품위 있는 모습을 보여준다. 조끼는 몸에 꼭 맞게 착용하는 전통을 가지고 있으므로 착용 후 맨 아래 허리부분의 단추는 편안한 착용감을 위해 잠그지 않은 채 착용하여도 예의에 어긋나지 않는다.

⑤ 액세서리

벨트와 구두는 동일한 색상으로 선택하는 것이 바람직하며 수트의 색상에 맞추어 선택한다. 의자에 앉았을 때 양말 위로 피부가 드러나지 않도록 목이 충분하게 긴 양말을 선택한다. 양말의 색은 수트와 동일한 계열로 착용한다.

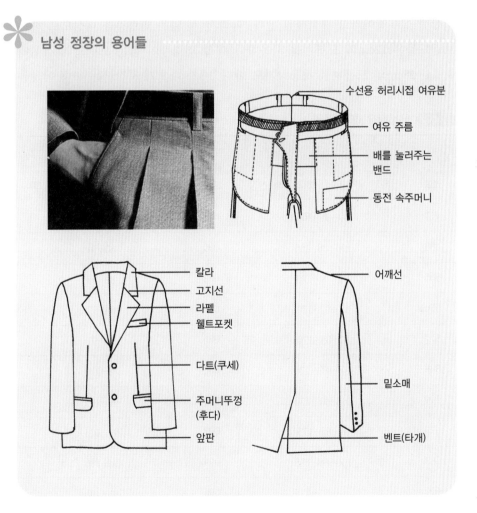

남성 정장의 용어들

- 수선용 허리시접 여유분
- 여유 주름
- 배를 눌러주는 밴드
- 동전 속주머니

- 칼라
- 고지선
- 라펠
- 웰트포켓
- 다트(쿠세)
- 주머니뚜껑 (후다)
- 앞판

- 어깨선
- 밑소매
- 벤트(타개)

(3) 남성 정장의 사이즈

남성 정장은 적절한 맞음새의 표준이 사회적으로 형성되어 있으므로 맞음새가 중요한 옷이다. 따라서 착용자에게 적절한 맞음새를 제공하기 위해 다양한 치수가 생산된다. 한 개의 스타일에 3~5개의 치수만이 제공되는 캐주얼웨어에 비해 남성 정장은 하나의 스타일에 20개 내외의 치수를 판매한다. 남성 정장 브랜드는 대상 고객의 연령이나 체형에 대한 해석이 조금씩 다르므로 브랜드에 따라 체형을 반영하는 드롭치(drop value)의 제공이 다르다. 남성 정장 치수의 드롭치는 가슴둘레와 허리둘레의 차이값을 의미한다. 드롭치가 크면 어깨가 상대적으로 발달한 실루엣을 보여주며, 드롭치가 작으면 배가 나온 체형에 적합한 실루엣이라고 해석하면 된다. 따라서 폭 넓은 연령층을 대상으로 하는 브랜드들은 12cm의 드롭치를 사용하나 대상 연령층이 젊은 브랜드의 경우에는 14~18cm의 드롭치를 사용하기도 한다. 배가 나오기 시작하는 40대 이상을

표 4-2 남성 정장 사이즈의 예

코트와 재킷		바 지	
코드	신체치수(가슴둘레-허리둘레-신장)	코드	신체치수(허리둘레-엉덩이둘레)
477	97-85-165	078	78-91
488	100-88-165	080	80-94
565	94-79-170	082	82-94
576	97-82-170	084	84-97
577	97-85-170	086	86-97
588	100-88-170	088	88-100
599	103-91-170	090	90-103
677	97-85-175	092	92-103
688	100-88-175	094	94-106
699	103-91-175	096	96-106
798	103-88-180	098	98-112

남성의 체형

　동일한 신장의 남성이라도 자세나 비만도, 근육의 발달 정도에 따라 체형의 특징이 다르다. 남성 정장의 치수체계에서 체형의 다양성에 영향을 주는 것은 비만도와 상반신의 실루엣이며, 드롭치에 근거한 분류가 가장 보편적으로 사용되고 있다. 남성 정장의 맞춤 서비스에서 고려하는 특이한 체형으로는 가슴과 어깨에 근육이 발달한 체형, 윗배가 나온 체형, 복부가 나온 체형 등이다.

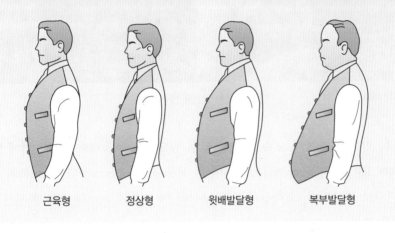

근육형　　　　정상형　　　　윗배발달형　　　복부발달형

주요 고객으로 하는 브랜드는 6cm의 드롭치의 제품을 제공하기도 한다. 예를 들어 표 4-2의 재킷 '577' 호는 가슴둘레가 97cm이고 허리가 85cm인 체형을 대상으로 하므로 12cm의 드롭치를 가진 체형을 대상으로 하나 '565'와 '576'은 15cm의 드롭치를 가진 체형을 대상으로 하고 있다.

　남성 재킷과 코트의 치수는 '가슴둘레-허리둘레-키'로 표현이 되며 브랜드에 따라서는 과거의 표기방식인 3자리 숫자를 병행하여 사용하는 경우도 있다. 예를 들어 신장이 175cm이고 가슴둘레가 97cm, 허리둘레가 85cm인 남성용 재킷의 치수 호칭은 '97-85-175' 또는 '677'로 호칭이 되기도 한다. 이 경우 맨 앞의 숫자 '6'은 키가 175cm임을 의미하고, 둘째자리의 '7'은 가슴둘레가 97cm임을 의미하며, 셋째자리의 '7'은 허리둘레가 85cm임을 의미하는 3자리 수의 코드인 것이다.

　바지의 치수는 허리둘레와 엉덩이둘레의 치수로 표기한다. 예를 들어 '82-94'라고 표시 되어있다면 이것은 허리둘레가 82cm이고 엉덩이둘레가 94cm인 사람을 위한 바지 치수라는 의미가 된다. 드레스셔츠는 목둘레와 소매길이를

그림 4-6 남성용 캐주얼웨어

맞추어 입어야 단정한 모습을 표현할 수 있으므로 목둘레와 소매길이에 따라 치수가 표기된다. 드레스셔츠의 치수는 목둘레치수 36cm부터 45cm까지 1cm의 편차로 생산되며, 소매길이는 76cm부터 86cm까지 2cm의 편차로 생산되는 경향을 보인다.

2) 남성용 캐주얼웨어

남성을 위한 캐주얼웨어는 정장에 비하여 다양한 색상, 스타일, 소재의 선택이 가능하다. 캐주얼웨어는 편안하게 입을 수 있는 간편한 옷차림이므로 '간이복'이라고 하기도 한다. 캐주얼웨어의 스타일에는 정장보다 다양한 스타일의 의류들이 포함된다. 남성용 캐주얼웨어에는 남방이나 바지, 스웨터 외에도 재킷이나 코트도 포함된다. 캐주얼 재킷과 정장용 재킷의 차이는 스타일뿐만 아니라 사용된 재료에서도 차이가 나타나고, 정장용 재킷에는 사용되지 않는 면소재나 코듀로이 등의 소재가 사용되기도 한다. 산업의 규모를 비교하는 통계분석에서는 남성용 캐주얼웨어를 남성복에 포함하여 분류하기도 한다.

2. 여성복

여성복 시장은 국내 전체 의류시장의 22%를 차지하고 있으나, 남성복이나 캐주얼웨어 브랜드보다 약 2배 정도 많은 브랜드들이 활동하고 있다. 즉 다른 복종에 비해 기업의 규모가 작은 중소기업의 활동이 두드러지는 시장이다. 남성복 브랜드들이 정장만을 전문적으로 생산하는 남성 정장 브랜드와 캐주얼웨어를 중심으로 생산하는 캐주얼웨어 브랜드로 구분되어 발달한 것에 비하면 여성복 시장의 브랜드는 정장과 캐주얼한 스타일을 동일한 브랜드에서 일정한 비율로 조정하여 생산하는 특징을 가지고 있다. 실생활에서 많이 사용하는 여성복에 관한 명칭 중 하나인 '숙녀복'이라는 단어는 남성용 정장을 '신사복'이라고 부르는 것에 대비되는 개념이다. 이 용어는 여성복 전체를 대신해서 사용할 경우도 있고, 범위를 좁혀 정장 스타일의 여성복을 지칭하는 용어로 사용하기도 한다. 국내 패션디자이너들은 대부분 여성복 분야에서 활동하고 있다. 따라서 고급 여성 정장 브랜드는 디자이너 브랜드들이 대부분이며, 여성복 의류산업 분야는 디자이너 브랜드의 비율이 높다. 반면 대형 의류업체들은 남성복이나 캐주얼웨어 브랜드의 시장 점유율이 높다.

여성복의 정장 스타일은 재킷과 스커트의 투피스형 정장이나 재킷과 바지의 수트 스타일 정장이다. 남성용 정장은 예외없이 드레스셔츠를 재킷의 안에 맞추어 입는 옷입기 방식을 예의에 적합한 옷차림으로 평가하는 전통이 있으나, 여성 정장은 재킷 안에 다양한 스타일의 셔츠나 블라우스를 맞추어 입는다. 여성을 위한 의류는 남성복에 비하여 다양한 색상, 스타일, 소재의 선택이 이루어진다(그림 4-7).

여성복은 재킷과 스커트 세트의 수트나 재킷과 바지 세트의 수트를 정장으로 착용한다. 남성복의 정장이 특징적인 전통적인 형태가 있는 것에 비하여 여성복의 정장은 비교적 다양한 스타일이 사용된다. 소재의 선택에 있어서도 매우 광범위한 선택이 이루어지며, 재킷의 길이나 라펠의 모양이나 네크라인 등도 매우 다양하다. 이와 같이 여성복은 남성복에 비하여 스타일 표현의 범위가 매우 넓으므로 여성복의 스타일을 표현하는 형용사도 다양하다. 예를 들어 귀여운 스타일, 여성적인 스타일, 남성적인(매니쉬한) 스타일, 도시적인 스타일, 심플한 스타일, 우아한 스타일 등 다양한 용어가 사용되고 있다.

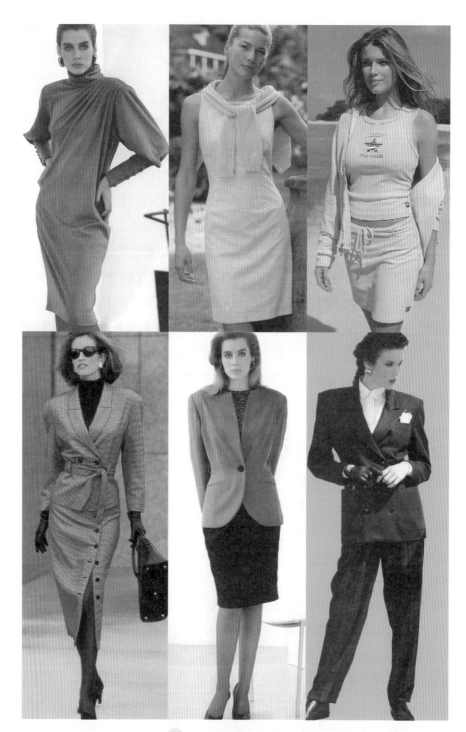

그림 4-7 여성복의 다양한 종류

1) 여성복 시장의 세분화

(1) 영캐주얼

20세 전후의 여성을 대상으로 하는 영캐주얼 브랜드들은 시즌의 유행 추세에 민감하게 반응하므로 적은 종류의 스타일로 대량의 물량을 전개한다. 그러나 브랜드별 스타일의 차별화는 미흡한 수준이며 단품을 중심으로 구성된다.

(2) 캐릭터

고객의 기호가 다양화되고 고급화되는 추세에 따라 브랜드별로 차별화된 컨셉을 강조한다. 캐릭터 캐주얼웨어는 국내 패션산업에서 2000년 이후 활성화되고 있는 세분화된 시장으로 브랜드의 고유한 특징을 유지하며 동시에 젊음과 감성을 가미한 형태의 스타일을 제공한다. 직장여성들을 위한 제품들을 주로 공급하므로 정장 제품과 캐주얼 제품을 일정한 비율로 조절하여 제공하는 것이 특징이다. 캐릭터 여성복 시장을 더 세분화하여 20대 초반의 여성을 대상으로 하는 스타일을 주로 제공하는 브랜드들을 영캐릭터 브랜드라고도 한다.

(3) 커리어

여성용 비즈니스웨어에 해당하므로 기본적인 클래식한 스타일을 제공하는 특징이 강하다. 브랜드에 따른 스타일의 특징이나 차이가 없이 유사한 스타일이 제공된다. 스타일 범위가 좁기 때문에 브랜드의 차별화가 어려운 것이 제한점이다. 대형 의류업체를 중심으로 브랜드의 전개가 이루어져 왔다.

2) 여성복의 종류

(1) 여성용 재킷의 스타일

여성용 재킷은 앞여밈 방식이 다양하다. 단추나 지퍼로 여미기도 하며, 여미지 않는 볼레로 스타일이나 샤넬스타일, 스포티한 사파리 스타일 등이 있다. 남성의 재킷과 비슷한 싱글 브레스트나 더블 브레스트 스타일, 칼라나 라펠이 없는 라운드 네크라인의 샤넬스타일이나 카디건 스타일도 있다. 또한 재킷의

| 볼레로 | 샤넬 | 카디건 | 싱글 브레스트 |

| 더블 브레스트 | 사파리 | 스펜서 | 배틀 |

그림 4-8 여성 재킷의 다양한 스타일

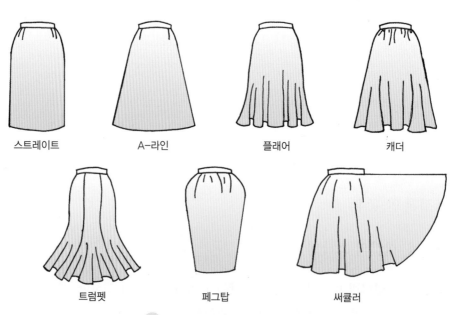

| 스트레이트 | A-라인 | 플래어 | 캐더 |

| 트럼펫 | 페그탑 | 써큘러 |

그림 4-9 스커트의 다양한 스타일

길이도 다양하다. 허리길이의 스펜서 스타일 재킷이나 이보다 짧은 재킷인 볼레로 스타일, 무릎까지 내려오는 반코트형의 재킷도 있다(그림 4-8).

(2) 여성복 스커트의 스타일

스커트의 스타일은 허리와 배 부위에서 밀착되고 엉덩이선 아래로는 일자로 내려오는 스트레이트 스커트와 엉덩이선 아래로 단을 향해서 폭이 넓어지는 A-라인 스커트를 기본형 스커트로 분류한다. 스커트의 폭을 앞과 뒤 각각 3개나 4개로 나누어 기본형 스커트에 근접한 스타일을 나타내는 고어드스커트, 허리선은 허리에 밀착시키나 허리 아래부터 단까지의 폭을 넓힌 플레어스커트, 허리선에 잔잔한 주름을 잡은 캐더스커트(gathered skirt), 스커트의 허리부터 단까지 일정한 두께의 세로 주름을 잡은 플리츠스커트(pleats skirt), 허리는 약간 캐더를 잡아 풍성하게 하나 단으로 내려갈수록 좁아지는 형태의 페그탑스커트(peg top skirt), 허리부터 엉덩이까지는 신체에 밀착되나 그 아래로는 플레어를 주어 나팔과 같은 모양이 되는 트럼펫스커트(trumpet skirt) 등 다양한 실루엣의 스커트가 제작되고 있다.

(3) 여성복 바지의 스타일

남성용 바지는 스타일 변화가 거의 없으나 여성용 바지는 다양한 스타일이 제공된다. 몸에 밀착되는 정도에 따라 3가지의 기본형 바지로 분류된다. 허리와 배, 엉덩이선까지 밀착이 되는 슬랙스, 허리와 배까지만 밀착되는 트라우

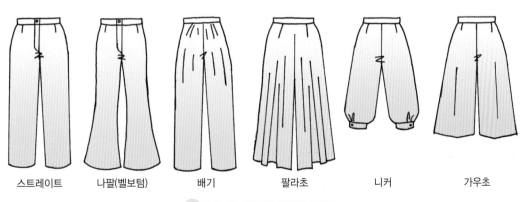

| 스트레이트 | 나팔(벨보텀) | 배기 | 팔라초 | 니커 | 가우초 |

그림 4-10 바지의 다양한 스타일

저, 허리·배·엉덩이·허벅지까지 밀착되는 진스로 나뉜다. 또한 무릎선 아래가 나팔모양으로 퍼지는 바지와 허리와 허벅지 부위는 넉넉하나 무릎선 아래가 좁아지는 형태의 바지 등 다양한 스타일이 제조된다. 이 외에도 스커트와 바지가 혼합된 형태인 팔라초(palazzo) 바지, 가우초(gauchos) 바지나 무릎 아래에 길이로 바지 단을 덧댄 니커(knickers) 바지도 있다.

3) 여성용 바지와 스커트의 길이

여성용 하의인 스커트와 바지는 길이로 스타일의 다양성을 표현한다. 스커트의 경우 기본선은 무릎선이다. 무릎선을 기준으로 무릎 위로 올라가면 미니와 마이크로미니스커트로 분류되고, 무릎선 아래로 내려오면 미디와 맥시스커트로 분류된다.

바지의 경우 기본선은 발목선이다. 발목까지 내려오는 바지를 긴바지(클래식)라고 하며 발목 바로 위의 길이를 9부, 장딴지 길이를 7부, 무릎길이와 허벅지길이의 바지를 반바지라고 한다. 서양문화에서는 카프리(7부)와 버뮤다(허벅지 길이)로 표현하기도 한다. 바지는 양다리를 각각 감싸는 형태상의 특징에 따라 매우 짧은 숏팬츠가 착용되기도 한다.

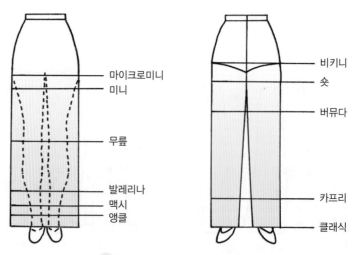

그림 4-11 바지와 스커트의 길이

3. 캐주얼웨어

다양한 스포츠 레저활동에 참여하는 현대인은 과거보다 다양한 의류제품을 사용하므로 상황과 용도에 적합한 다양한 종류의 의류에 대한 수요가 증가하고 있다. 또한 건강과 장수에 대한 관심이 증가하여 웰빙에 대한 관심이 높아져 신체적으로 건강을 유지하기 위한 노력이 증가하고 있다. 이러한 맥락에서 기능성 소재의 의류제품에 대한 수요가 증가하고 각종 스포츠를 즐기는 인구가 증가하여 스포츠용 의복의 종류도 다양해지고 있다.

편안함을 추구하는 라이프 스타일을 겨냥한 제품을 제안하는 캐주얼웨어 브랜드들은 10대나 20대를 대상으로 스포티한 스타일의 의류 단품들을 제안하는 브랜드들과 30대 이후의 남성이나 여성을 주요 고객층으로 하여 중년의 체형과 라이프 스타일에 적합한 캐주얼웨어를 생산하는 브랜드로 나뉜다.

캐주얼웨어는 편안한 환경에서 간편하게 입을 수 있는 옷으로 상하의를 세트로 제품라인을 구성하지 않고, 개인의 취향에 따라 코디네이션이 가능하도록 다양한 스타일의 옷 입기가 가능한 단품으로 제안되는 특징을 가지고 있다. 개인의 취향에 따라 상의와 하의를 선택하여 다양한 코디네이션을 추구하므로 제한된 스타일로 정형화된 정장보다는 개성있는 스타일을 시도할 수 있는 것이 장점이다. 소재의 선택에 있어서도 편안한 착용감을 제공하는 니트를 포함

그림 4-12 캐주얼웨어의 다양한 종류

하여 다양한 소재가 사용되고 색상의 선택도 다양한 것이 특징이다. 캐주얼웨어는 대상 소비자의 연령이나 스타일에 따라 시장이 세분화되어 있다.

1) 국내 캐주얼웨어 시장의 발달

국내 캐주얼웨어 시장의 발달시기를 시대별로 비교하면 내의 전문 의류회사였던 독립문 메리야스가 1971년 캐주얼웨어 브랜드인 'PAT'를 런칭한 이후, 1980년대부터 국내 대기업인 코오롱상사, 삼성물산 등이 중심이 되어 캐주얼웨어의 브랜드화를 이루었다. 1980년대 중반 이후에는 이랜드 계열의 브랜드들이 가격경쟁력을 앞세워 매스마켓 형태의 캐주얼웨어 시장을 형성하였다. 이 시기에 형성된 대표적인 캐주얼웨어 브랜드로는 '이랜드', '브렌따노', '언더우드', '헌트' 등 이랜드 계열뿐 아니라, '유니온베이', '메이폴', '카스피', '카운트다운', '체이스컬트', '옴파로스'가 있다. 이들 대부분의 브랜드들은 10대 청소년을 주요 고객으로 한 중저가 브랜드이다. 이들은 대부분 전국적으로 100~200개의 대리점을 통한 유통과 연간 외형 1천억 원대가 넘는 대형 볼륨 브랜드들로 베이직한 스타일의 제품을 중저가로 대량 공급하는 전략으로 시장을 확장하였다.

이들 중저가 브랜드들과 차별화된 시장을 확보하기 위하여 대기업들은 상품 개발의 노하우를 기반으로 정장과 같은 품위를 제공하는 트래디셔널 캐주얼웨

그림 4-13 이지캐주얼웨어

그림 4-14 진캐주얼웨어

어 시장을 형성하였다. 예를 들어 '폴로', '빈폴', '올젠', '헨리코튼' 등은 품위있고 편안한 이미지와 품질을 추구하는 20대 중후반과 30대 이상의 남성을 대상으로 비교적 안정적인 시장을 형성하였다.

소재의 측면에서 특징을 보이며 세분화된 캐주얼웨어 시장은 진 캐주얼웨어이다. 진 캐주얼웨어 브랜드로는 '뱅뱅', '핀토스' 등의 국내 브랜드와 '리', '써지오바렌테' 등 라이선스 브랜드들이 주류를 이루었다. 이와 같이 초기에 시작한 진 캐주얼웨어 브랜드는 스타일의 다양성보다는 진 소재가 제공하는 서양 청년패션의 멋과 실용성을 상품의 특성으로하여 매스마켓적인 상품 구성을 전개하였다. 그러나 이러한 초기의 진 캐주얼웨어 브랜드와 차별화를 시도하여 1980년대 말 20대 초반의 여성을 주고객으로 한 '게스'의 등장과 함께, '캘빈 클라인', 'M.F.G'에 의해서 감성적인 진 캐주얼웨어 브랜드들의 성장이 이루어졌다.

1990년대 중반 이후 나타난 중저가 시장의 침체는 물량위주의 방만한 대리점 경영과 재고 누적, 낮은 품질과 소비자의 감성적인 수요를 충족시키지 못하는

표 4-3 국내 캐주얼웨어 시장의 발달

연 도	발달 양상
1980년대 후반 ~ 1990년대 초반	• 코오롱상사, 삼성물산 등 대기업을 중심으로 캐주얼 시장이 형성 • 가격 파괴로 시장 경쟁력을 확보한 매스마켓형 시장 형성 • 이랜드 계열의 중저가 브랜드의 부상 • '게스', '캘빈클라인' 등 감각적인 진캐주얼 브랜드들의 성장
1990년대 중반	• 중저가 브랜드의 퇴조 • 세분화된 시장의 고객을 대상으로 한 캐릭터캐주얼 브랜드의 등장
1990년대 후반	• 과거의 매스마켓형 브랜드와 차별화된 이지캐주얼 브랜드 성장 • 지오다노, 마루, 니, 1492마일즈 등 품질과 이미지를 상승시킨 이지캐주얼 브랜드 활성화
2000년대 초반	• 이성적·합리적 소비와, 감성적·과시적 소비의 양면성을 만족시키는 다양한 브랜드들 활동 • 남성 중심의 트래디셔널 캐주얼 브랜드들의 패밀리형 브랜드로 확장 모색

특징 없는 상품기획의 결과였다. 중저가 시장의 침체를 뒤이어 유행의 흐름을 빠르게 반영하고 세분화된 고객들이 선호하는 스타일을 반영한 캐릭터 캐주얼 브랜드가 부상하였다. 패션을 통해 자기 연출을 하는 소비문화의 변화에 따라 캐주얼웨어 시장은 캐릭터 캐주얼 시장의 성장으로 이어진다. 또한 캐릭터 캐주얼웨어 시장은 초기에는 10대나 20대 여성을 대상으로 하였으나 남성용 캐릭터 캐주얼웨어 라인도 확대시켜가고 있다.

1990년대 후반 침체된 경제 성장과 매스마켓을 형성하던 중저가 캐주얼 브랜드들이 볼륨 위주의 대리점 유통의 한계성을 드러내며 활동이 둔화되자 새로운 개념의 중저가 캐주얼이 등장하게 되었다. 예를 들어 '지오다노', '티', '마루', '니', '1492마일즈' 등은 폭넓은 연령층을 대상으로 기본적인 스타일에 집중하는 상품 전개를 하지만, 1980년대 형성된 초기의 매스마켓 중저가 브랜드의 제품보다 우수한 품질과 마케팅 전략으로 브랜드 이미지를 차별화하는 전략을 사용하였다.

2000년대 들어 인터넷 문화의 확산으로 형성된 소비의 특성은 건전하고 합리적이며 국제적인 감각과, 틀에 얽매이지 않고 자신만의 개성적인 스타일을 연출하는 신 소비자 집단의 등장과 이성적, 합리적 소비와 감성적, 과시적 소비의 양면성의 소비행태이다. 어패럴 산업의 변화로는 대기업을 중심으로 형성된 트래디셔널 캐주얼 업체들이 브랜드의 확장을 위해 기존 남성 위주의 라인에서 라인의 확대 및 분리를 시도하면서 패밀리형 브랜드로의 확장이 시도되었다. 예를 들어 폴로는 폴로 스포츠, 폴로 진, 폴로 보이즈 등을 전개하였다.

2) 캐주얼웨어 시장의 세분화

캐주얼웨어의 가장 큰 특징은 개인의 취향에 따라 상의와 하의를 선택하여 다양한 옷입기를 시도한다는 것이다. 스타일이 정형화된 정장에 비하여 다양한 스타일을 시도하며, 소재의 선택도 정장에 비해 다양한 것이 특징이다. 정장과 캐주얼웨어의 차이를 의류를 제작하는 구성적인 측면에서 보면 정장은 옷의 형태를 잡아주기 위해 다양한 부자재와 장비를 사용하여 테일러링의 방식으로 생산이 되나 캐주얼웨어는 단순한 구성 방식으로 제조되므로 제조 방식이 간단한 특징이 있다. 또한 소재의 선택에 있어서도 캐주얼웨어는 니트를 포함한 다양한 소재가 사용되고 색상의 선택도 다양한 것이 특징이다. 캐주얼웨어는 대상 소비자의 연령이나 스타일에 따라 시장이 세분화되어 있다.

(1) 베이직 캐주얼웨어

간편하게 입을 수 있는 베이직한 스타일의 제품들은 이지 캐주얼웨어, 또는 베이직 캐주얼웨어, 컴포터블 캐주얼웨어로 분류되고 있다. 이들은 낮은 가격으로 많은 물량을 제공하며, 10대 후반에서 20대 중반을 주고객으로 시작되었지만, 대상 연령을 제한하지 않는다. 따라서 다양한 연령층을 대상으로 하기 위하여 상품 전개에 있어 스타일은 소수로 제한하지만, 다양한 색상과 사이즈를 제공하는 특징이 있다. 제품을 동해 추구하는 가치는 편안하고 자연스러운 느낌과 실용성이다.

(2) 트래디셔널 캐주얼웨어

트래디셔널(traditional) 캐주얼웨어는 일반적으로 유행의 변화에 크게 영향을 받지 않는 클래식한 스타일의 남성 전문 캐주얼웨어이다. 최근에는 여성복 라인도 추가하여 제품을 개발함으로써 브랜드의 확장을 시도하고 있다. 기본적인 스타일을 중심으로 상품을 구성한다는 측면에서는 이지 캐주얼웨어와 공통점을 가지나 클래식한 전통적 이미지를 추구하며, 높은 품질과 편안하면서도 고급스러운 스타일을 제품의 가치로 삼는다. 고객의 연령이나 소비자 가격이 이지 캐주얼웨어에 비해 높고 백화점 중심의 유통형태가 특징이다.

(3) 진 캐주얼웨어

진(jean) 캐주얼웨어의 상품 구성은 데님을 소재로 한 제품이 주류를 이루는 것이 특징이다. 청바지를 기본적인 품목으로 하며, 재킷, 스커트 등 다양한 데님 소재 제품들과 청바지와 함께 어울려 착용하는 여러 아이템들을 상품 구색에 포함한다. 진 캐주얼웨어브랜드들은 초기에는 '리', '리바이스', '죠다쉬', '써지오바렌테' 등 해외 정통 진 브랜드 중심으로 전개되기 시작하였다. 1990년대 캐주얼 의류의 성장흐름을 타고 진 전문 브랜드가 캐주얼 의류의 대표 상품으로 성장하였고, 시장 규모가 확대되면서 다양한 진 브랜드가 전개되고 있다. 여성용 진을 대표하는 '게스'와 국내 패션시장을 장악한 X-세대 소비자군에 의해 진 캐주얼웨어 시장의 발전이 이루어지게 되었으며 청바지 소비층이 확대되었다. 또한 소비의 고급화에 따라 고가의 라이선스진과 함께 '닉스', '베이직' 등 내셔널 진브랜드들이 급성장하였다. 감성을 강조하는 캐릭터진의 부상으로 진캐주얼 시장은 기존의 정통적인 스타일의 진과 패션진의 양극화 현상이 나타났으며, 소비자의 감성에 의존하는 패션진과의 활동적인 동작에서도 편안한 착용감을 제공하는 인간공학적인 제품설계도 시도되고 있다.

(4) 스포츠 캐주얼웨어

스포츠 캐주얼웨어는 '나이키', '아디다스', '필라' 등의 액티브 스포츠웨어 브랜드와는 구별된다. 일상복으로도 착용하는 스포츠 캐주얼웨어의 시장 특징은 10대와 20대를 대상으로 하는 시장과 30대 이후의 성인들을 주요 소비 대상으로 하는 시장으로 나뉘어 발전하고 있다. 10대와 20대를 대상으로 하는 스포츠 캐주얼웨어 브랜드들은 스노우 보드, 스케이트 보드의 대중화와 더불어 스포티한 감각, 정신적인 자유와 신체적인 편안함을 추구하는 트랜드에 따라 헐렁한 힙합 스타일과 현란한 색상을 특징으로 한다. 30대 이상의 성인 남녀를 대상으로 하는 스포츠 캐주얼웨어의 대표적인 품목은 골프웨어이다. 골프웨어

그림 4-15 골프웨어 : 닥스

111

겉옷－아우터웨어 제4장

진(jean)의 기술적인 변화 : 리바이스 501 진의 예

1922년 바지에 벨트용 고리를 최초로 부착

1936년 오른쪽 뒷 주머니에 레드 탭(red tab) 부착

1954년 지퍼를 단 청바지 등장

1963년 'Pre-shrunk' 진의 판매 시작

1981년 여성용 501 청바지 소개

1997년 그로벌화에 따른 지역특화 제품 및 광고 개발

2000년 인체공학적 디자인의 엔지니어드 진, 전 세계 동시 출시

리바이스의 제품은 150년 이상 청바지의 대표브랜드로 자리를 지켜오고 있으며 젊음과 개성을 제공하는 정신이 반영되어 있다. 패션의 흐름 속에서도 계속 인기를 유지할 수 있었던 이유는 정통적인 스타일을 상징하는 오리지널 진을 꾸준히 생산하면서 한편으로는 끊임없이 변화와 발전을 시도해왔기 때문이다. 전통진의 대명사인 리바이스 501은 초기에 나온 스타일을 크게 변화시키지 않으면서도 여전히 소비자들의 사랑을 독차지하고 있다. 그러나 21세기를 맞아 새로운 감각으로 진의 다양함과 함께 미래 지향적인 패션을 선도하기 위해 제품 라인을 확장시켜 나가고 있으며 인체공학적인 디자인의 엔지니어드진(engineered jean)을 2000년 상반기에 출시하여 독특한 디자인과 컨셉으로 패션업계와 소비자의 주목을 받았다.

리바이스 501

리바이스 501은 분류번호이자 바지의 이름이며 리바이스의 자존심이다. 품질을 향상시키기 위해 15번의 세탁, 37가지의 바느질 방법, 12가지의 강도 검사 등 철저한 품질관리를 하여 다른 청바지보다 제작시간이 30% 가량 더 소요되는 제품이다. 501 스타일의 특징은 단순한 일자형의 레귤러 스트레이트 핏, 5개의 포켓, 강력한 내구성을 보장하는 이중박음질, 원단의 수축성을 고려한 버튼 플라이, 독점적으로 전 세계로 공급하는 원단 등을 들 수 있다. 리바이스 501의 초기 소비대상자는 젊은층이었으나 우수한 내구성과 부담스럽지 않은 디자인, 어디에나 쉽게 어울릴 수 있는 디자인 등 501의 특성으로 중년 소비자들에게도 큰 호응을 얻는 제품이다.

리바이스 501 진의 세부 스타일

앞 주머니

가장자리에 리벳을 박은 앞 주머니와 상단에 작은 동전 포켓이 있다. 상단 좌우에 리벳을 박은 동전 포켓은 크기가 작아서 실용성은 거의 없으나 장식적인 효과가 있다.

후면 허리 요크

뒤 허리부분의 요크는 착용자의 신체에 밀착되는 스타일을 제공한다.

후면 브랜드 패치

리바이스를 대표하는 그림인 말 두 마리가 청바지를 잡아당기는 모습(청바지의 내구성을 강조)이 인쇄되어 있는 얇은 가죽 패치의 4개 모서리를 박아서 부착한다. 패치에는 브랜드명과 허리사이즈(waist, W)와 안다리길이 사이즈(inseam length, L)가 표기되어 있다.

뒤 주머니

뒤 주머니의 가장자리를 이중 박음으로 견고하게 처리하였고 중앙에는 특유의 V자형 장식 스티치가 있다. 포켓 옆의 작은 레드 탭은 리바이스의 상징이고, 앞 주머니와 다르게 리벳이 없다. 대신 바택(bar tack)으로 포켓의 상단을 튼튼하게 마무리하고 있다.

앞 주머니 리벳

뒤 주머니와 허리 요크

후면 브랜드 패치

뒤 주머니의 스티치와 바택

리바이스 엔지니어드 진(engineered jean)

힙합스타일을 즐기는 젊은이의 활동적인 수요를 반영하여 시도된 스타일이다. 리바이스 사가 새롭게 제시한 개념인 무한대의 활동성 보장을 위해 인체의 형태 및 몸의 움직임을 분석하여 재단 방법과 옷의 구성방법이 인체공학적으로 만들어져 3D진이라고도 한다.

동전 주머니
전통적인 스타일의 동전 주머니보다 크기가 커서 실용적이다.

뒤 허리
허리 뒤의 요크를 떼어내고 요크를 대신해 다트를 사용하여 착용감과 활동성을 높였다.

패치의 삭제
리바이스의 트레이드 마크인 가죽 패치를 삭제하였다. 패치가 있던 자리에 박음질만 남김으로써 원래 그 자리에 패치가 있었음을 표시하였다. 가죽 패치를 없앰으로써 허릿단이 부드럽고 유연하게 움직일 수 있는 기능을 부여했다.

뒤 주머니
기존의 청바지보다 낮게 달려 편리하게 사용하도록 하고, 뒤 주머니에 손을 넣기 좋도록 주머니의 각도를 501과는 반대로 하였으며 실버 리벳으로 마무리하였다.

밑단과 옆선
밑단을 곡선으로 재단하였다. 안단의 앞은 길게 뒤는 짧게 재단하여 바지 뒷단이 끌려 닳지 않도록 하면서 발등과 신발을 덮어 가리게 하였다. 옆선은 허벅지 선부터 앞으로 휘게 재단하여 편안한 착용감을 제공한다.

앞 동전 주머니

패치의 삭제

뒤 주머니와 옆 다트

곡선 재단한 바지 밑단

는 전문적인 골퍼들이 착용하는 의류이지만 편안한 착용감과 고급스러움을 제공하므로 중년여성들의 외출복이나 일상복으로도 널리 사용되고 있다. 우리나라에 골프웨어가 소비자들에게 본격적으로 호응을 받기 시작한 것은 1990년 중반부터이다. 매년 30% 이상 높은 성장세로 성장한 골프웨어 시장은 스포츠웨어로서의 기능성뿐만 아니라 고급 캐주얼웨어로서의 패션성을 동시에 지닌 매력적이고 독특한 마켓이다.

골프가 상류층 남성을 대상으로 한 스포츠에서 여성이나 젊은층도 즐길 수 있는 스포츠로 자리를 잡아감에 따라 골프웨어의 대상 고객도 확장되고 있다. 골프웨어는 제품 수요의 특성상 고급스러운 제품 디자인과 기능성을 강화시키는 노력을 계속하여 지속적으로 성장하였다. 실용성과 합리성을 중시하는 골퍼의 증가에 따라 골프웨어와 캐주얼웨어의 경계가 모호해지는 경향을 보인다. 젊은층 골퍼인구가 늘어나면서 골프웨어 시장의 중심축이 중장년층에서 청년층으로 넘어가고 있다.

반면 골프웨어로서의 기능성에 충실하여 차별화를 시도하는 제품도 계속 개발되고 있다. 야외에서의 기능성을 높이기 위하여 바람막이나 자외선 차단기능, 세탁 후 줄어드는 것을 방지하는 방축가공, 오염방지를 위한 방오가공, 정전기 발생을 막는 대전방지가공, 눈과 비에 젖는 것을 막는 방수가공, 습기를 밖으로 배출하는 발수가공 처리가 추가된 소재 사용이 증가하고 있다.

4. 스포츠웨어

각종 스포츠 활동에 참여하는 인구가 증가함에 따라 일반인들이 필요한 스포츠웨어의 종류도 다양해지고 있다. 따라서 스포츠웨어의 시장도 성장을 거듭하고 있다. 스포츠웨어의 종류는 용도에 따라 2가지로 나뉜다. 기온의 변화나 바람 등 외부 환경적인 요소와 운동 시 발생하는 여러 가지 신체의 변화를 세밀하게 고려하여 제품을 설계하는 전문적인 스포츠 활동을 위한 액티브웨어와 일상생활에서도 편안하게 착용할 수 있도록 캐주얼웨어와 스포츠웨어의 특성을 동시에 지닌 스포츠 캐주얼웨어로 구분된다. 수영이나 스키, 골프 등 생활 스포츠로 자리잡은 스포츠 활동을 위해 착용하는 의류를 전문으로 생산하는

표 4-4 스포츠웨어 브랜드의 상품구성비와 시장점유율 (2002년도 기준)

브랜드	A	B	C	D	E	F	G	H	I
신발(%)	46.2	50.3	44.9	28.9	47.8	48.8	47.1	23.8	36.3
의류(%)	40.3	38.8	42.8	51.4	44.2	41.8	42.6	71.3	69.4
용품(%)	13.5	10.9	12.3	19.3	9.0	9.4	10.3	5.9	5.3
총매출(백만 원)	161,379	220,550	165,957	146,970	117,599	105,099	73,577	63,771	63,470
시장점유율	13.1	17.9	13.5	11.9	9.5	8.5	6.0	5.5	5.1

액티브웨어 브랜드는 세계적인 유명브랜드들의 라이선스 브랜드들이 많다.

액티브웨어를 공급하는 브랜드들은 스포츠용 의류뿐만 아니라 해당 스포츠에서 필요로 하는 각종 액세서리와 용품들을 함께 판매하는 경향이 있다. 즉 스포츠 활동에 필요한 의류와 용품을 한번에 쇼핑할 수 있도록 종합적인 제품 구색을 갖추어 판매하는 방식을 사용하고 있다. 예를 들어 수영복을 판매하는 경우에는 실내수영에 필요한 수영 모자나 수영 고글 등 각종 용품을 동일한 브랜드의 이름으로 함께 판매하는 경향을 보인다. 2002년도 국내 액티브웨어 브랜드의 상품구성비를 보면 국내 액티브웨어 전체 시장점유율이 10% 이상인 선도적인 브랜드의 경우 의류의 상품구성 비율은 40~70%이며 신발이 중요한 항목이다. 용품의 구성비율은 10% 내외를 구성하며, 브랜드의 특성에 따라 의류 상품의 구성비율이 다르게 나타난다.

아웃도어웨어나 스키웨어의 재킷은 일반 캐주얼웨어 재킷보다 기능과 용도의 다양성을 강조한다. 양면을 다 착용할 수 있는 기능(reversible)과 의류의 일부분을 탈부착이 가능하도록 지퍼를 부착하여 기후에 따라 반팔 또는 반바지로 변형시켜 입을 수 있는 기능(detachable), 옷을 접어 옷에 부착된 주머니 또는 지퍼 부분 안으로 접어 넣어 간편하게 휴대할 수 있는 기능을 가진 제품이 많다. 통풍기능을 제공하기 위하여, 운동 시에는 지퍼를 잠궈 체온을 유지시키고 휴식 시나 체온을 식힐 때는 겨드랑이 부분의 작은 지퍼를 열어 옷을 벗지 않고도 통풍이 가능하게 하는 기능(ventilation)을 가진 제품도 있다. 통풍의 기능은 일반적으로 스노우보드복에 많이 사용된다. 예를 들어 노스페이스에서 개발한 코어벤팅 시스템은 운동 시 격렬한 유산소 활동으로 인해 증가한 체열을 직접 방출할 수 있도록 공기순환 및 발산 기능을 개선한 시스템으로 신체를 최상의 컨디션으로 유지시키기 위한 기능이다.

스포츠웨어의 소재로는 인체에 부담을 주지 않도록 여러 가지 기능을 부여한 신소재가 활발하게 개발되고 있다. 스포츠웨어에서 주로 관심을 가지는 소재의 속성은 땀과 체온이 상승하는 의복 내 환경에서 쾌적감을 높이기 위한 흡습 속건 기능, 비나 눈에 젖지 않도록 방수성을 높이는 기능과 운동 시 편안함을 제공하기 위한 가볍고 신축성이 우수한 기능 외에도 더러움이 쉽게 타지 않는 방오가공, 쉽게 찢어지거나 마모되지 않는 질긴 내구성 등이다.

1) 아웃도어웨어

개인의 삶의 질이 중요시되는 생활문화의 변화로 아웃도어웨어(outdoor wear) 시장의 성장이 이루어지고 있다. 아웃도어웨어는 야외에서 등산이나 트레킹 등을 안전하게 즐기기 위해 필요한 의류라는 의미를 가지고 있다. 예를 들면, 마운틴 파카나 다운 웨어, 등산복 등이 대표적인 아웃도어웨어이다.

전문적인 등산은 산의 고도에 따라 기온과 기후의 변화가 큰 자연환경 속에서 장시간 지속되는 운동인 만큼 의복 내의 기후를 일정하고 쾌적하게 유지시켜 주기 위한 기능이 요구되는 의복이며, 안전성 및 간편성이 요구되는 의류이다.

아웃도어웨어 시장에도 라이선스 브랜드, 수입 브랜드와 국내 내셔널 브랜드들이 경쟁하고 있다. 아웃도어 브랜드들은 야외의 기후조건에 적합한 방수와 방풍의 기능을 갖춘 소재와 제조기술을 갖춘 제품들을 개발하고 있다. 아웃도어웨어 중 등산이나 트레킹에 사용되는 옷은 비가 올 때는 비옷의 기능을 가지며, 바람이 많이 불 때는 바람을 막아 주는 기능이 필요하다. 또한 눈이 오거나 추울 때는 몸을 따뜻하게 해주는 보온성이 요구된다. 예를 들어 마운틴 파카의 일반적인 특징 중 하나는 바람을 막도록 여밈단을 두 겹 또는 세 겹으로 디자인하며 쉽게 조이거나 넓힐 수 있도록 훅앤루프(벨크로) 테이프로 붙여서 편리하게 조작이 가능하도록 한다. 또한 지퍼 안쪽에 공기 흐름을 막아주는 덧단을 넓게 덧대어 보온과 방풍 효과를 높이기도 한다. 등산용으로 사용하는 덧저고리(over jacket)와 덧바지(over trouser)는 등산을 하면서 계속 입고 다니는 옷은 아니고 기후 조건에 따라 착용하므로 착용이 간편해야 한다.

아웃도어웨어의 일반적인 특징은 다음과 같다

① 활동하기에 편하고 가볍다.
② 비나 눈, 비, 바람을 막아 줄 수 있고 보온도 잘 된다.
③ 체온유지를 위해 땀을 잘 빨아들이고 땀을 밖으로 잘 배출할 수 있다.
④ 물에 잘 젖지 않고 쉽게 마르는 소재이어야 한다.
⑤ 구김이 잘 가지 않고 마찰에도 강하며 바느질한 부분이 튼튼해야 한다.
⑥ 부피가 적고 입고 벗기에 편해야 한다.

이와 같은 조건이 갖추어진 제품인지 파악하기 위해서는 다음과 같은 사항을 검토해야 한다.

(1) 재 킷

① 통기성을 높이기 위해 쉽게 땀이 차는 겨드랑이에 통풍이 잘 되는 소재를 사용하며, 내부 공기 순환이 잘 되는 구조가 적합하다.
② 활동성을 넓히기 위해 안에 입을 옷의 부피를 고려하여 어깨 주위가 넉넉한 것이 좋다.
③ 비나 눈이 안으로 스며들지 못하게 바느질 이음 부분에 씸씰링 테이프를 사용하였거나 이와 유사한 품질을 갖추었는지 살펴본다.
④ 앞단과 소맷단에 비바람을 막아 주는 여밈 방식을 사용했는지 살펴본다.
⑤ 발수 지퍼를 사용했는지 살펴본다. 아래와 위로 양방향에서 열 수 있는 이중 지퍼가 편리하다.
⑥ 목을 감싸는 재킷의 깃은 귓볼 아래까지 올 정도로 충분히 길어야 방풍효과가 높다. 옷깃 안쪽의 천은 부드러운 소재로 덧댄 것이 좋다. 목까지 지퍼를 올리는 디자인은 지퍼 상단에 피부가 다치지 않도록 보강 천을 덧댄 것이 좋다.
⑦ 주머니는 안의 내용물이 밖으로 쉽게 쏟아져 나오지 않도록 지퍼나 뚜껑이 있는 것이 좋다.
⑧ 주머니 크기는 장갑을 낀 상태로 손을 넣을 수 있도록 충분히 커야 좋다.

기능성을 높인 아웃도어웨어 디자인의 예

후드 수납
후드를 말아서 칼라부위에 있는 벨크로에 부착하여 안전한 시야확보가 가능

후드 사이즈 조절
스토퍼가 달린 스트링이 후드의 전면과 후면에 설계되어 운동 시 얼굴에 맞게 사이즈 조절이 가능해 안전한 시야확보가 가능

세로가슴포켓
수첩, 액세서리 등 등반에 필요한 준비물을 수납할 수 있는 지퍼개폐의 나폴레옹 포켓

방수 지퍼
지퍼테이프로부터 침입되는 눈, 비를 완벽히 차단

팔꿈치 설계
운동시 팔꿈치부분의 부담을 경감시키며 자연스러운 곡선의 입체재단으로 활동성 향상

서스펜더
신체 사이즈에 맞게 조절이 가능한 어깨벨트는 필요 시 탈부착이 가능하도록 설계됨

바짓부리
비상시 신발을 벗지 않은 상태에서도 신속한 탈착이 가능하도록 사이드 지퍼 사용

바지속단
신발에 밀착되는 고무밴드 이너커프는 비, 흙이 안으로 침입하는 것을 막으며 보온성을 향상시킴

⑨ 안전사고 방지를 위하여 코드록이 바깥에 드러나 있는 것보다 안에 감춰져 있는 것이 좋다.

⑩ 주머니, 코드록, 커프스, 후드, 지퍼를 장갑을 낀 상태로도 쉽게 사용할 수 있어야 한다.

(2) 바 지

① 덧바지는 등산화를 신은 채로 입고 벗을 수 있어야 한다.

② 다리의 움직임이 편하도록 밑이 당기지 않아야 한다.

③ 가슴까지 올라오는 멜빵바지도 등산복으로 편리하다.

④ 덧바지는 가볍고 다리를 마음대로 움직일 수 있는 것이 좋다.

2) 스포츠웨어에서 사용되는 고기능 신소재

나일론, 스판덱스, 폴리프로필렌과 같은 인조섬유에 천연섬유와 같은 장점을 개발하여 스포츠웨어에 활용하고 있다.

(1) 쿨맥스(Coolmax)

면과 같은 부드러움과 린넨과 같은 청량감을 지닌 뛰어난 흡습 발산성을 가진 폴리에스터 소재로서 면보다 약 14배나 빠른 속도로 땀을 흡수, 체외로 발산시킴으로써 땀이 나도 옷이 몸에 달라붙거나 끈적이지 않는다. 또한 세탁과 건조가 쉬우며 곰팡이가 생기지 않고 피부와의 마찰이 적어 부드럽고 편안하다.

(2) 데이크론(Dacron)

새로운 방적 기술에 의해 자연스러운 촉감과 부드러움을 지니고 있어 땀을 많이 흘리는 격렬한 운동복용으로 적합한 폴리에스터 소재로서 수분 보유율이 0.4%이므로 땀에 젖더라도 신속하게 건조되며, 습기를 발산시키는 기능은 면보다 3.5배 이상 높다. 그러나 수축률은 면의 1/5 정도로 낮아 형태 안정성도 우수하다. 섬유 사이에 공기층을 형성하여 보온성도 우수하다.

(3) 쉘러(Schoeller)

신축성을 가진 고기능 팬츠 소재로 평가되는 소재이다. 가볍고 내구성이 뛰어나며, 내부의 중공사를 통해 몸에서 발산되는 땀을 스폰지와 같이 흡수한 후 빠르게 외부로 발산한다. 고탄력 소재인 라이크라를 사용하여 신축성이 뛰어나므로 활동성과 착용감이 좋다.

(4) 써플렉스(Supplex)

일반적인 나일론보다 30% 정도 부드러우면서도 내마모성이 강하며, 기모 가공을 하여 촉감이 부드럽다. 면과 유사한 쾌적한 감촉에 인열, 인장 강도가 강하고 면보다 1.4배 높은 속건성과 우수한 방풍성을 가지고 있으며, 세탁이 용이하고, 쉽게 주름지지 않으며 탄성회복률이 우수하다. 스키웨어, 에어로빅복,

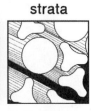

Tactel® aquator	Tactel® diabolo	Tactel® micro touch	Tactel® multisoft	Tactel® strata
우수한 수분 조절력, 편안한 착용감	진주빛 광택, 드레이프성	섬세하고 부드러운 감촉	탁월한 커버력, 윤기 있는 광택	투톤(two-tone) 칼라 효과

그림 4-16 탁텔섬유의 종류별 단면 특징과 성능

바디웨어에 널리 사용된다.

(5) 윈드스토퍼(Windstopper)

뛰어난 투습성을 겸한 방풍 기능을 가진 신개념의 소재로 외부의 찬 공기를 차단하는 것은 물론 체표면의 땀을 수증기로 발산시키는 기능이 있으므로 내부에 두껍게 껴입지 않아도 신체를 따뜻하고 쾌적하게 유지시켜준다. 바람을 차단하는 윈드스토퍼 피막 구조로 이루어져 있다. 겨울철 등산복과 스키웨어에 주로 사용된다.

(6) 탁텔(Tactel)

내마모성을 가지고 있으며, 속건성과 내구성을 제공한다. 적정한 스트레치성과 부드러운 감촉을 가지고 있으므로 피트감을 향상시켜 주고, 활동성이 우수하다. 투습 속건 성능이 우수한 소재이다(그림 4-16).

3) 스키복과 스노우보드복

강한 전신운동인 스키나 스노우보드 운동 시 착용하는 스노우보드복과 스키복은 겨울철 스포츠 인구의 증가와 더불어 시장의 확장이 두드러지는 스포츠웨어이다. 스키웨어는 초기에는 남녀공용의 유니섹스 스타일이 대부분이었으나 점차 남녀 차이가 반영된 스타일이 개발되고 있다. 남성용 스키복은 스노우

121

그림 4-17 남녀 스키웨어의 디자인

보드복의 형태로 변화하고 있으며, 여성용 스키복은 스타일과 패션성을 강조하여 몸에 밀착되는 스타일이 증가하고 있다. 과거에는 강렬한 원색소재를 많이 사용하였으나 최근에는 원색보다는 일반 스포츠 캐주얼웨어에서 사용되는 색상이 혼용되는 특징을 보인다.

스키웨어는 상하 세트의 개념으로 판매되기도 하지만, 하의보다는 상의에 디자인의 독특함과 개성이나 유행, 패션성이 많이 반영된다. 따라서 브랜드에 따라 전략적으로 상의에 더 많은 스타일을 개발하기도 하며, 생산물량도 상의가 하의보다 많다.

일반인들이 스포츠웨어로 착용하는 스키웨어는 전문 선수들이 경기기록 갱신을 위해 착용하는 경기복이 아니므로 패션 방한복으로도 착용되는 특징을 보인다. 따라서 소재의 사용에 있어서도 기능성과 더불어 패션성이 강조된다. 스키웨어나 스노우보드복은 다른 스포츠웨어에 비하면 재킷 내부의 기능이 다양하게 개발되어 있다. 보온과 수납의 기능을 감당하기 위하여 여러 가지 부자재가 사용된다. 예를 들어 한 벌의 스키웨어를 생산하기 위해 필요한 옷감을 보면, 겉감과 다양한 안감이 기능성을 높이기 위해 사용된다. 또한 고글을 넣어두는 안주머니나 포켓의 구성을 위한 소재가 별도로 사용된다. 안감을 제외

표 4-5 국내 액티브웨어·브랜드의 스키웨어 생산 스타일 수와 생산수량의 예　　　　　(2002년)

항목	브랜드	A	B	C	D	E	F	G
상의	스타일 수	20	13	21	33	12	16	28
	생산수량(개)	25,074	8,407	10,839	20,525	12,526	15,968	6,544
하의	스타일 수	17	14	22	19	11	13	23
	생산수량(개)	13,963	5,135	8,112	11,847	7,081	14,072	6,904

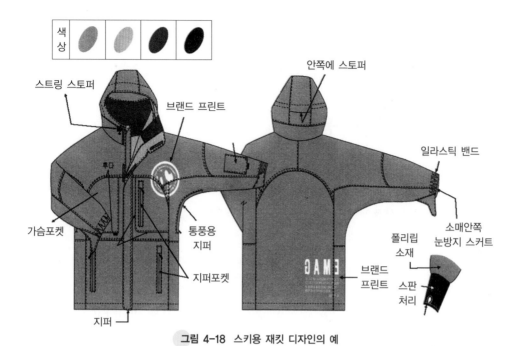

색상

스트링 스토퍼

브랜드 프린트

안쪽에 스토퍼

후□

가슴포켓

통풍용
지퍼

지퍼포켓

지퍼

일라스틱 밴드

소매안쪽
눈방지 스커트

폴리립
소재

브랜드
프린트

스판
처리

EMAG

그림 4-18 스키용 재킷 디자인의 예

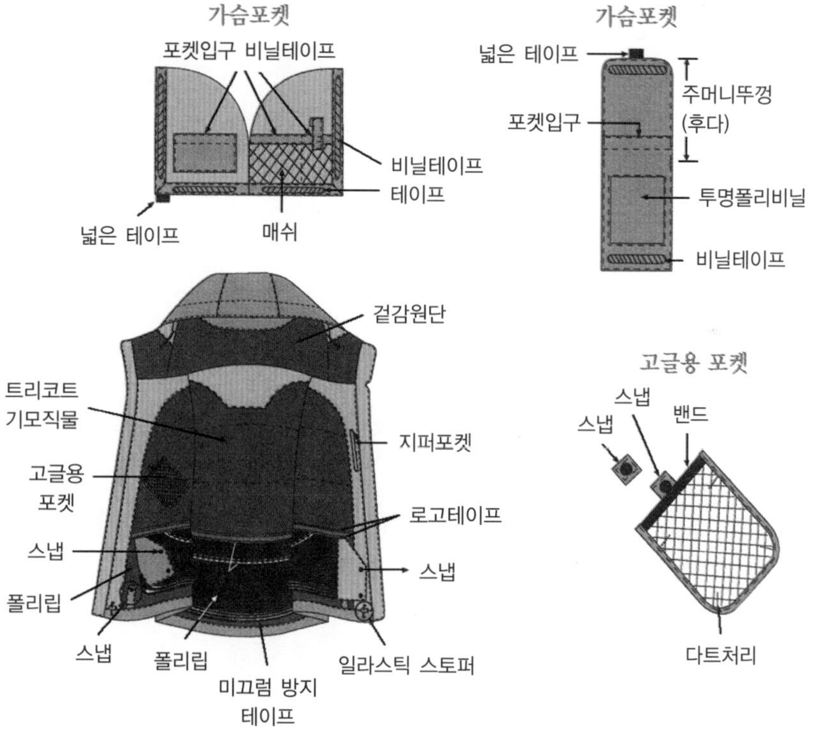

가슴포켓

포켓입구 비닐테이프

비닐테이프
테이프

넓은 테이프

매쉬

가슴포켓

넓은 테이프

포켓입구

주머니뚜껑
(후다)

투명폴리비닐

비닐테이프

겉감원단

트리코트
기모직물

고글용
포켓

스냅

폴리립

스냅

폴리립

미끄럼 방지
테이프

지퍼포켓

로고테이프

스냅

일라스틱 스토퍼

고글용 포켓

스냅

스냅

밴드

다트처리

그림 4-19 스키용 재킷의 내부구조 예

한 부자재로는 보온재, 지퍼와 부속품들, 각종 테이프 등 20가지 이상이 사용된다.

5. 유아복과 아동복

최근 우리나라 유아복과 아동복 시장의 특징은 전문화, 고급화, 다양화이다. 과거 재래시장에서 출발하여 성장한 아동복 산업이 어패럴 산업의 중요한 분야로 자리 잡은 것은 성인 브랜드 및 해외 유명 라이선스 브랜드가 아동복 시장으로 진입하면서부터이다. 아동복과 유아복 제품들의 고급화 추세는 출산율의 저하에 따라 더욱 가속화되고 있다. 물질적으로 풍요로운 시대적인 환경의 변화로 아동복 스타일도 유행이 중요시되는 복종으로 변화하고 있다. 과거와 같이 옷을 대물려 입는 습관이 줄어듦에 따라 과거에 아동복에서 중요시되던 가치인 견고성 등 내구적 특성보다는 성인의 스타일을 모방한 디자인, 색상, 스

그림 4-20 아동복

표 4-6 국내 유아복과 아동복 브랜드의 타깃 연령 분포

브랜드	신생아	6개월	12개월	18개월	24개월	30개월	36개월	4세	5세	6세	7세	8세	9세	10세	11세	12세	13세	14세	15세
A	○	○	○	○															
B		○	○	○	○	○													
C			○	○	○	○	○												
D	○	○	○	○	○	○	○												
E	○	○	○	○	○	○	○												
F			○	○	○														
G		○	○	○	○	○	○												
H					○	○	○												
I											○	○	○						
J											○	○	○	○	○				
K											○	○	○	○	○	○	○	○	○
L									○	○	○	○	○	○	○	○			
M											○	○	○	○	○				
N															○	○	○	○	
O										○	○	○	○	○					
P											○	○	○	○					
Q													○	○	○				
R									○	○	○	○	○	○	○	○	○	○	○
S																○	○	○	
T									○	○	○	○	○						

출처: 이지연 · 천종숙(2001), 유아복과 아동복의 치수 규격에 관한 연구, 한국의류학회 25(6)

타일의 도입과 함께 사치성 소비 현상, 외국상표 선호 추세도 나타나고 있다.

아동복 시장의 또 다른 특징은 주니어를 위한 시장의 활성화이다. 일반적으로 아동복 브랜드들이 대상으로 하는 소비자의 연령은 3세부터 15세 이하의 어린이이다. 그러나 최근에는 어린이의 성장 속도가 빨라져 15세 이전에 성숙한 외모를 갖게 되는 어린이들이 증가함에 따라 이들을 위한 프리틴(preteen) 의류시장의 성장 가능성이 논의되고 있다.

1) 유아복

유아용 의류는 하루의 대부분의 시간을 잠자는 신생아와 아직 걷지 못하는 어린이들을 대상으로 한다. 따라서 유아복은 외출복이 아닌 속옷이나 잠옷 등이 주로 제조되고 유통된다. 신생아부터 2세 미만의 유아들이 필요로 하는 의류를 전문적으로 생산하는 유아복 브랜드는 신생아에게 필요한 의류와 침구를 비롯한 각종 용품을 판매한다. 최근에는 새로운 유통 구조 모색의 일환으로 인터넷 쇼핑몰에서 용품의 판매가 증가하고 있다. 예를 들어 우리나라의 대표적인 유아복 브랜드인 아가방은 '아가방 네트(www.agabang.co.kr)'를 운영하고 있고, 해피랜드는 데이콤과 제휴하여 유아의 의식주를 해결해 주는 인터넷 쇼핑몰을 개설(http://shop.happyland.co.kr)하였다. 이 외에도 쇼콜라

그림 4-21 유아복

(www.tartineetchocolat.co.kr), 앙떼떼(www.entetee.co.kr)도 있다.

유아복의 주요 대상은 신생아부터 18개월 된 어린이로 주로 걷기 전의 젖먹이 어린이를 대상으로 하는 의류제품을 주로 공급한다. 신생아의 경우 대부분 잠자는 시간이 많으므로 유아복의 종류는 잠옷이나 실내에서 착용하는 내의 형태가 대부분이다. 따라서 유아의 옷은 누워있는 자세에서 불편함이 없도록 디자인되어야 한다. 예를 들면 옷이 등에서 접히거나 상의와 하의 사이가 벌어지지 않도록 디자인 된 스타일이 편안하므로 원피스형의 제품이 많다. 신생아 의류의 경우에는 손과 발을 감싸도록 디자인된 것도 많다.

외출복으로는 상의와 하의가 한 벌로 된 제품이나 원피스형이 많다. 치수는 신장이 50cm 내외인 신생아를 위한 50호부터 신장이 105cm인 유아를 위한 105호까지 있다. 나이(개월수)가 참고로 표기되기도 한다. 성장이 빠른 초기에는 3개월 단위로 나뉘고 만 1년이 지난 이후는 신생아에 비해 완만한 성장을 보이므로 6개월 단위로 나뉜다. 유아복의 치수는 개월수에 따라 보통 3개월, 6개월, 9개월, 12개월, 18개월, 24개월로 표기된다.

유아용 의류제품의 선택은 착용할 유아의 키와 몸무게와 같은 신체치수나 성장 단계를 고려하여 이루어져야 한다. 디자인이나 치수뿐만 아니라 소재 선택에 있어서도 안락하게 착용할 수 있도록 부드럽고 흡습성과 통기성이 좋은 소재와 부자재가 선택된다. 구성방식도 피부를 압박하지 않는 디자인이 좋다. 스타일적인 측면에서는 아직 기저귀를 착용하는 시기이므로 옷을 다 벗기지 않아도 기저귀를 쉽게 교환할 수 있는 스타일이 바람직하다. 기저귀 착용에 따라 밑이 길어지므로 유아복의 바지 길이는 허리를 실제 신체치수보다 길게 제작하는 등 디자인 측면의 고려가 필요하다. 또한 아직 혼자서 자유롭게 옷을 갈아입지 못하는 연령이므로 갈아입히기 좋은 스타일이 편리하다.

2) 토들러용 의류

아동복시장에서 세분화되어 최근 성장이 두드러지게 나타나는 영역이 토들러용 의류이다. 토들러 의류는 아직 젖살이 빠지지 않은 3세 이상 6세 미만의 어린이를 대상으로 한다.

초등학교 입학 전 연령의 아동을 대상으로 한 깜찍한 디자인의 아동복이 토

127

표 4-7 유아복과 토들러복의 브랜드 예

대 상	연 령	브랜드의 예
신생아와 유아	3세 미만	꼼바이꼼, 베비라, 베이비부, 쇼콜라, 아가방, 압소바, 앙뗴뗴, 엘르뿌뿅, 파코라반베이비, 프리미에쥬르, 해피랜드
토들러	3~6세	012베네통, 겐조정글, 미키클럽, 베베, 베이비헤로스, 블루독, 셜리템플, 캔키즈, 토미힐피거, 폴로보이즈, 해피아이

들러용 의류이다. 토들러용 의류시장은 아동복 시장에서 세분화된 시장으로 아장아장 걷는 아이들을 위한 옷을 제공하기 위한 틈새시장으로 외국에서 시작되었으나 우리나라의 토들러 의류의 소비대상은 2세부터 5~6세까지로 유아복과 아동복의 경계에 해당하는 시장으로 자리잡고 있다. 미국 제품들은 일반 아동복과 구별하도록 치수를 1T, 2T, 3T, 4T로 표기한다. 우리나라의 토들러용 의류의 치수 범위는 80호부터 130호까지이다.

기저귀를 착용하지 않는 어린이를 대상으로 하므로 유아복에서 바지의 밑을 길게 하였던 프로포션이 더 이상 필요하지 않다. 즉 신체의 균형잡힌 모양으로

그림 4-22 토들러용 의류

개선된 디자인이 가능하다는 것이다. 또한 토들러복을 착용하는 연령의 유아는 외출이나 단체 생활을 시작하는 연령의 어린이이므로 외출복이 다양하게 필요한 연령이다. 이 시기는 사회성이 시작되는 연령이므로 아이의 감성을 중요시하여 맵시 있게 만든다. 토들러는 호기심이 많은 연령이므로 활동이 많아지는 행동 특성을 보이나 아직 안전에 대한 주의력은 부족하다. 따라서 제품을 선택할 때 안전을 고려하여 디자인을 선택해야 한다. 자주 세탁해야 하므로 세탁 내구성에 대한 고려도 필요하고, 성장이 빠른 시기이므로 옷의 길이 조절이 편리한 디자인 특징도 고려되어야 한다.

3) 아동복

아동복은 토들러복을 포함하여 15세 이하의 어린이를 대상으로 하는 의류이다. 3~6세는 토들러복이고, 7~13세가 대부분의 아동복 업체가 주요 목표로 삼는 연령이다. 아동복은 남녀의 외모와 감성이 뚜렷하게 차이가 나타나는 시기이며 자신의 성에 대한 차이를 의류로 활발하게 표현하기 시작하는 연령의 어

그림 4-23 여아용 의류의 예

그림 4-24 남아용 의류의 예

린이를 위한 의류이다. 따라서 여아용 아동복 브랜드와 남아용 아동복 브랜드로 세분화되어 나뉘는 특징을 보인다. 여자 어린이용 의류는 귀엽고 사랑스러운 느낌을 강조한 디자인과 여성스러운 디자인의 블라우스나 셔츠, 스커트, 바지 등 다양한 스타일의 제품이 제작된다. 남자 어린이용 의류로는 셔츠나 바지 종류를 주로 공급하는 남아용 의류의 특성상 셔츠와 바지가 주로 공급된다. 아동복은 성인들의 의류만큼 종류가 다양하지는 않지만 입학식이나 친척의 결혼식과 같은 특별한 날에 입을 수 있는 정장도 제공된다. 우리나라의 많은 아동복 브랜드는 비교적 늦게 본격적으로 패션산업에 진입하였기 때문에 남성복이나 여성복, 스포츠웨어에 비하면 비교적 중소기업들로 구성되어 있는 경향을 보인다. 최근에는 패션 전문 브랜드들이 서브브랜드의 형식으로 아동이나 청소년을 위한 브랜드를 추가하여 새로운 브랜드가 론칭됨에 따라 패션화와 고급화가 추진되고 있다.

아동복은 스타일의 다양화와 더불어 유통구조도 다양화되고 있다. 기존 브랜드가 로드샵 위주로 전개되는 것에 비해 새로 시작된 고가의 아동복 브랜드들은 백화점 중심으로 판매되고 있으며 상품 기획력을 한층 강화하고 신상품 회전율을 중요시하는 정책을 사용하고 있다. 즉 아동복 브랜드들도 유행과 트랜드를 반영하여 스타일을 전개하는 노력을 하기 시작했으며 캐주얼웨어 브랜드에서 전개하는 마케팅 방식을 일부 도입하여 사용하고 있다. 과거에는 내셔널 아동복 브랜드가 주축을 이루고 소수의 외국 브랜드가 수입되던 구조가 이루어졌었으나 최근에는 내셔널 브랜드에서 수입, 라이선스 브랜드를 병행하여 운영한다. 아동복 업체가 전개하고 있는 자체 브랜드 사업팀과 별도로 유명 브랜드의 라이선스 계약 등을 통해 명품 브랜드를 도입하여 운영하는 경향을 보인다. 소비 행태는 소비의 양극화 현상이 아동복 시장에서도 이루어지고 있음을 보여준다. 할인점 전용 아동복 브랜드가 증가하는 반면 여성복이나 캐주얼웨어 브랜드들과 디자이너 브랜드들도 아동을 위한 서브브랜드를 새롭게 시작하고 있다. 이와 같이 유아동복 브랜드의 증가는 아동복 시장의 세분화를 재촉하고 있으며, 아동복 브랜드도 경쟁이 심화됨에 따라 아동복 산업에서도 기획력과 마케팅력이 요구되는 시대로 접어들고 있다.

복습문제

1. 국내 여성복 브랜드와 남성복 브랜드의 차이를 브랜드의 수와 규모의 측면에서 설명하시오.
2. 남성용 정장과 여성용 정장은 스타일에서 어떤 차이를 보이는지 설명하시오.
3. 남성용 정장(재킷)의 실루엣을 4가지로 나누어 각각의 특징을 설명하시오.
4. 남성용 정장의 치수 규격에서 드롭치가 의미하는 것은 무엇인지 설명하시오.
5. 여성용 재킷의 스타일 중 칼라가 부착되지 않는 스타일을 세 가지 예를 들어 설명하시오.
6. 여성 스커트의 스타일을 세 가지 예를 들어 설명하시오.
7. 1980년대부터 2000년대까지 국내 캐주얼웨어 시장의 변화를 설명하시오.
8. 진캐주얼웨어, 이지캐주얼웨어, 트래디셔널 캐주얼웨어의 차이를 설명하시오.
9. 스포츠웨어에서 많이 사용되는 고기능성 신소재 세 가지의 예를 들어 특징을 설명하시오.
10. 아웃도어웨어의 특징을 설명하시오.
11. 유아복, 토들러복, 아동복의 제품 디자인상의 특징을 각각 설명하시오.
12. 유아복과 아동복 산업의 유통구조적 특징을 설명하시오.

심화학습 프로젝트

1. 남성 정장 전문 브랜드 두 곳과 여성복에서 시작하여 남성복 브랜드를 추가한 기업의 남성 정장 브랜드 두 곳의 매장을 방문하시오. 방문한 각각의 매장 특성과 각 브랜드의 상품 특성을 색상, 소재, 스타일, 사이즈의 측면에서 조사하여 비교하시오. 어떤 차이를 발견하였는지 표로 작성하여 각 브랜드의 소비자의 특성과 제품의 특성을 연계하여 설명하시오.

2. 작년도 아동복 매출 순위 20위 내에 속하는 3개 브랜드를 대상으로 대상 소비자의 연령과 생산품목, 생산주기, 신제품 개발 프로세스를 조사하시오. 또한 작년도 캐주얼웨어 매출 순위 20위 내에 속하는 3개 브랜드를 대상으로 생산품목, 생산주기, 신제품 개발 프로세스를 조사하시오. 아동복과 캐주얼웨어 브랜드들 간의 차이를 비교하여 설명하시오.

chapter 5

속옷 – 언더웨어

이 장에서는 ...

≡ 속옷의 종류를 이해한다.
≡ 남녀 속옷의 차이를 이해한다.
≡ 브래지어의 기능에 따른 선택기준을
  이해한다.

사회활동에 중요한 역할을 하는 겉옷의 기능에 비하여 속옷은 개인의 위생에 중요한 역할을 한다. 속옷은 언더웨어(underwear) 또는 내의라고 한다. 속옷은 생리적인 위생상태를 유지시키기 위해 땀과 피지와 같이 피부를 통해 방출되는 인체 분비물을 흡수해주므로 겉옷의 오염을 막아주는 역할을 한다. 최근에는 겉옷(outerwear)과 대응되는 개념으로 이너웨어(innerwear)라는 용어를 사용하는 사람도 있다. 속옷산업은 성인 여성을 위한 패션 속옷을 주로 제조하는 전통적인 여성 전용 속옷 브랜드와 10대나 20대를 대상으로 패션성이 강한 제품들을 제공하는 브랜드, 남성용 속옷을 전문으로 제조하는 브랜드, 남녀노소를 위한 기본형의 속옷을 전문적으로 생산하는 브랜드 등 제품의 특성에 따라 브랜드의 특성이 나뉜다.

최근에는 속옷이 패션의류로 변신하는 경향이 젊은 여성들을 중심으로 확산되고 있다. 이러한 속옷의 역할 변화에 따라 전통적인 속옷의 소재로 사용되던 옷감 외에도 겉감으로 사용되는 화려한 색상의 다양한 소재가 속옷의 재료로 사용되며, 과거 속옷에서만 사용되던 옷감들과 레이스 등도 겉옷의 옷감으로 활용되는 경향을 보인다. 또다른 경향은 스포츠활동을 위해 착용하는 스포츠용 속옷의 개발이다. 스포츠용 속옷은 스포츠웨어에서 흡수성과 항균성, 통기성을 제공하기 위해 사용되는 쿨맥스를 비롯한 기능성 소재를 사용하며, 인체의 곡선을 반영한 재단방법을 도입하여 착용감과 쾌적감을 중요한 제품의 가치로 제공하는 특징을 가지고 있다.

1. 남성용

　전통적으로 남성용 속옷은 흰색이 주류를 이루고 있으나 최근에는 남성용 속옷도 패션성이 반영된 제품이 생산되는 특징을 보이면서 흰색 일색의 제품이 아니라 여러 가지 색상으로 만들어지고 있다. 그러나 여성용 속옷에 비하면 여전히 위생적인 측면을 강조하는 기본적인 기능에 제품의 가치를 부여한다. 남성용 기본 속옷은 팬티와 런닝셔츠이다. 남성용 팬티의 형태는 삼각형이나 박서형(boxer shorts)이 대부분이다. 치수는 엉덩이치수(cm)로 호수를 표기한다 (85, 90, …. 105, 110). 그러나 수입 제품의 경우 허리둘레치수를 인치(inch)로 표기한 제품이 많다(28~50인치).

　런닝셔츠라고 통상적으로 불리는 언더셔츠(undershirts)의 형태는 반팔 스타일(T-shirt style)과 무소매스타일(athletic shirt style)의 두 종류이다. 치수는 가

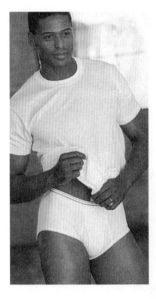

그림 5-1 남성용 속옷의 종류

습둘레치수(cm)를 호수로 표기하여 85호부터 110호까지 생산된다. 수입제품의 경우 가슴둘레를 인치(inch)로 표시된 호수를 사용하며 34호부터 54호까지 유통되고 있다. 파자마는 전통적으로 속옷을 제조하는 브랜드에서 제조하며, 가슴둘레치수를 기준으로 90호부터 110호까지 생산되고 있다. 그러나 문자 치수를 사용하여 S, M, L, XL 등으로 표기하는 경우도 많다. 이 외에 양말은 옷이나 구두의 색상을 고려하여 선택되며 발길이에 따라 치수를 표기한다(26cm, 28cm 등). 양말은 속옷 브랜드에서도 제공하지만 각종 남성 패션 용품을 만드는 브랜드에서도 공급한다.

2. 여성용

여성의 속옷은 남성용 속옷에 비해 종류도 다양하고, 제품의 스타일도 다양하다. 체형 보정을 목적으로 한 속옷인 파운데이션(foundation), 장식적인 가치를 추구하여 매끄럽고 감촉이 좋은 속옷인 란제리(lingerie), 속옷으로서의 기본적인 위생적 기능이 중요시되는 언더웨어로 나뉜다.

그림 5-2 다양한 여성용 속옷의 종류

1) 란제리

란제리는 불어에서 파생된 말로 부드러운 착용감을 중요시하므로 란제리의 제조를 위해 사용되는 옷감은 매끄러운 촉감을 중요시하여 선택된다. 란제리의 또다른 기능은 겉옷의 실루엣을 아름답게 정리해주는 것이다. 란제리는 파운데이션과 언더웨어를 착용한 위에 착용하여 겉옷의 착용감을 좋게 하며, 땀과 같은 신체 분비물로부터 겉옷이 오염되지 않도록 보호하는 기능을 가지고 있다. 따라서 란제리는 신체 보정을 위한 압박이나 신체 무게를 지지하는 기능이 요구되지 않으며 심미성을 강조한 디자인의 설계가 이루어진다. 예를 들어 신체 보정 기능이 제공되는 브래지어의 어깨끈은 가슴의 무게를 지탱하기 위한 기능이 중요시되므로 넓은 너비나 쿠션의 기능을 부여하는 경향이 있으나, 란제리의 어깨끈은 최소한의 지지 기능만이 요구되므로 가늘은 끈모양(스파게티 루프)을 주로 사용한다.

란제리의 종류로는 슬립(slip), 캐미솔(camisole) 등이 있다. 잠옷은 속옷을 제조하는 브랜드에서 주로 제조하며, 원피스형도 있고 투피스형, 파자마형 등 다양한 형태로 제조된다.

그림 5-3 란제리의 예

2) 언더웨어

언더웨어는 팬티와 같이 피부에 직접 접촉되도록 가장 안에 착용하므로 위생을 강조하는 속옷이다.

팬티는 여성의 속옷 중 위생성이 가장 중요한 가치로 요구되는 품목이다. 따라서 소재도 면 소재가 여전히 많은 비중을 차지하고 있으며, 매끄러운 착용감을 갖추기 위하여 나일론과 같은 합성소재를 사용한 제품도 많으나 이러한 소재를 사용하더라도 안의 밑부분은 위생을 위하여 대부분 면을 사용한다. 또한 패션성과 착용감을 동시에 높이기 위해 신축성이 우수한 레이스가 다양하게 개발되어 사용된다. 여성용 팬티는 주로 옆기장에 따라 분류하며 가장 기본적인 스타일은 옆기장이 7~12cm 내외인 스타일이다. 뒷판이 끈으로만 연결되어 뒤에 팬티자국이 드러나지 않는 스타일의 쏭(thong) 팬티나 옆기장이 5cm 내외로 활동성이 강한 스타일은 젊은층이 선호하는 스타일이다. 엉덩이를 전체적으로 편안하게 감싸주는 스타일은 부인용이며, 젊은이들은 로우웨이스트 바지나 스커트 안에 착용하기 위해 허리선을 아래로 많이 내린 스타일을 선호하는 경향도 보인다.

3) 파운데이션

파운데이션은 '토대, 기초'란 의미로 체형을 보정하는 기능을 강조하는 속옷이며, 파운데이션 가먼트(foundation garment)의 약칭이다. 체형의 보정 기능이 중요시 되므로 체형보정의 강도와 겉옷의 스타일에 따라 선택된다.

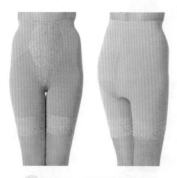

그림 5-4 거들을 착용한 모습

(1) 거 들

하반신의 체형을 보정해주는 용도로 착용하는 거들은 허리의 군살이 겉으로 드러나보이지 않도록하고 배를 납작하게 압박해주어 복부의 실루엣을 평평하게 하는 기능을 가지고 있으며, 대부분 엉덩이를 올려주는 기능도 가지고 있다.

거들은 보정 기능의 정도에 따라 하드타입과 소프트타

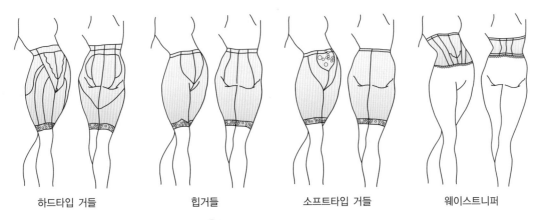

| 하드타입 거들 | 힙거들 | 소프트타입 거들 | 웨이스트니퍼 |

그림 5-5 다양한 거들의 종류

입으로 나뉜다. 보정기능이 가장 약한 소프트타입 거들은 착용감이 편한 것을 원하는 사람이나 처음 거들을 착용하는 사람에게 적합한 제품이다. 신체 보정 기능을 크게 중요시하지 않는 용도의 제품이므로 가볍고 부드러운 소재를 사용하여 신체의 압박 강도를 약하게 유지하는 구성방법을 사용하는 것이 특징이다. 미디엄 타입 거들은 일반적으로 약간의 체형 보정이 필요할 때 착용한다. 부분적으로 신체의 형태를 보정하는 것이 특징이다. 예를 들어 엉덩이가 쳐지지 않게 보이도록 둔부를 올려주는 기능을 가진 힙거들은 신축성이 다른 소재를 둔부 부분에 사용하여 부분적인 체형보정 기능을 제공한다. 하반신의 형태를 보정해주는 기능이 가장 강한 하드타입은 강력한 체형보정을 원하는 사람들이 사용한다. 산후용 거들에는 하드타입 거들이 많다.

거들을 선택할 때는 오랜 시간 착용할 때 거들이 신체에 가하는 압박이 건강에 미치는 문제점을 잘 파악해야 한다. 예를 들어 지나치게 신체를 압박하는지, 살이 밀리거나 접혀서 혈액의 흐름을 막는지를 면밀하게 검토해야 한다. 이 외에도 배와 허리선을 정리해주는 웨이스트니퍼와 브래지어와 거들의 기능을 하나에 포함시킨 원피스형의 올인원도 있다.

(2) 브래지어

여성의 가슴을 보호하고 가슴선을 아름답게 표현해주는 기능을 가진 브래지어는 성장기의 소녀들로부터 노년기 여성까지 착용하는 파운데이션으로 여성을 위한 필수적인 속옷이다. 거들이 체형을 보정하기 위해 착용하는 것에 비하여 브래지어는 여성의 건강을 위해 필수적으로 착용이 권장되는 속옷이며, 부가적으로 체형의 보정기능도 제공된다. 청소년들의 신체성장이 과거보다 빠르게 이루어짐에 따라 브래지어 착용 연령도 초등학교 5~6학년으로 낮아지고 있다. 노인인구가 증가함에 따라 사춘기 때부터 브래지어를 착용해오던 착용 습관이 연속됨에 따라 과거에 비해 60세 이상의 연령에서도 브래지어의 착용인구가 늘어나고 있다. 따라서 청소년용이나 노인용과 같이 연령별로 차별화된 기능과 치수의 제품 개발이 요구되고 있다.

우리나라 여성보다 오랜 기간 동안 브래지어를 착용한 서구문화에서는 브래지어가 착용을 통해 가슴의 볼륨을 살려주거나 체형의 단점을 보완해 주는 신비한 속옷의 개념보다는 착용감을 가장 중요한 선택의 기준으로 사용한다. 자신의 몸을 편안하게 보호해주고 겉옷에 맞는 스타일의 착용을 중요하게 생각한다. 즉, 겉옷의 스타일과 어울리는 속옷을 찾아 브래지어의 스타일을 선택한다.

우리나라 브래지어의 신제품은 새로운 기능이 소개되는 시점이 큰 변화를 일으키는 전환점으로 인식되나 미국이나 유럽의 신제품 브래지어 스타일 개발은 시즌별로 이루어진다. 이러한 두 문화권의 차이는 위에 설명한 바와 같이 브래지어라는 의류 품목에 기대하는 소비자와 제품 설계자의 가치가 의생활 문화에 따라 다르기 때문이다. 일본 여성들도 속옷을 많이 구매하는 편이다. 일본 시부야와 신주쿠 번화가에는 많은 여성 속옷 매장이 있으며 품목도 다양하다. 우리나라 여성들은 브래지어의 신체보정 기능성을 중요시하지만 일본 여성들은 패션성을 중요하게 평가하는 경향을 보인다.

① 형태

브래지어는 매우 작은 의류 품목이지만 하나의 제품을 구성하는 요소는 상당히 많다(그림 5-6). 브래지어를 구성하는 기본적인 요소는 유방을 커버하는 컵과 좌우의 컵을 연결하는 부위, 착용 위치를 안정시켜 주는 양쪽 날개, 컵과 날개를 어깨부위에서 연결시켜 가슴 컵의 상하 위치를 결정하고 운동시에도 브래지어 착용 위치가 안정되게 유지되도록 해주는 어깨끈으로 구성된다. 날개부분의 살을 파고들거나 말리지 않도록 하기 위해 날개부분의 겨드랑이에 해당되는 위치에 와이어를 넣은 제품도 많다.

브래지어는 밑가슴둘레를 기준으로 5cm의 편차로 제공되므로 밑가슴둘레의 치수의 보완을 위해 날개의 끝에는 사이즈의 조절이 가능하도록 여러 쌍의 후

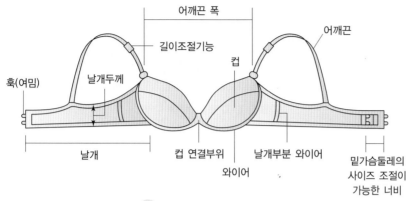

어깨끈 폭

길이조절기능

어깨끈

훅(여밈)

날개두께

컵

날개

컵 연결부위

날개부분 와이어

와이어

밑가슴둘레의
사이즈 조절이
가능한 너비

그림 5-6 브레지어의 구조

크앤아이를 사용한다. 또한 키에 따라 어깨부터 유방까지의 길이가 다르므로 다양한 체격의 여성이 사용할 수 있도록 어깨 끈의 길이를 조절할 수 있도록 제작이 된다. 큰 가슴의 여성을 위한 큰 컵의 제품은 어깨 끈에 쿠션이 있거나 끈의 너비가 넓은 제품을 사용하여 어깨 상단에 가해지는 압박을 해소시키는 디자인을 제공한다.

브래지어는 컵 부분의 스타일에 따라 다양하다. 브래지어 컵의 종류는 유방을 노출시키는 정도와 컵을 형성시키는 방법, 형태를 보완해 주는 기능, 앞가슴의 파임의 깊이에 따라 다양하다. 브래지어의 종류를 컵의 기능성에 따라 분류하면 가슴선을 위로 올려서 가슴이 처지지 않게 보이도록 하는 푸쉬업 스타일(push-up style), 가슴을 크게 보이게 해주는 볼륨업 스타일(volume-up style), 반대로 너무 큰 가슴은 작게 보이게 해주는 미니마이즈 스타일(minimizer style) 등이 있다. 가슴이 작아 보이게 해주는 스타일은 임신과 출산 후 가슴이 부풀은 여성이나 중년 이후의 여성에게 필요한 스타일이다.

컵의 유방부위의 커버 면적에 따른 분류는 유방 전체를 전부 감싸주는 스타일로 가슴의 볼륨이 있는 사람과 체형이 흐트러진 사람도 안심하고 착용할 수 있는 풀컵(full cup), 유방을 일부분만 감싸주는 스타일이 있다. 1/2컵 스타일은 컵의 형태상 어깨끈의 위치가 어깨 끝쪽으로 이동하여 어깨가 노출되는 옷을 착용할 때 적합한 스타일이다. 바스트의 볼륨이 작은 사람에게도 적당한 스타일이다. 3/4컵 스타일도 목과 가슴 부위가 노출되는 상의와 함께 착용하는 스타일이다. 이 외에도 컵의 제작 방법에 따라서 겉옷 착용 시 브래지어의 봉

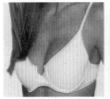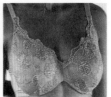

그림 5-7 컵 연결 부위의 다양성

제선이 겉으로 드러나지 않도록 만든 봉제선 없는 컵 형태의 스타일(몰드형), 가슴의 모양이 일정하게 유지되고 착용에 안정감을 주기 위한 언더와이어 스타일 등이 있다.

20대 여성을 대상으로 판매되는 브래지어는 패션성을 강조하는 스타일의 제품이 주로 제공되지만 수유하는 여성을 위해 간편하게 컵 부위만을 열어 수유가 가능하게 하는 수유부용 마터니티(maternity) 브래지어, 윗배의 군살도 동시에 눌러주어 가슴부터 허리까지 균형을 잡아주는 날개의 너비가 넓은 롱(long) 브래지어도 있다. 좌우의 컵과 컵을 연결해주는 하변 밴드는 연결방법에 따라 착용감에 영향을 미친다(그림 5-7). 컵과 컵을 연결해주는 부위는 작은 면적이나 길이로 연결할수록 좌우의 가슴이 각각 움직일 수 있도록 디자인되어 편안한 착용감을 제공한다. 유방을 안정시켜주어 운동할 때도 브래지어가 위로 올라가지 않는 스포츠(sports)브래지어의 스타일중에는 신축성이 있는 밴드가 컵의 하단에 부착되어 있어 몸을 움직여도 바스트의 움직임에 따라 컵만 따라 움직이고 밴드는 안정적으로 움직이지 않으므로 언더 바스트가 안정되는 스타일도 있다.

이 외에도 브래지어를 구성하는 요소 중 착용의 안정성에 크게 기여하는 밴드와 어깨끈도 다양하게 제품 설계에 반영되는 요소이다. 어깨끈의 위치는 컵의 형태에 따라 달라지는 경향이

그림 5-8 브래지어 어깨끈의 위치(racer-back style)

있다. 가슴 전체를 안정적으로 감싸는 풀컵(full cup) 스타일은 안정성의 유지가 중요하게 요구되는 기능이므로 어깨끈을 어깨의 중앙에 오게 하여 안정감 있는 착용감을 제공한다. 반면 가슴 상부를 노출시키는 스타일의 겉옷을 착용할 때에는 목과 어깨의 노출이 많이 되므로 브래지어의 컵이 유방의 상단을 노출시키며 어깨끈을 어깨 끝쪽에 위치시킨 1/2컵이나 3/4컵 스타일이 적합하다. 어깨를 전체적으로 노출시키는 옷이나 소매를 달지 않아 어깨를 많이 노출시킨 옷과 함께 착용할 브래지어는 어깨끈을 달지 않은 스타일(strapless bra)이 적합하다. 어깨 부분을 많이 노출시킨 민소매 상의나 원피스에 착용하기에 적합한 브래지어는 뒤 어깨끈을 중앙으로 모은 스타일(racer-back style)이다(그림 5-8). 브래지어의 어깨끈이 흘러내리지 않게 안정성을 부여한 스타일이므로 스포츠 브래지어에서도 많이 이용되는 어깨끈스타일이다.

② 치수

브래지어의 치수는 밑가슴둘레와 컵 치수로 표기된다. 컵 치수는 가슴둘레와 밑가슴둘레 치수의 차이로 결정되며, 알파벳 A, B, C …로 치수를 표기한다. 예를 들어 80A는 밑가슴둘레가 80cm이고 가슴둘레와 밑가슴둘레의 차이가 10cm인 제품의 치수 표기이다. 즉, 80A는 가슴둘레가 약 90cm 내외이고 밑가슴둘레가 80cm 정도인 여성에게 적합한 치수이다. 우리나라에서 시판되고 있는 브래지어는 밑가슴둘레 치수는 대부분 70호에서부터 시작된다. 그러나 브래지어 착용 연령이 낮아지면서 주니어용 브래지어는 60호와 65호도 추가되고 있다. 컵 치수는 주로 A컵 치수(10cm)가 가장 많이 생산되고 유통되고 있으나 B(12.5cm)컵 치수와 C(15cm)컵 치수에 대한 수요도 증가하고 있다. 일본의 브래지어 치수는 큰 가슴을 가진 여성을 위한 치수도 다수 포함하고 있으며, 7.5cm의 AA컵부터 30cm의 I컵까지 매우 다양한 제품 치수가 제공되고 있다.

③ 소재

브래지어는 기본 속옷으로 위생적인 기능을 중요시하여 설계한 제품도 있고, 패션성이 강하여 패션용품으로 제조되는 제품도 있다. 브래지어에 사용되는 소재도 이러한 설계자의 제품 가치 제공 의도에 따라 달라진다. 패션성을 강조한 스타일은 다양한 색상과 촉감의 레이스나 새틴을 많이 사용하며 신축성 레이스를 사용한 경우도 많다. 최근에는 텐셀 나일론과 신축성이 좋은 스판덱스

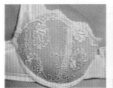

그림 5-9 브래지어 컵에 사용되는 레이스 소재의 다양성

레이스 소재가 밴드 부분뿐 아니라 컵의 소재로도 사용되고 있다.

브래지어 생산에는 15~20여 가지 재료가 사용된다. 여름철에 땀을 많이 흘리므로 쾌적한 상태를 유지시켜 주는 소재가 주로 이용된다. 예를 들어 '에어 쿨 메시'는 운동화 밑창을 만드는 데 쓰이는 재료로 개발되었으나 여름철용 브래지어에도 활용되고 있다. 또한 컵의 하단에 사용되는 언더와이어의 재료는 '형상기억합금'으로 우주선이나 휴대전화 안테나에 쓰기 위해 개발된 재료이나 세탁 후에 형태가 조금 변형되더라도 체온에서 형태가 착용자에게 적합하게 회복되므로 착용자의 체온에 따라 형태가 맞추어지는 점을 이용하여 개인의 체형대로 와이어의 각도가 조정된다는 장점이 있어 브래지어 컵의 하단에 사용한다. 가슴의 사이즈를 크게 보이게 하는 목적으로 컵의 내부에 사용되는 재료로는 초기에는 스펀지와 같은 폼을 많이 사용하였으나 체온으로 몸이 화학적인 변화를 일으켜 위생적인 문제점이 있었다. 최근에는 공기를 이용해 무게감을 최소화하고 사용자가 자신의 사이즈에 맞추어 공기의 양을 조절할 수 있는 에어패드까지 등장했다. 브래지어는 다양한 재료가 사용되는 특징 외에도 다양한 봉제 공정을 필요로 한다. 상하 컵 연결, 밑받침 좌우 연결, 언더 바스트 테이프 봉재 등 30회 이상의 까다로운 봉재과정을 거친다. 언더와이어 브래지어의 제조에서 가장 중요한 것은 와이어의 모양을 잡아주는 공정으로 이 작업이 정확하게 수행되지 않으면 컵의 좌우의 각도가 다른 불량품이 된다.

1 복습문제

1 속옷과 겉옷의 경계가 낮아지고 있는 현상에 따른 속옷 디자인의 변화에 대하여 설명하시오.

2 남성용 속옷의 특징과 치수 표기 방식에 대하여 설명하시오.

3 여성용 속옷의 특징과 종류에 대하여 설명하시오.

4 파운데이션과 란제리의 특성을 디자인과 소재 사용 측면에서 설명하시오.

5 체형 보정 기능을 기준으로 거들의 종류를 분류하고 각각의 특징을 설명하시오.

6 브래지어의 종류를 컵의 기능에 따라 분류하고, 특징을 설명하시오.

7 브래지어의 종류를 컵의 커버 비율에 따라 분류하고, 착용하는 겉옷과의 관계를 설명하시오.

8 브래지어의 컵과 날개 부위를 이어주는 어깨끈의 특징을 착용상의 기능과 컵 사이즈와의 관점에서 설명하시오.

9 어깨의 노출이 많은 민소매 상의나 원피스의 안에 착용하는 어깨끈을 중앙으로 모은 스타일의 브래지어를 무엇이라고 합니까?

10 브래지어의 치수 '80B'는 신체치수가 어떤 여성에게 적합한 치수인지 설명하시오.

11 브래지어 컵 하단에 사용되는 언더와이어의 재료에 대하여 설명하시오.

12 '몰드 브라'의 특징과 장점에 대하여 설명하시오.

2 심화학습 프로젝트

1 백화점의 속옷 매장을 방문하여 브랜드에 따라 브래지어의 종류나 스타일, 주요 타겟 소비자, 제품의 특징이나 가격의 차이가 있는지 조사하시오. 백화점 판매원이 브래지어의 어떤 기능을 주로 강조하여 설명하는지 분석하시오. 또한 대상 소비자의 연령이 제품의 스타일이나 치수분포에 영향을 미치는지 조사 분석하시오.

2 대표적인 남성용 속옷 브랜드와 여성용 속옷 브랜드를 2개씩 선택하여 기업의 특성(매출, 생산규모, 론칭년도)과 제품의 특성(스타일, 소재, 색상)을 분석하시오.

제3부 의류 제조에 대한 이해

Apparel products for business of fashion

의류의 제조에 대한 이해

3부에서는 패션 디자인, 머천다이징, 생산관리, 구매를 위해 알아야 할 의류소재의 특성과 의류제조 과정에 대하여 설명하고자 한다. 적절한 옷감의 선택여부에 따라 의류제품은 심미적인 가치가 높아질 수도 있고 기능적인 가치가 높아질 수도 있다. 따라서 옷감의 조직이나 밀도, 무게, 유연성, 강도, 탄력성 등 옷감의 물리적 특징이 옷의 형태나 쾌적감에 미치는 영향에 대한 지식이 필요하다.

옷의 품질을 평가하기 위해서는 옷을 구성하는 재료인 원단, 안감 및 다양한 부자재에 대한 가치평가가 선행되어야 한다. 옷감을 선택하여 의류상품으로 만드는 디자이너나 패턴설계자 또는 완성된 제품을 선택하는 머천다이저나 바이어, 소비자들은 옷감이 옷의 용도와 품목에 적합한지 평가한다. 적합한 옷감의 선택을 위해서는 의류 착용 대상자의 연령이나 성을 포함한 특성과 다양한 요소에 대한 고려가 필요하다. 즉, 겉감으로 적합한지, 안감으로 적합한지, 코트용인지 바지용인지, 블라우스용인지도 알아야 한다. 또한 아동복 제작용으로 적합한지 노인을 위한 의류용으로 적합한 옷감인지, 남성용 의류에 어울리는 옷감인지, 여성용으로 적합한지도 평가해야 한다. 이러한 용도에 대한 평가를 위해서는 해당 제품이 필요로 하는 옷감의 성질이 부드러운 것이 가치가 있는 것인지 시원한 느낌이 가치가 있는 것인지 등 제품의 최종적인 용도와 관련하여 어떤 가치를 구매자나 착용자에게 제공할 것인지를 생각하여 선택해야 한다.

6장에서는 한 벌의 제품이 완성되는 데 필요한 겉감, 안감과 지퍼, 실, 단추 등 다양한

부자재에 대하여 특징과 선택 시 주의할 점 등에 대하여 설명하였다.

의류상품의 가치는 재료뿐만 아니라 옷을 만드는 제조공정의 기술에 따라 달라진다. 의류제품의 제조는 대부분 노동임금이 저렴한 국가에서 이루어지므로 최근에는 해외생산이 증가하고 있다. 그러나 소비자가 만족할 수 있는 제품의 제조를 의뢰하거나 구매하는 능력을 갖추기 위해서는 제조에 대한 지식이 필요하다. 7장에서는 의류상품의 이해를 돕도록 생산준비공정과 생산공정의 여러 가지 특징을 설명하였다.

chapter 6
의류 재료

1. 옷감

옷감(겉감, shell fabric, fashion fabric)은 의류제품의 스타일의 표현에도 중요한 역할을 하며, 가격 결정에도 큰 영향을 미치는 요소이다. 옷감의 선택을 위해서는 스타일의 표현에 적합한지 평가하는 것이 중요한 요소이지만 제품을 생산하는 과정 중 발생할 문제는 없는지, 소비자가 사용하는 과정에서 문제점이 발생할 가능성은 없는지 주의깊게 평가해야 한다.

옷감의 선택에 영향을 미치는 요소는 완제품의 디자인, 용도, 패션 경향, 대상 고객군의 제품 선호성향, 원가 제한선 등이다. 또한 한 벌의 옷을 완성하는 데에는 옷감뿐만 아니라 다양한 부자재가 함께 사용되므로 옷감과 부자재의 관계, 옷감과 제작기술과의 적절성 등을 고려하여 선택하여야 한다. 옷감의 단가는 완제품의 가격에 큰 영향을 미치므로 가능한 한 저렴한 단가의 옷감을 구매하려고 하는 경향이 있으나 안전한 품질관리를 위해서는 옷감에 대한 합리적인 품질평가기준을 설정하고 이 기준을 철저하게 적용해야 한다.

최종적인 옷감 구매 결정을 위해서는 이화학 테스트를 실시하여 회사가 설정한 품질기준에 합당한지 판단해야 한다. 예를 들어 흐르는 듯한 스타일을 표현하기 위해서는 밀도가 조밀한 옷감보다는 성글고 유연한 직물의 선택이 필요하다. 그러나 험한 작업을 할 때 착용하는 작업복 제작용 옷감은 작업의 특성을 반영하여 질기고 튼튼한 직물이나 정전기 발생이 없는 직물을 선택해야 한다. 또한 생산과정에서의 불량발생 가능성을 낮추기 위해서는 재단, 봉제, 가공 작업에서 문제점이 발생하지 않을 소재의 선택에 대한 주의가 필요하다. 즉, 소재의 올풀림이 심하지 않은지, 너무 심하게 미끌거리지 않는지에 대한 주의도 필요하다. 이러한 다각적인 주의를 기울이지 않고 옷감을 선택하였을 경우 작업시간이 증가하거나 까다로운 직물을 잘 다룰 수 있는 숙련된 작업자를 필요로 하므로 생산효율이 낮아질 위험이 있다.

의류업체의 구매부서는 제품 완성에 필요한 원단과 부자재를 생산기획팀의 협조로 주문한다. 구매하는 소재의 적합성을 파악한 후에는 소재의 불량에 대한 검사를 실시하여 완제품의 품질에 크게 결정적인 영향을 미치는 불량을 조사한다. 예를 들면, 방적사가 고르지 못하거나 매듭이 있는 문제점, 생산 및 가공 때 발생한 오염, 이물질, 구멍 등이다. 원단 상태에서 위에 제시한 결정적인

옷감 선택 시 주의할 체크리스트

- 옷감에 흠이 있는가? 있다면 무시할 수 있을 정도로 미미한가?
- 외관은 제작할 옷의 스타일이나 용도에 적합한가?
- 부분적으로 옷감의 색상이 다른 문제는 없는가?
- 질감과 드레이프성을 포함한 태는 제작할 옷의 스타일에 적합한가?
- 늘어나거나 수축하는 문제점이 없이 형태안정성이 있는가?
- 흡수성, 보온성, 통풍성, 땀을 잘 배출하는 특성 등 쾌적성이 우수한가?
- 정전기가 심하게 일어나는 문제점은 없는가?
- 쉽게 표면이 긁혀서 올이 튀지 않는가?
- 마찰 시 보푸라기가 쉽게 생기지는 않는가?
- 옷감의 폭이 일정하며 위사의 뒤틀림이 없는가?
- 프린트나 염색 상태는 안정적인가?
- 다림질이나 프레싱에도 치수나 색상이 안정적으로 유지되는가?
- 연단, 재단, 바느질에 문제점을 발생시키는 미끄러운 성질이 있는가?
- 올이 쉽게 풀어져 재단과 바느질에 문제점을 발생시키는가?
- 바느질선 퍼커링이 쉽게 발생하지 않는가?
- 심이 겉감에 잘 부착되는가? 접착 수지가 겉으로 나타나는 문제는 없는가?
- 심이 부착된 후 겉감의 태와 색상이 손상되는 문제는 없는가?

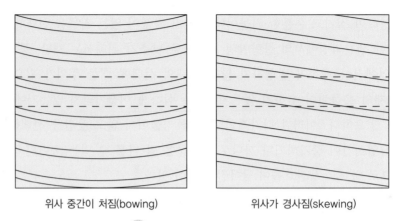

위사 중간이 처짐(bowing)　　　　　　　위사가 경사짐(skewing)

그림 6-1 위사 올방향의 불량

불량이 발견되면 그 위치를 표시해서 이 부위를 피하여 재단하여 소재의 불량이 완제품의 불량으로 이어지지 않도록 예방해야 한다. 옷감의 불량은 전문가가 눈으로 식별하는 방법이 일반적으로 사용되어 왔으나 전자감식장치를 사용하여 자동으로 검사하는 방법도 널리 사용되고 있다.

이 외에도 옷의 실루엣에 영향을 미치는 옷감의 불량은 올방향의 불량이다. 완성된 옷이 한쪽으로 기울거나 처지지 않도록 하기 위해서는 직물의 위사 방향이 경사와 직각(on grain)을 이루어야 하나 직각을 이루지 못하는 현상(off grain)이 있다. 예를 들어 위사가 수평을 이루지 못하고 중간부분이 처지는 현상(bowing)이나 위사가 한쪽으로 경사지게 기울어지는 현상(skewing)이다. 또한 전체적으로 색상이 고르게 염색되지 못하여 발생하는 이색현상(shading)도 완제품의 품질에 심각한 영향을 미친다.

의류의 소재가 해당 스타일이나 용도에 적합한지를 객관적으로 평가하기 위해서는 무게, 촉감, 신축성, 보온성, 흡수성이나 몸에서 발생하는 땀이나 습기를 외부로 내보내는 성질들을 파악해야 한다. 이와 같은 성질들은 해당 제품을 소비자가 착용했을 때의 느낌인 착용감에도 영향을 미치는 요소이므로 해당 직물로 제작할 옷의 최종 용도와 환경을 고려해서 옷감을 선택해야 한다.

이 외에도 직물의 선택에서 품질을 고려해야 하는 중요한 이유는 소비자가 옷을 구매하여 착용한 이후에 발생할 문제점 즉, 관리할 때 발생하게 되는 문제점을 방지하기 위해서이다. 예를 들어 물세탁이 가능한지, 가능하다면 어떤 조건에서 세탁해야 하는지, 세탁 후 색상이 변하거나 형태가 변하는 문제점은 없는지를 살펴야 한다. 옷감의 강도가 약해서 쉽게 찢어지거나 착용하는 도중에 바느질한 부분이 미어지는 현상, 날카로운 것에 직물의 표면이 긁혀서 실이 빠져 나오는 현상이나, 바지 안쪽 허벅지 부위를 포함하여 옷감끼리 스치는 부분이나 여성들의 핸드백과 스치는 부분이 반복되는 마찰로 옷감 표면에 보푸라기가 생기지 않는지 미리 주의를 기울여야 한다. 옷이 반복해서 스치는 과정에서 옷감 표면에 보푸라기가 생기는 현상은 옷감이 닳으면서 생긴 실보푸라기들이 떨어져 나가지 않고 소재표면에 섬유가 뭉친 방울모양(pill)으로 붙어있는 것이다. 이 외에도 햇빛이나 땀, 곰팡이, 좀벌레의 영향을 쉽게 받는지도 살펴보아야 한다. 예를 들어 대부분의 화재사고는 야간에 잠이 든 시점에 발생할 확률이 높으므로 침구나 잠옷의 소재는 옷감이 불에 탈 때 얼마나 빨리 인화하는지, 탈 때 발생하는 유독가스가 인체에 미치는 해의 수준을 파악하는 기준도 가지고 있어야 한다.

위에 열거한 소재의 품질에 관련한 여러 가지 문제점이 발생할 가능성을 낮추기 위해서는 제품의 스타일이나 특징의 표현에 적합한 소재를 선택하는 것에만 신경을 쓸 것이 아니라, 제품의 품질불량이 발생할 가능성을 낮출 수 있도록 명확하게 명시된 품질기준이 필요하다.

각 기업의 생산관리 부서는 구체적인 품질관리기준을 가지고 있어야 하며 기업의 다른 부서들도 해당 회사의 제품에 대한 전반적인 품질기준을 인지하고 있어야 한다. 예를 들면 생산관리의 명확성을 지키기 위하여 사용하는 각 스타일 제품의 스펙(specification)의 내용에는 소재의 성분뿐만 아니라 질량, 밀도 등 물리적인 성질과 땀이나 햇빛, 다양한 외부환경에 대한 소재의 이화학적인 물성 등 품질에 대한 구체적인 기준이 포함된다.

1) 물리적인 특징

소재를 선택하는 단계에서 각종 이화학 검사결과 자료로도 소재의 물성을 파악할 수 있지만, 현장에서 쉽게 소재의 느낌을 파악하는 방법으로는 전문가가 손으로 만지거나 쥐어보는 방법이 있다. 경력이 풍부한 소재구매 분야의 전문 바이어나 디자이너들은 이런 간단한 방법을 사용하여 해당 소재로 완제품을 만들었을 때 옷의 느낌이 어떠할지, 옷의 태는 적절한지 등을 파악한다. 이 방

표 6-1 직물의 느낌을 나타내는 성질을 표현하는 형용사

직물의 성질	높은 상태	낮은 상태
유연성(drape)	유연한(pliable), 흐르는 듯한(fluid)	뻣뻣한(firm, stiff) 파삭거리는(crisp)
쥠(compressibility)	부드러운(soft)	딱딱한(hard)
신축성(extensibility)	신축적인(stretchy)	신축성이 없는 (non-stretchy)
회복성(resilience)	탄력성이 좋은(springy, alive)	흐느적거리는(limp)
밀도(density)	촘촘한(compact)	성긴(loose, open)
재질감(texture)	거칠은(rough, coarse) 매끄럽지 않은(harsh)	매끄러운(smooth) 미끌거리는(slippery)
온도(thermal)	시원한(cool)	따뜻한(warm)

법은 경험을 통해 개인적으로 축적한 노하우를 사용하는 방법이다.

소재의 물리적인 특징을 소비자가 느끼는 감성적인 용어로 표현하면 '부드럽다, 가볍다, 무겁다, 신축성이 있다, 유연하다, 구긴 후에 원상태로 회복이 잘 된다, 성글다, 거칠다, 뻣뻣하다' 등이 있다. 표 6-1은 직물의 성질을 표현할 때 사용하는 형용사들이다.

새옷을 만든 상태로 옷의 형태를 그대로 유지하는 것은 제품의 품질 측면에서 중요한 요소이다. 오랜기간 착용해도 옷의 형태가 변형되지 않도록 하기 위해서는 옷을 만드는 기술과 여러 가지 재료가 영향을 미친다. 그 중 형태를 유지시키는 데 중요한 원단의 특성으로는 형태안정성, 수축성 등이 있다. 옷을 입은 후 반복해서 당겨지는 무릎이나 팔꿈치 부분이 늘어지는 현상은 직물의 형태안정성이 부족함을 보여주는 예이다. 형태안정성은 외부에서 가해진 물리적인 힘으로 일시적으로 변화했던 옷의 모양이 그 힘이 제거되었을 때 원래의 모양으로 되돌아오는 성질이다.

세탁 후 직물이 수축하여 원래의 제품치수나 실루엣의 변화를 초래하는 원인으로 두 가지 종류의 수축이 있다. 첫째, 직물을 만드는 과정에서 처리된 가공의 영향으로 본래의 길이보다 늘어진 섬유가 세탁 등을 거쳐 원래의 길이로 회복되는 수축과 둘째, 열, 습기, 직물을 흔들어주는 물리적인 힘의 영향으로 섬

유들이 서로 엉켜서 섬유의 특성이 변형되어 수축되는 경우이다. 모직물이나 모직 편물 제품이 물세탁한 후 줄어드는 경우는 후자에 속한다.

2) 무게와 밀도

옷감의 밀도와 무게는 유연성에 영향을 주는 요소이다. 따라서 옷감의 구매 시 소재의 성분함량과 함께 밀도와 무게를 검토해야 한다. 직물의 밀도(count)는 단위 면적당 경사의 올수와 위사의 올수가 몇 가닥씩 배치되어 있는지에 따라 표시하며 편물의 밀도(gauge)는 단위 길이당 몇 개의 실가닥이 사용되었는지 또는 몇개의 고리가 만들어져 있는지에 따라 표현된다. 예를 들어 단위면적의 경사방향으로 15가닥의 경사가 사용되고, 위사 방향으로 20개의 위사가 사용되었다면 이 직물의 밀도는 15×20으로 표현한다. 적절한 직물의 무게는 어떤 품목을 만드는 데 사용할 옷감인가에 따라 다르다. 일반적으로 코트 제작용 옷감이 가장 무거우며, 그 다음으로는 바지와 같은 하의류이고, 가장 가벼운 옷감은 드레스나 블라우스용 옷감이다. 예를 들어 드레스용 옷감은 1평방 야드의 무게가 2~5온스 정도이고, 코트나 하의용 옷감은 7~15온스 정도이다.

153

3) 조 직

옷감의 특징을 결정짓는 중요한 요소 중 하나는 옷감을 만드는 데 사용된 실이나 섬유가 어떤 식으로 조직되었는가이다. 옷감의 조직은 경사와 위사가 서로 일정한 규칙을 가지고 짜여서 만들어진 우븐(woven)직물과 실가닥이 고리를 연이어 만들어 가는 방법으로 만들어지는 편직물(knit)이 있다.

우븐직물의 조직은 3가지의 기본 조직으로 삼원 조직이 있다. 경사와 위사가 한 올씩 교차하는 평직(plain weave)과 위사 한 가닥이 여러 가닥의 경사를 교차하는 능직(twill weave) 그리고 수자직(satin weave)이 있다. 동일한 실로 동일한 밀도로 직조할 경우 평직 직물은 능직이나 수자직에 비해 형태안정성이 높으며 능직이나 수자직 조직의 직물은 유연한 특징이 있다.

니트는 옷감을 만든 고리들이 어떤 방향으로 만들어지는가에 따라 다르다. 가로방향으로 고리가 만들어지는 경우에는 횡편 니트(weft knit 또는 filling

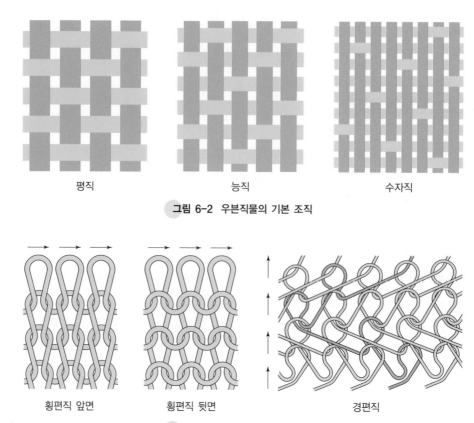

평직	능직	수자직

그림 6-2 우븐직물의 기본 조직

횡편직 앞면	횡편직 뒷면	경편직

그림 6-3 편직니트의 기본 조직

knit)라 하고 세로 방향으로 고리가 만들어지는 경우에는 경편 니트(warp knit)라고 한다. 튜브모양으로 만들어지는 니트는 환편 니트(circular knit)라고 한다.

우븐직물이나 편직 니트는 섬유를 실(yarn) 상태로 제사한 뒤에 옷감을 만드는 방식이다. 실을 만들기 전 상태인 섬유의 상태에서 바로 직물로 만들어지는 것이 부직포이다. 두 가지 옷감을 붙여서 하나의 옷감으로 만드는 방법(bonded fabric)과 옷감 위에 다른 재료로 피막을 입히는 방법(laminated fabric)과 필름과 같은 상태로 만드는 옷감도 있다.

4) 색 상

소비자가 의류의 특징이나 느낌을 파악할 때 많은 영향을 받는 요소 중 하나는 색상이다. 겉감의 색상, 안감의 색상, 지퍼, 단추, 봉제사 등 여러 가지 부품의 색상은 의류의 색상에 대한 소비자의 인식에 영향을 미친다. 따라서 의류의 설계에 있어 재료의 색상 선택은 매우 중요한 요소이다.

생산하는 동일 스타일 제품들의 색상이 일정하게 유지되도록 하기 위해서는 사용하는 직물들이 동일한 색상이어야 한다. 정해진 수량의 제품을 만드는 데 필요한 소재의 전체 물량이 완벽하게 동일한 조건에서 염색되지는 못하므로 사용하는 원단의 두루마리(roll)에 따라 색상이 약간 다를 가능성이 있다. 따라서 상의와 하의가 세트인 스타일은 상의와 하의를 동일한 원단의 롤에서 재단하는 것이 안전하다. 사용하는 소재의 색상이 옷의 부위나 상의와 하의의 색과 다른 현상을 파악하기 위해서는 생산에 사용할 옷감의 색상 차이를 면밀하게 검사해야 한다. 예를 들어 한 롤의 색상이 균일한지 평가하기 위해서는 롤의 시작과 끝부분 양쪽 끝 귀퉁이에서 잘라낸 4개의 조각을 서로 접하게 붙인 후 일정한 광원의 조건에서 각각의 조각들이 동일한 색상인지를 검사하는 방법을 사용한다. 동일한 스타일의 제품이 색상의 일관성(color consistency)이 있도록 하기 위해서는 위와 같은 실험은 매우 유용하다.

옷감의 색상에는 염색의 조건만이 영향을 미치는 것은 아니다. 직물 조직상의 특징도 옷감의 색상에 영향을 준다. 옷감은 조직의 특징이나 가공 방식에 따라 직물 표면의 요철이 다르므로 일반적으로 옷감의 겉면과 뒷면의 색상이 다르게 보인다. 앞면과 뒷면의 색상이나 조직이 현저한 차이가 없는 직물도 소재를 재단하기 전 펼쳐놓은 상태에서는 겉면과 뒷면의 파악이 비교적 쉽다. 그러나 재단한 조각 상태로 보면 앞면과 뒷면을 식별하기가 쉽지 않다. 따라서 이러한 직물을 사용하는 경우에는 겉면과 뒷면이 뒤바뀌어 봉제가 되지 않도록 주의가 필요하다. 이 외에도 코듀로이나 벨벳과 같은 직물 표면은 빛의 반사 방향에 따라 색상이 다르게 보이므로 일정한 방향으로 통일하여 재단해야 한다.

옷의 색상이 변화하는 문제점들은 공기나 빛에 과다하게 노출되었을 때 원래의 색상보다 엷어지는 현상, 청바지의 단이나 시접이 접힌 부분과 같이 여러 겹의 옷감이 겹친 부위가 마찰에 의해 다른 부위보다 색이 엷어지는 현상, 한 벌에 같이 배색된 옷감이나 안감으로 염색물의 색이 옮겨지는 현상, 세탁 시 세척하는 용매나 물에 옷감의 염료가 빠져 나가서 색이 변하는 현상, 가공에 사용된 화학물질이 가공 후 수세를 철저히 하지 않은 상태로 직물에 남아 있다가 시간이 지나면 흰색의 옷감이 누렇게 변색되는 현상들이 발생한다(표 6-2).

표 6-2 옷감 변색의 종류와 특징

옷감 변색 유형	특징
색 바램(fading)	과다한 조명이나 화학적인 물질로 공기 중에서 색상이 옅어짐
탈색(frosting)	마찰이나 약품에 의해 색이 옅어지고 하얗게 변함
이염(crocking)	서로 다른 색의 옷감이 마찰될 때 다른 옷감으로 색이 옮겨감
물 빠짐(bleeding)	옷감에 염색된 염료가 옷감에서 물 속으로 빠짐
황화(yellowing)	가공 후 직물에 남은 화학물질의 영향으로 색이 누렇게 변함

5) 불량의 판정

의류상품의 상품으로서의 가치는 판매시기에 따라 변화한다. 시장의 수요가 많을 때에는 정상가격으로 판매되는 비율이 높지만, 시장의 수요 타이밍을 놓친 경우에는 신제품을 할인된 가격에 판매해야만 하는 경우가 발생한다. 따라서 판매시기를 정확하게 맞추기 위해 완제품의 품질규격에 크게 영향을 미치지 않을 수준의 사소한 불량이 제품생산 시점의 가까운 시기에 발견되었을 경우에는 문제해결을 위한 결단이 요구된다. 예를 들어 완제품 공급 시기를 맞추기 위하여 옷감 구입 프로세스를 다시 시작하기보다 구입원가를 조절하여 품질의 저하에 따른 매출 감소나 반품에 따른 이윤의 감소에 대한 위험 부담을 대비하는 방법을 사용하기도 한다. 그러나 이와 같은 문제점 해결방법은 소비자의 입장에서는 브랜드나 유통업체에 대한 신뢰도를 낮추는 결과를 가져오므로 소비자의 인지도가 높은 브랜드에서는 매우 심각한 문제이다. 따라서 이러한 일이 발생하지 않도록 사전에 철저한 검사 기준을 세우고 적용해야 한다.

완제품에 나타나는 소재의 불량은 위치에 따라 중요도가 달라진다. 예를 들어 상의는 목부터 가슴까지 또는 소매의 윗부분은 불량이 있을 경우 눈에 잘 띄는 부분이므로 불량판정을 엄격하게 적용해야 하는 부위이다. 불량이 이 부위에서 발견되면 소비자들이 옷 전체를 불량으로 판단하는 경향이 있다.

2. 부자재

옷을 만드는 데 필요한 재료 중 겉감을 제외한 모든 재료들이 부자재 (findings)이다. 이 중 주로 장식적인 목적으로 사용되는 부자재를 트림(trim)이라고도 한다. 부자재의 품질관리는 겉감의 품질관리와 마찬가지로 중요하다. 예를 들어 옷의 디자인, 색상이나 스타일 등 모든 조건들이 완벽하게 충족시켜 만들어진 제품이라도 지퍼가 불량이어서 잘 잠기지 않는다거나 옷의 다른 부분과 조화되지 않는 색의 부자재를 사용한다면 옷 전체가 품질이 저급한 옷이나 불량으로 평가된다. 따라서 옷의 아주 작은 부분에 불과한 지퍼나 고무줄, 단추, 스냅, 재봉사에 대한 품질규격 관리가 필요하다. 옷을 세탁할 때 안감이나 여러 가지 부자재를 겉감과 분리해서 세탁하지 않으므로 안정적인 옷의 관리를 위해서는 겉감과 안감 및 각종 부자재에 대한 관리방법의 일치가 필요하다. 예를 들면 안감의 수축률, 신장성, 각종 강도 등이 겉감과 크게 다르지 않아야 세탁이나 다림질에 안정적이다.

1) 안 감

부자재 중 가장 큰 비중을 차지하는 안감(lining)은 옷의 완성도를 높여주는 역할을 한다. 안감은 겉감의 색상과 근접하도록 선택이 되므로 다양한 색상으로 생산된다. 안감의 소재로는 실크, 아세테이트, 나일론, 레이온 등이 사용된다. 옷의 기능에 따라 정전기발생 방지용 안감이나 매쉬형 안감, 비침방지용 안감 등 다양한 기능을 가진 안감이 선택된다(그림 6-5). 안감은 겉감의 특징과 색상, 옷의 착용환경, 완제품 가격을 고려하여 선택한다. 대부분의 재킷, 코트에는 안감이 사용된다. 안감을 사용하여 얻게 되는 장점은 여러 가지이다. 우선 옷의 형태 안정성을 높여준다. 옷은 우리 몸에서 발산되는 땀이나 움직일 때마다 착용자가 옷에 주는 스트레스는 겉감의 솔기가 미어지는 결과를 가져올 수 있다. 안감은 겉감을 대신하여 이러한 스트레스를 견뎌줌으로써 오랜 기간 입어도 옷이 일정한 형태를 유지하게 돕는다.

안감으로 대부분 매끄러운 옷감을 사용하는 이유는 무엇일까? 안감이 있는 옷과 없는 옷을 비교하면 답을 생각해낼 수 있다. 안감이 있는 재킷은 옷을 착

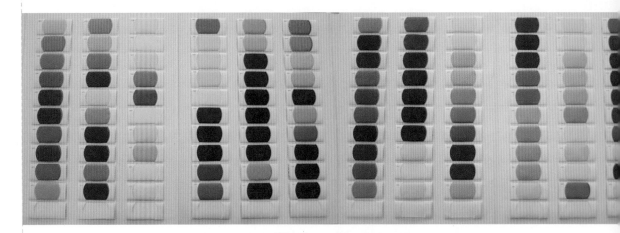

그림 6-4 안감의 다양한 색상

용할 때나 팔을 소매에 넣을 때 부드럽게 입을 수 있게하며 매끄러운 감촉은 옷을 입을 때 기분 좋은 느낌을 갖게 한다.

안감은 시접이나 옷의 내면을 깨끗하게 정리해줄 뿐만 아니라, 겉감이 비치는 옷감일 경우 옷 속이 비치지 않게 해준다. 비치는 옷감을 사용하는 여름용 바지에 안감을 사용하는 이유가 이러한 요소를 만족시키기 때문이다. 바지 전체에 안감을 넣는 경우도 있지만 안감을 앞의 무릎 바로 아래까지만 대는 경우는 겉감 무릎이 나오는 것을 방지하기 위한 것이다.

안감은 보온성도 높여준다. 따라서 가을과 겨울에 착용하는 재킷은 전체를 안감으로 감싸서 보온성을 높여준다. 그러나 여름용 재킷은 형태를 안정시키고 착용감은 높이는 부분에만 안감을 사용하고 시원함을 더해주는 데 방해가 되는 부위는 안감을 사용하지 않는 제조방법을 사용한다(그림 6-5). 각종 스포츠용 재킷이나 캐주얼 스타일의 여름용 재킷에는 시원하고 통기성이 좋은 매쉬형 안감을 사용한다. 우리나라의 여름은 덥고 습하므로 여름용 재킷은 일부분에만 안감을 사용하여 제작하기도 한다. 그러나 이 경우에도 재킷 안감으로서 기본적인 요건은 갖춘다. 예를 들어 앞판은 형태안정성을 유지하기 위해 전면에 안감을 사용하며 등 부위는 착용감을 좋게 하기 위하여 등의 세로방향에 주름을 주는 것 등은 전체에 안감을 대는 일반 재킷과 동일하다. 그러나 남성 정장은 예의를 중요시하는 품목이므로 너무 비치는 옷감을 사용하거나 안감을 일부만 넣은 재킷은 품위 있는 남성 정장의 옷맵시를 해칠 수 있다.

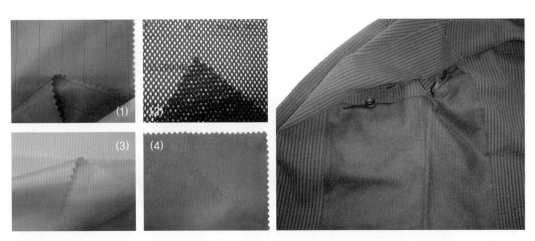

그림 6-5 여러 가지 기능의 안감과 여름용 재킷의 안감 : (1) 정전기 방지용, (2) 매쉬형, (3) 비침 방지용, (4) 일반용

표 6-3 안감의 종류별 특징 : 장점과 단점

안감종류	장 점	단 점
아세테이트	부드럽고 다양한 색상, 쾌적함	폴리에스터나 실크보다 내구성이 취약 겉감보다 먼저 해질 가능성이 있음
폴리에스터, 나일론	내구력이 우수하고 부드러움	아세테이트나 실크보다 흡수성 취약
실크	고급스럽고 쾌적함	합섬보다 내구력이 취약
면	습기 흡수가 우수하여 쾌적함	매끄럽지 못함
레이온	부드럽고 쾌적함	내구력이 약함
양모	보온성이 우수하여 겨울용으로 사용	부피가 크고 가격이 비교적 높음

2) 재봉사

옷감을 재단해서 만들어지는 옷은 재봉사가 없이는 완성되지 않으므로 재봉사는 매우 중요한 부자재이다. 재봉사는 겉감과 같은 색상이어야 하므로 다양한 색상 중에서 겉감의 색상과 가장 일치하는 색상을 선택한다(그림 6-6). 또한 옷감의 강도와 신축성에 적합한 재봉사를 선택하여 사용해야 옷의 솔기가 미어지거나 터지지 않는다. 겉감의 강도에 적합한 재봉사가 사용되어야 하는 이유는 겉감이 무른 특징이 있는데 재봉사가 너무 강할 경우 바느질선이 미어

그림 6-6 재봉사의 다양한 색상

지는 현상이 일어나고, 반대로 겉감은 튼튼한데 재봉사가 힘이 없으면 바느질 선이 툭툭 끊기는 사고가 날 수 있기 때문이다. 재봉사로 주로 사용되는 실은 2~6가닥을 꼬아서 만든 스펀(spun)사와 화학사로 심지를 만들어 만든 코어스 펀(core spun)사이다.

3) 장식용 부자재

옷의 물리적인 특징이나 착용감에 거의 영향을 미치지 않으나 외관의 느낌에 는 큰 영향을 미치는 부자재가 장식용 부자재(trim)이다. 장식용 부자재는 여성 복이나 아동복에 많이 사용된다. 반짝이는 스팡클이나 구슬 외에 흔하게 사용 되는 장식용 부자재는 대부분 끈 모양으로 옷의 스타일에 악센트를 주기 위해 사용된다. 예를 들어 좁은 폭으로 직조된 리본, 실을 꼬아서 땋은 끈(braid), 폭 이 좁은 레이스, 바이어스 테이프 등이 있다. 야간에 운동을 할 때 사람의 위치 를 알려주는 목적을 위해서 사용되는 장식용 부자재에는 형광색이 포함된 다 양한 소재가 사용된다.

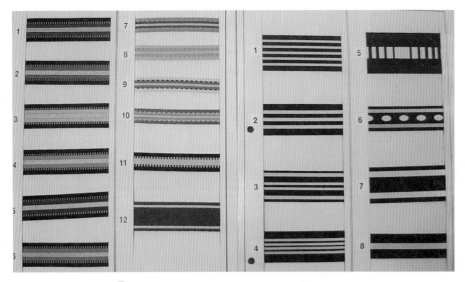

그림 6-7 스포츠웨어에 주로 사용되는 장식용 부자재

그림 6-8 여성용 의류에 주로 사용되는 장식용 부자재

기둥이 있는 단추

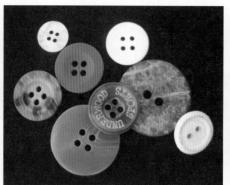
눈이 있는 단추

매듭단추

그림 6-9 여러 가지 단추

4) 잠금용 부자재

(1) 단 추

옷을 착용하는 마지막 단계는 옷이 열리거나 흘러내리지 않도록 잠그는 것이다. 옷의 대표적인 잠금용 부자재(closures)는 단추(button)이다. 단추는 대부분 원모양이지만 사각형이나 동식물의 모양 등 다양한 모양이 사용되고, 나무·가죽·플라스틱·뼈·금속 등 다양한 재료가 사용된다.

단추는 모양에 따라 바느질을 할 수 있는 단추 기둥이 있는 형태(shank button)과 단추의 안쪽에 2, 4개의 구멍이 있는 형태(eyed button)가 있다. 이 외에도 특수한 모양의 단추로는 겨울 코트에서 주로 사용하는 토글(toggle), 전통의상이나 여성용 옷에 사용되는 매듭단추, 코트 허리 벨트의 끝에 사용되는 D자 형태의 링(D-ring)이 사용된다.

(2) 지 퍼

지퍼(zipper)가 옷을 잠그는 부자재로 사용되기 시작한 시기는 단추에 비해 매우 짧으나 지퍼가 가진 장점이 많으므로 널리 사용되고 있다. 지퍼를 스포츠웨어에서 많이 사용하는 이유는 잠그는 데 시간이 적게 걸리고 단추에 비해 옷 안으로 바람이 덜 들어오게 하기 때문이다. 최근에는 여성용 의류에도 지퍼의 사용이 증가하고 있으며, 옷의 디자인 악센트로 사용되기도 한다. 그러나 지퍼는 유연성이 적은 테이프로 구성이 되어있으므로 얇은 옷감이나 바이어스로 재단한 유연한 부분에는 사용 시 주의가 필요하다. 유연한 부위에 사용된 지퍼는 둥글게 굽은 모양(zipper hump)이 나타나기 쉬우므로 봉제가 완료된 상태에서 불량판정을 받을 수 있다. 이런 부위에 지퍼를 사용해야 하는 경우에는 작업 시 주의가 필요하다. 유연한 부위에는 가능하면 지퍼가 아닌 다른 잠금장치를 사용하여 여밈을 하는 것이 더 바람직하다.

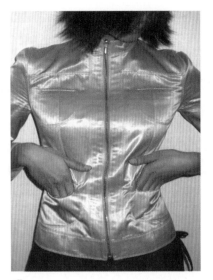

그림 6-10 지퍼를 악센트로 디자인한 재킷

단추는 단추구멍을 만드는 작업이 반드시 필요하나 지퍼는 양편에 위치를 맞추어 바느질하는 것으로 마무리되므로 생산시간도 줄일 수 있다. 지퍼를 디자인의 일부로 사용하는 경우를 제외하고 대부분의 스타일은 지퍼를 부착한 자리가 외관상 눈에 잘 보이지 않도록 만들며, 지퍼의 색상도 겉감과 동일하게 되도록 선택한다. 그러나 지퍼를 장식적인 이유로 사용하는 경우 지퍼의 색상을 겉감과 동일한 색상으로 하지 않을 수 있으며 지퍼의 이가 밖으로 드러나 보이도록 부착하기도 한다. 지퍼의 색상은 테이프 부분의 색에 따라 결정된다. 또한 유연한 부분에 사용될 지퍼는 망사형 테이프로 만드는 경우도 있다.

그림 6-11 지퍼테이프와 이의 다양한 재료와 색상

하나의 지퍼를 구성하는 요소로는 지퍼의 이(chain), 이를 잡고 있는 테이프, 이를 맞물려 올리거나 내려주는 슬라이더(slider), 지퍼가 더이상 올라가거나 내려가지 못하도록 올리거나 내리는 범위를 정해주는 것(top stop, bottom stop), 지퍼를 쉽게 올리거나 내리도록 손으로 잡을 수 있도록 하는 탭(pull, tap)으로 구성된다.

지퍼의 이 부분 제조기술에 따라 종류를 분류하면 지퍼의 이 하나 하나가 테이프에 박힌 금속 지퍼나 플라스틱 지퍼, 이를 박는 방법 대신 나일론 끈을 코일 모양으로 테이프의 끝에 나선형 모양으로 심어놓은 코일형지퍼도 있다. 코일형 지퍼는 지퍼의 이가 하나씩 박힌 지퍼에 비해 유연하므로 스커트의 허리나 원피스의 등부분 등 다양한 용도로 사용되며, 가볍거나 얇은 직물의 옷에 사용한다. 그러나 코일형 지퍼는 접힌 상태로 장기간 압력을 받으면 지퍼의 이가 벌어지는 문제점이 발생하므로 주의가 필요하다.

콘실 지퍼(conceal zipper)는 지퍼를 닫은 후 지퍼가 달린 자리가 겉으로 드러나지 않도록 옷의 심미성을 고려하여 만들어진 지퍼이다. 주로 여성용 드레스에 많이 사용된다. 재킷의 앞을 전체적으로 지퍼로 잠그는 스타일의 옷은 지퍼를 내려서 옷을 완전히 열어 입을 수 있게 분리형지퍼(separate zipper)를 사용한다. 옷을 뒤집어서 겉과 안을 모두 착용할 수 있게 디자인한 옷은 양면에서 지퍼를 공유하여 사용할 수 있도록 슬라이더와 탭이 특수하게 제작된 양면지퍼(reversible zipper)를 사용한다. 슬라이더와 탭이 위와 아래에 각각 부착된 지퍼(two-way zipper)는 위나 아래로 사용자가 원하는 방향에서 편리하게 옷을 열고 닫을 수 있도록 만들어진 지퍼이다.

지퍼의 사이즈는 지퍼 이의 너비에 따라 호칭된다. 예를 들어 7호 지퍼는 지퍼의 이 너비가 7mm인 지퍼이다. 지퍼의 사이즈는 사용할 의복이 사용중에 받게 될 스트레스를 감안하여 선택하는 것이 좋다. 일반적으로 작은 호수의 지퍼보다는 큰 호수의 지퍼가 스트레스에 강하다.

(3) 스 냅

스냅(snap)은 열고 닫을 때 나는 소리를 빌어서 일명 똑딱단추라고 한다. 스냅은 암수 한 쌍으로 이루어져 있어 암 스냅(socket)과 숫 스냅(ball, stud)을 함께 맞물려서 잠근다. 스냅은 단추, 지퍼, 후크앤아이(hook & eye)에 비해 그다

그림 6-12 스냅의 종류

지 튼튼하지 못하므로 큰 스트레스를 받지 않는 부분에 주로 사용한다. 또한 잡아당기면 쉽게 열리므로 신속하게 열어야 하는 부분에 주로 사용한다. 예를 들어 옷 자락이 벌어지지 않도록 하는 부분이나 아기 기저귀를 갈 때 쉽게 옷을 열 수 있도록 바지의 밑아래 부분에 스냅이 일정한 간격으로 달린 테이프를 부착하기도 한다.

스냅의 종류는 바느질로 옷에 다는 것과 힘으로 박아서 다는 것의 두 가지 종류가 있다(그림 6-12). 바느질로 부착하는 스냅은 겉으로 보이지 않게 부착되며, 사이즈도 비교적 크지 않다. 드레스에 사용되는 스냅은 겉감과 같은 색으로 커버한 스냅을 사용하기도 한다. 반면 물리적으로 부착하는 스냅은 겉으로 드러나므로 장식적이다. 튼튼하므로 비교적 두꺼운 직물에 사용하고, 면바지의 허리 단에도 사용된다.

스냅도 다양한 사이즈의 제품이 사용된다. 작은 호수의 제품은 힘이 약하므로 스트레스를 가장 적게 받는 부위에 사용된다. 예를 들어 원피스의 등 지퍼를 올린 다음 뒷모양을 단정하게 하기 위해서 사용하는 스냅은 옷자락이 열리지 않도록 가장 작은 사이즈를 사용하고, 어린이의 바지 밑의 열림에 사용되는 스냅은 활동 중에는 열리지 않도록 튼튼한 스냅을 사용한다.

(4) 후크앤아이

스냅과 같이 한 쌍으로 구성된 잠금장치인 후크앤아이(hook & eye)는 갈고리 모양의 후크(hook)와 후크를 걸 수 있는 아이(eye)의 두 개 요소로 구성된다

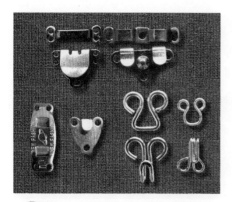

그림 6-13 후크앤아이의 사이즈와 종류

그림 6-14 후크앤루프

(그림 6-13). 후크앤아이는 스냅이나 단추에 비해 강한 스트레스를 견디는 특징이 있다. 따라서 스트레스를 많이 받는 여밈 위치의 바지나 치마의 허릿단에는 스냅보다는 후크앤아이를 주로 사용한다. 그러나 작은 사이즈의 후크앤아이는 스트레스를 견디는 힘이 비교적 약하다.

후크앤아이는 용도에 따라 모양과 크기가 다양한 것이 사용된다. 여성이나 아동용 옷에 사용되는 후크앤아이는 대부분 손바느질로 달아주는 종류가 사용되지만, 남성용 바지의 허리 끝단에는 물리적으로 부착하는 후크앤아이를 사용한다.

(5) 후크앤루프

한 쌍의 테이프로 구성된 후크앤루프 테이프(hooks & loop tape)는 일명 찍찍이 또는 벨크로(velcro)라고 호칭되는 여밈용 부자재이다. 후크앤루프는 테이프의 형태로 생산되며, 필요한 길이만큼 잘라서 사용한다. 다른 여밈 장치에 비해 잠금이 이루어지는 한 쌍의 위치를 정확하게 맞출 필요도 없고, 쉽게 여닫을 수 있으며, 부착도 쉽고, 여밈도 단단하기 때문에 활용범위가 점점 넓어지고 있다. 예를 들어 환자복의 여밈으로 많이 사용되고 있으며 스포츠웨어의 소맷단의 너비 조정에도 사용되고 있다.

5) 심

겉감의 안쪽에서 옷의 형태를 잡아주는 용도로 사용되는 심(interfacing)은 다양한 무게, 조직, 색상이 개발되어 있다. 심은 옷감의 종류나 사용하는 부위에서 요구하는 형태 안정의 정도에 따라 적합한 종류를 선택하여 사용한다. 심의 종류는 조직의 차이에 따라서 우븐(woven), 니트(knit), 부직포(fiberweb)로 분류한다. 겉감에 부착하는 방법에 따라서는 바느질로 부착하는 종류(sew-in

부직포심지

모심지

그림 6-15 심지의 종류

type)와 뜨거운 다리미로 다려서 부착하는 종류(fusible type)로 분류한다. 열을 주어 부착하는 심은 한면에 부착용 수지가 처리되어 있다. 수지가 붙은 면이 천과 마주하게 하여 부착한다. 작업의 편이성을 고려하여 최근에 사용되는 심은 대부분 뜨거운 다리미나 롤러로 부착하는 종류를 사용한다. 열로 부착시키는 심은 심이 붙은 자리의 겉면이 다소 뻣뻣해지는 문제가 발생하므로 주로 겉으로 드러나지 않는 안단(facing)에 부착한다.

비치는 옷감은 심의 색상이 영향을 미치므로 겉감과 비슷한 색상을 사용해야 한다. 심은 무게에 따라서 1평방 야드의 무게가 0.4온스에 불과한 것부터 4온스에 이르는 것까지 다양한 종류가 있다. 겉감이 가볍고, 옷의 스타일이 유연

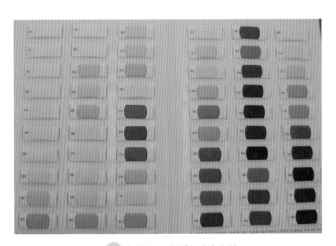

그림 6-16 다양한 색상의 심

셔츠 : 칼라, 단춧단, 소맷단　　　　재킷 : 라펠, 앞판, 단, 플랩

그림 6-17 심 부착이 필요한 부위

한 제품에는 가볍고 얇은 심을 사용하고, 니트와 같이 유연성이 높은 직물을 사용하는 스타일은 우븐 타입심보다는 니트 타입심이 더 적합하다. 모와 말총 섬유를 이용하여 제작하는 모심지는 형태안정성이 높아 테일러링이 필요한 옷에 주로 사용된다. 우븐 타입 심에 비하여 니트 조직의 심은 유연성이 우수하다. 우븐 타입의 심은 겉감의 올 방향에 맞추어 사용해야 한다. 단추를 달거나 단춧구멍을 만들 부위처럼 안정성이 요구되는 부위에 사용하는 심은 경사방향으로 재단하고, 유연성이 필요한 부위에서는 바이어스 방향으로 재단한다. 부직포 타입은 다양한 두께가 제공되고 유연성도 좋으므로 광범위하게 사용되고 있으나 스트레스가 강하게 부여될 부분에는 얇은 부직포를 사용하지 않는 것이 좋다. 또한 두꺼운 부직포 타입은 대부분 유연성이 낮고 뻣뻣한 느낌을 주므로 선택에 주의가 필요하다.

6) 고무줄

옷의 신축성이 요구되는 부위에는 다양한 두께와 조직의 고무줄(일라스틱, elastic)이 사용되고 있다. 고무줄에 탄력성을 주는 성분은 천연고무(rubber)나 스판덱스(spandex)이다. 스판덱스 고무줄은 천연고무줄보다 햇빛이나 염분이 많은 물, 선탠로션, 열, 염소 표백제 등의 물질에 강하다. 고무줄의 선택은 사용할 옷의 최종적인 용도를 고려해서 이루어져야 한다. 예를 들어 수영복에 사용되는 고무줄은 수영장의 물에 많은 염소 성분이 있으므로 물, 염소 성분에 해가 적은 스판덱스 고무줄을 사용한다. 또한 해변에서 사용되는 수영복의 경우에도 햇빛, 선탠로션에 화학 반응을 크게 일으키지 않는 성질이 필요하므로 스판덱스 성분의 제품을 사용한다.

부자재로서 고무줄이 가장 중요한 역할을 하는 옷은 내의이다. 내의는 피부에 직접 닿는 옷이므로 피부자극을 줄이기 위하여 피부와 접촉되는 면을 부드럽게 기모 가공한 고무줄을 사용한다. 예를 들어 브래지어의 어깨끈을 이루는 고무줄은 겉면에서는 레이스와 같은 장식적인 특징이 있고, 뒷면은 피부를 상하지 않게

그림 6-18 다양한 너비의 고무줄, 요철을 준 고무줄

부드럽게 기모 처리가 되어 있다. 남성용 사각팬티의 허리에는 안정감이 있고 허리를 조이지 않도록 넓은 고무줄 허릿단이 사용된다. 표면에 입체적으로 요철을 준 고무줄(non-roll)은 마찰을 크게 하여 쉽게 움직이지 않으므로 바지허리용 고무줄로 유용하게 사용된다.

7) 충전재

겨울철에 착용하는 코트나 재킷에는 필요에 따라 보온성을 높이기 위해 겉감과 안감의 사이에 충전재(interlining)를 사용한다. 충전재들은 가볍고, 부피감 적고, 겉감과 동일한 방식으로 관리할 수 있어야 한다. 오리털이나 모섬유, 솜은 과거부터 주로 사용되는 충전재이나 최근 개발된 충전재로는 씬슐레이트 (Thinsulate®) 등이 있다. 이러한 소재들은 부피감이 적으며 손쉬운 관리가 장점이므로 스키용 바지나 재킷, 장갑의 내피로 사용되기도 한다. 가격도 비교적 저렴하다.

8) 기 타

부자재 중 옷의 형태를 만들어 주는 것으로는 재킷이나 코트, 블라우스의 어깨의 모양을 잡아주는 숄더패드(shoulder pad)와 소매산의 모양이 부드럽게 넘어가도록 사용하는 슬리브헤드(sleeve head), 남성용 코트나 재킷의 가슴부위의 형태를 잡아주는 여러 겹의 심으로 만든 체스트피스(chest piece)가 사용된다. 옷의 형태를 안정시켜주는 부자재로는 다양한 것이 사용된다. 니트의 어깨선과 같이 쉽게 늘어지는 성질이 있는 부위는 바느질선이 늘어지지 않게 바느질선에 얇은 테이프를 한 겹 덧 박아주어 바느질선의 안정성을 더해주는 심스테이(seam stay)를 사용한다(그림 6-21). 남성용 드레스 셔츠의 칼라 끝은 팽팽하게 모양을 유지하도록 사용하는 칼라스테이(collar stay), 드레스나 브래지어의 겨드랑이 부위에 넣어서 형태를 유지시켜주는 뼈(boning)를 사용하여 형태를 유지시킨다. 얇은 소재의 원피스는 착용 후 너무 날리지 않도록 무게를 더해주는 추(weight)를 사용한다.

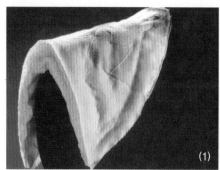 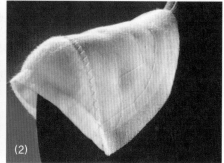

그림 6-19 숄더패드 : (1) 셋인슬리브용, (2) 라글란 슬리브용

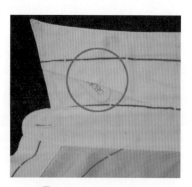 

그림 6-20 칼라스테이   그림 6-21 심스테이

복습문제

1. 겉감을 선택할 때 고려할 중요한 요소 세 가지를 설명하시오.

2. 부자재의 종류에는 어떤 것들이 있는지 설명하시오.

3. 부자재의 선택에 있어 일반적으로 고려해야 하는 점은 어떤 것들이 있는지 설명하시오.

4. 심의 선택을 위해 체크할 요소는 어떤 것이 있는지 설명하시오.

5. 위사의 올방향의 불량 현상 두 가지를 설명하시오.

6. 옷의 형태를 안정적으로 유지시키는 데 영향을 미치는 옷감의 특성 두 가지를 설명하시오.

7. 코트용, 바지용, 드레스의 옷감으로 적절한 무게는 어떻게 차이가 있는지 설명하시오.

8. 옷감의 3원조직의 이름과 조직에 따른 옷감의 특징에 대하여 서술하시오.

9. 옷감 변색의 유형에 대하여 설명하시오.

10. 안감의 종류별 장점과 단점에 대하여 설명하시오.

11. 안감 사용에 따라 발생하는 제품의 장점에 대하여 설명하시오.

12. 잠금용 부자재의 종류와 특징에 대하여 설명하시오.

심화학습 프로젝트

1. 바지, 스커트, 블라우스, 코트에 사용되는 옷감을 각각 3가지씩 수집하여 다음과 같은 실험을 해보시오. 표 6-1에 있는 형용사를 사용하여 옷감의 느낌을 적어보시오. 1평방미터당 무게를 측정하고, 현미경을 이용해서 조직을 살펴보시오. 실올을 풀어서 밀도(1평방인치)를 조사해 보고, 풀은 실올을 현미경으로 살펴보시오. 위의 실험결과는 옷감의 느낌과 어떤 관계를 가지고 있는지 평가하시오.

2. 코트, 블라우스, 재킷, 바지, 스커트, 스포츠재킷(점퍼)의 샘플을 수집하여 사용된 잠금용 부자재를 분석하고 옷의 용도에 적합하게 선택이 되었는지 평가하시오.

chapter 7
의류 제조과정

신상품의 개발은 스타일 아이디어가 여러 단계의 과정을 거쳐 상품으로 구체화되는 것이다. 새로운 스타일은 디자이너의 독창적인 감각뿐만 아니라 소비자들의 수요 및 선호, 유행경향, 소재의 개발경향 등 다양한 정보를 바탕으로 상품의 컨셉과 제품의 특징을 제안하는 과정을 거쳐 개발된 후 상품성 평가과정과 제조과정을 거쳐 신제품으로 생산된다.

일반 소비자에게 제공될 제품은 생산준비공정과 생산공정을 거쳐 생산된다. 생산공정은 재단된 옷감을 바느질하고 프레싱해서 옷을 만드는 공정이고, 생산준비공정은 본 생산에 들어갈 재료를 준비하기 위해 패턴을 제작하고, 옷감을 준비하여 재단하는 과정이다.

1. 생산 준비 공정

생산할 옷의 스타일 선정이 완료되면 선정된 스타일을 시장에 제공하기 위한 실질적인 생산공정을 거치게 된다. 공장에서 본격적인 생산 작업이 시작되기 전 생산을 위해 준비하는 생산준비공정은 상품기획안에 의해 샘플이 제작되고 품평회에서 생산할 스타일이 결정된 이후에 이루어진다. 디자인실과 개발실을 중심으로 다양한 새로운 스타일의 제품이 제안되면 품평회에서는 마케팅 및

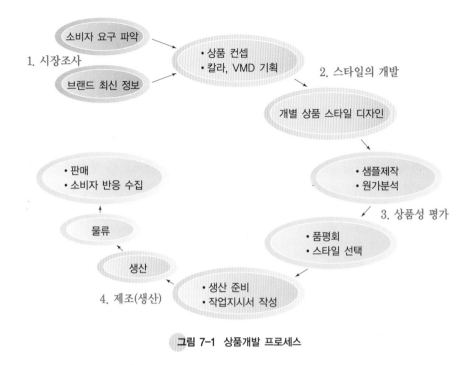

그림 7-1 상품개발 프로세스

생산에 관련한 여러 부서의 책임자들이 모여 제안된 스타일 중에 시장경쟁력이 있는 스타일을 선정한다. 선정된 스타일에 대해서 해당 스타일로 생산할 옷의 치수와 물량이 결정되면 생산할 치수에 맞추어 패턴이 제작된다. 품평회에서는 스타일의 창의성이나 시장성을 파악하는 단계이므로 실질적으로 매장에 공급할 모든 사이즈의 제품을 생산할 준비는 아직 안된 상태이고 샘플사이즈의 옷만 제작되었으므로 이후에 생산에 필요한 모든 사이즈의 패턴을 제작하는 그레이딩(grading) 작업을 필요로 한다.

생산할 물량에 맞추어 원단이 공장에 입고되면, 옷감을 재단하고, 재단된 옷감을 바느질하고 프레싱해서 옷을 만드는 본 생산에 들어갈 재료를 마련하기 위해 준비공정을 진행한다. 즉, 생산준비공정은 본 생산에서 필요한 다양한 사이즈의 생산용 패턴을 준비하고, 옷감을 재단하는 작업이다. 생산용 패턴은 본 감용, 안감용, 심용 등 다양한 재료에 맞추어 제작된다. 재단작업을 하기 위해서는 각각의 사이즈로 만든 생산용 패턴을 원단 위에 배치하는 마킹 작업이 필요하다.

1) 생산용 패턴 제작

샘플제작에 사용되었던 샘플용 패턴은 원단의 특징을 반영하여 생산용 마스터패턴으로 수정된다. 마스터패턴은 제품을 생산하는 과정에서 거치게 되는 워싱 가공과 같은 완제품에 가해지는 가공으로 치수가 변화되는 현상이 발생할 경우 소재의 수축률을 반영하여 패턴을 미리 보정하여 제작된다.

마스터패턴은 아직 하나의 샘플사이즈로 만들어진 것이므로 생산에 필요한 여러 가지 사이즈용 패턴으로 다양화시키는 그레이딩 공정을 거쳐 다양한 사이즈의 패턴으로 제작된다. 패턴은 각각의 조각에 제작년도, 스타일번호, 사이즈, 올방향 등을 표시하며, 재단할 재료에 따라 겉감용 패턴, 안감용 패턴, 심지 패턴을 각각 제작한다.

2) 마커 제작

원자재가 전체 제조원가에서 차지하는 비중이 높으므로 마커의 효율성은 원가 절감에 중요하다. 마커제작은 패턴조각들을 옷감 위에 재단할 위치를 지정하는 작업이다. 따라서 겉감으로 재단할 패턴들을 모아서 겉감용 마커를 만들고, 안감용 패턴들을 모아서 안감용 마커를 만든다. 각각의 마커는 보통 2~3개의 사이즈가 같이 재단될 수 있도록 제작된다. 이것은 동일한 사이즈로 여러 벌을 한 세트로 마킹하는 것보다 2~3가지 사이즈가 같은 세트 안에 포함되도록 배치하는 것이 원단 효율이 높기 때문이다. 컴퓨터를 이용한 마킹이 널리 사용되면서 원단 효율은 85% 이상으로 유지되고 있다. 직물의 효율을 높이기 위해 큰 패턴을 먼저 배치하고 남은 빈 공간에 작은 패턴을 배치한다.

마커를 제작할 때 패턴의 배치는 직물의 올방향과 패턴의 올방향을 정확하게 맞추어야 한다. 원단 효율을 높이기 위해 패턴에 표시한 올방향과 직물의 올방향을 정확하게 일치시키지 않을 경우 완성된 의복이 부분적으로 뒤틀리는 결과를 초래하므로 불량의 문제점을 일으킬 수 있다. 마커의 폭은 원단의 폭과 일치하도록 해야 하며, 원단이 방향성이 있는 경우에는 패턴들이 위와 아래로 방향이 바뀌지 않고 반드시 동일한 방향으로 배치되도록 주의를 기울여야 한다.

3) 연단

연단은 옷감을 롤에서 풀어서 마커의 길이에 맞추어 동일한 길이로 잘라서 겹쳐놓는 작업이다. 봉제공장으로 운반된 옷감은 직조된 후 둥글게 말아져서 운반되어 오므로 연단을 하기에 앞서 원단에 남아 있는 장력을 제거하는 과정이 선행되어야 한다. 옷감이 원래의 상태로 되돌아오게 하기 위해서는 롤에서 옷감을 풀어놓은 상태로 24시간을 지나게하는 숙성과정이 필요하다. 이것을 해단이라고 한다. 옷감을 마커에 설정된 동일한 길이로 자른 후 옷감에 남아 있던 장력이 제거되면 옷감의 길이가 다소 짧아지는 경우도 발생할 수 있으므로 연단되는 옷감의 길이는 마커의 길이보다 보통 2~4cm 길게 연단한다.

기모직물이나 광택이 있는 직물은 빛의 반사가 직물의 방향에 따라 달라질 수 있으므로 이러한 직물이나 방향이 있는 무늬가 프린트된 직물은 반드시 동일한 방향으로 연단해야 하며 작업지시서에는 연단의 방향을 정확하게 제시하여야 한다. 연단된 직물이 무늬가 있는 경우 단을 쌓은 모든 층의 직물들은 무늬의 위치가 일치하도록 연단되어야 한다. 니트와 같이 늘어지는 성질이 있는 직물은 연단 후 길이가 짧아지는 경향을 보이므로 연단 후 일정시간 방치하여 원래의 길이로 되돌아갈 수 있도록 해야 한다.

그림 7-2 연단

4) 재 단

재단은 생산 준비공정에서 전문가의 세심한 주의가 가장 많이 요구되는 작업이다. 재단할 패턴들의 배치도인 마커를 연단을 마친 직물 파일의 최상단에 올려놓은 후 연단된 직물이 수직으로 가지런하게 쌓이도록 고정시킨 다음 마커에 표시된 선을 따라 여러 장의 직물을 재단기로 자른다. 재단의 기본적인 조건은 최상단의 원단부터 하단에 있는 모든 재단 조각이 일정한 치수로 같은 모양으로 재단되어야 한다는 것이다. 따라서 연단된 옷감이 움직이지 않도록 위치를 안정시킨 후 재단해야 한다. 자동재단기를 사용하는 경우에는 옷감의 층이 압축된 상태로 재단하기 위해 옷감 층 사이의 공기를 제거하는 진공테이블을 재단대로 사용하기도 한다.

작업자가 직접 재단하는 방법은 주로 수직 나이프나 둥근 나이프 등 전동재단기를 사용하며, 자동설비가 이루어진 공장에서는 컴퓨터 자동재단 장비를 사용한다. 형태나 치수가 일정하여 대량으로 재단이 되는 드레스셔츠의 커프스나 포켓은 재단형 틀에 압력을 가해 눌러 찍어서 재단하는 방식(dice cutting)을 사용하기도 한다. 재단이 완료된 옷감 조각은 각 묶음의 맨 윗장과 맨 아랫

그림 7-3 컴퓨터 자동재단기

장을 비교하여 정확하게 재단되었는지 검사한 후 본 생산봉제작업에 투입될 수 있도록 재봉실로 보낸다.

2. 생산공정

준비공정을 거쳐 바느질할 옷감들의 조각이 준비되면 재봉틀로 스티치하고, 다리미로 다리고, 프레스로 모양을 만드는 본격적인 생산공정이 시작된다. 접착심을 부착해야 하는 부분이 있는 스타일은 본 생산공정의 처음 작업은 심 접착(퓨징, fusing)부터 시작된다. 이후 부위에 따라 다양한 봉제 장비를 사용하여 부위별로 전문적인 작업자가 해당 부위만 작업하는 봉제공정이 이루어지고 필요한 단계마다 프레싱 작업이 더해진다.

1) 심 접착

심은 겉감에 부착되어 옷의 실루엣과 모양을 형성시키는 부자재이다. 심을 부착하는 부위는 칼라나 앞단, 커프스와 같이 일정한 부분에 한정된다. 심에는 접착제가 한 면에 부착되어 이 면을 옷감에 붙이는 접착심도 있고, 바느질로 옷감에 심을 붙이는 종류의 심도 있다. 접착심은 퓨징 프레스를 통과하면 열과 압력에 의해 옷감에 부착되므로 바느질로 부착하는 방법보다 생산성이 높다. 따라서 과거처럼 바느질로 심을 접착하던 방법은 감소하는 반면 접착심 사용이 증가하고 있다.

접착심의 선정을 위해서는 심에 사용된 접착제의 종류나 부착 상태가 겉감의 섬유성분, 직조방법에 적합한지 고려해야 한다. 반드시 사용할 옷감에 먼저 테스트를 거쳐 접착 후 소재의 촉감, 접착력, 겉감과 심의 수축률의 차이를 비교하고, 적절한 접착 온도를 파악해야 하며 접착물이 겉으로 새어나오지 않는지 검토해야 한다.

심 접착의 품질 평가

접착이 고르게 안정적으로 이루어졌는지 평가하기 위해서는 부분적으로 접착이 안 되어 들뜸 현상(버블)이 있는지, 접착 후 직물이 뻣뻣해지는 정도가 소재의 특징을 크게 훼손하지 않았는지 파악해야 한다.

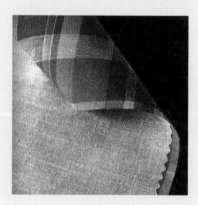

2) 봉 제

재단된 옷감을 꿰매기 위해서는 옷감, 실(봉사), 재봉틀의 세 가지 기본 요소가 필요하다. 옷 한 벌을 완성하는 데 필요한 봉제 공정은 수십 가지 이상의 바느질 방법으로 이루어진다. 예를 들어 비교적 간단하게 만들어지는 바지도 30가지 이상의 바느질 방법이 사용된다(그림 7-4).

스티치의 종류와 솔기의 방법에 따라 봉제 임가공 비용이 다르다. 스티치의 기본적인 용도는 옷감과 옷감을 서로 봉합하는 것이다. 이 외에도 재단된 천의 가장자리가 풀리지 않도록 하는 스티치(오버록)나 장식적인 선을 나타내기 위한 스티치도 있다. 스티치를 대신하는 기술로는 접착제로 봉합을 하거나 열로 섬유를 녹여서 부착시키는 방법도 사용되나 아직 보편적으로 사용되지는 않는다. 바느질선을 녹여서 봉합하는 방법은 실과 바늘을 사용하는 대신 미세한 열선이 직물의 성분을 서로 녹여서 바느질선과 같은 봉합선을 만드는 방법이다. 이것은 실과 바늘을 가지고 스티치를 만드는 과정에서 만들어지는 바늘이 지나간 구멍이 없는 봉제 방법이므로 바느질선을 따라 물이 새어드는 것이 문제가 되는 스포츠웨어에 주로 사용된다.

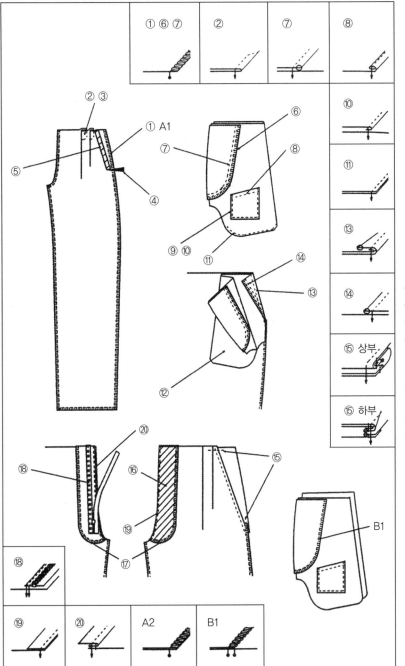

① 앞판 오버록
② 주름잡기
③ 주름 프레스
④ 옆솔기
　포켓입구
　아랫부분 커트
⑤ 포켓 형태 안정
　테이프 접착
⑥ 포켓천 서징
⑦ 포켓천 부착
⑧ 동전 포켓 입구 말아박기
⑨ 동전 포켓 주위 마무리
⑩ 동전 포켓 달기
⑪ 포켓천 재봉
⑫ 포켓천 뒤집기
⑬ 포켓 입구 스티치
⑭ 포켓 입구 안 정리
⑮ 옆솔기 포켓 입구 정리
⑯ 덧단 심지 접착 프레스
⑰ 덧단 서징
⑱ 지퍼달기
⑲ 덧단달기
⑳ 덧단늼솔

그림 7-4 부위별로 다양한 봉제가 사용되는 예 : 바지

3) 스티치의 종류

스티치는 옷의 부분을 연결하는 바느질(땀)이다. 스티치의 종류 선택은 의복의 미적·기능적 성능을 결정하므로 옷의 종류에 따라 세심한 선택이 필요하다. 스티치의 내구력, 편안함, 아름다움은 중요한 성능이다. 스티치 종류는 옷의 최종용도, 사용된 원단의 종류, 스티치의 위치와 목적에 따라 선택한다. 튼튼하고 내구성이 높은 스티치는 솔기의 강도와 의복의 내구성을 높여준다. 내구성이 떨어지는 스티치는 솔기가 터지게 하므로, 착용 빈도가 높은 옷과 스트레스가 강한 부위, 환자복과 같이 세탁을 빈번하게 해야 하는 의복은 내구력이 우수한 스티치를 사용해야 한다.

몸판과 소매가 연결되는 곳이나 바지의 밑위 부위는 장력을 많이 받는 부위므로 솔기가 터지기 쉽기 때문에 신축성을 높이기 위해 바이어스로 재단하며, 스티치가 원단과 함께 늘어나지 않으면 솔기가 터지게 되므로 강도가 크면서 신축성 있는 스티치를 사용한다. 니트 원단도 잘 늘어나는 성질이 있으므로 일반 직물의 경우보다 잘 늘어나는 스티치를 사용한다.

스티치 방법은 옷감의 특징이나 옷의 부위에 대한 고려 외에도 생산 단가 등을 고려하여 선택해야 한다.

 스티치의 형성

스티치(stitch)란 실이 옷감 속에 들어가고 빠져나가면서 실의 루프가 형성되는 것을 말한다. 스티치의 종류는 실 1개의 루프가 같은 실의 다른 루프를 빠져나가는 자사루핑(intralooping), 실 1개의 루프가 다른 실의 루프를 빠져나가는 타사루핑(interlooping), 실이 다른 실 또는 다른 실의 루프와 교차 또는 빠져나가는 타사레이싱(interlacing)으로 분류된다(KS K 0029).

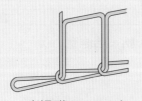
자사루핑(intralooping)

타사루핑(interlooping)

타사레이싱(interlacing)

스티치의 종류는 단순한 체인 스티치(단환봉), 손바느질 방식의 스티치(수봉), 밑실과 윗실이 얽혀서 스티치가 만들어지는 로크 스티치(본봉), 복잡한 체인 스티치(이중환봉), 가장자리 감침 스티치(주변감침봉), 일정한 면적을 커버하는 편평봉의 6가지로 나눈다.

대부분의 재봉틀 스티치는 두 가지 형식, 즉 본봉(lock stitch)과 환봉(chain stitch)으로 나누어진다. 본봉은 윗실과 밑실이 소재의 중간에서 얽힘으로써 형성되며 가정용 재봉틀은 본봉스티치를 사용한다. 단환봉은 하나의 실이 소재를 가운데 놓고 연결고리를 만들어 가며 땀을 형성하며 루퍼(looper)에 의해 연결된다.

(1) 단환봉

환봉(chain) 바느질에 사용되는 루퍼사는 커다란 콘에 감겨 공급되므로 북이 따로 필요없다. 새 북실을 공급하기 위해 작업을 중단할 필요가 없으므로 단순한 체인 스티치인 단환봉은 생산단가가 저렴한 것이 장점이나 본봉보다는 외관이 덜 매끄럽고 착용 쾌적감이 부족하고, 쉽게 풀리는 단점이 있다.

(2) 수 봉

손으로 스티치를 만드는 경우 단가가 매우 높으나 손바느질과 비슷한 스티치를 기계로 만드는 경우는 단가가 조금 낮다. 기계 수봉은 일반 재봉기와는 다른 특별한 장비를 필요로 한다. 고급 바느질 방법을 사용하는 제품이나 테일러링이 필요한 재킷이나 코트의 칼라, 라펠 등 옷자락의 가장자리에 수봉 스티치를 많이 사용한다.

(3) 본 봉

밑실과 윗실이 얽혀서 스티치를 형성하는 로크 스티치는 가장 일반적으로 사용되므로 본봉이라고 한다. 본봉에서는 북실 또는 밑실이라고 하는 보빈사(bobbin thread)를 사용하는 것이 특징이다. 보빈사는 재봉 바늘 밑에 있는 작은 북(bobbin)으로부터 공급받는 실이다. 본봉용 재봉틀로 봉제를 하면 바늘구멍을 통해 공급되는 윗실과 북에 감겨 있는 보빈사가 서로 얽혀 스티치를 형성한다. 본봉 재봉틀은 봉제 중 수시로 북을 교체해야 하므로 생산성이 떨어진다. 일부 북은 바느질 도중에 자동적으로 감아지는 장치가 사용된다. 또한 시간을 절약하기 위해 미리 북에 실을 감아두어 사용하기도 한다. 로크 스티치는 겉면과 뒷면의 스티치가 동일하게 가늘은 선으로 나타나므로 다른 스티치에 비해 깔끔하고 부피감이 적다. 착용자에게도 쾌적한 느낌을 주며 바느질도 비교적 튼튼하다. 바느질선이 잘 벌어지지는 않으나 신축성이 부족하므로 퍼커링이 일어날 확률이 높다.

(4) 이중환봉

체인이 복합적으로 형성되는 스티치(이중환봉)는 본봉보다는 생산시간이 적게 소요되나 실의 사용량은 많다. 바느질선이 벌어지는 현상이 종종 발생하는 경우가 있으므로 주의가 필요하다. 오버록스티치의 일부로 사용되기도 한다.

(5) 가장자리 감침봉

가장자리를 감치는 바느질(가장자리 감침봉)은 흔히 오버록 스티치라고도 한다. 2~5가닥의 실을 사용하므로 본봉보다는 실이 많이 소요된다. 우븐직물의 재봉에는 시접이 풀리지 않게 시접을 정리하는 용도로도 사용이 되지만 내구성이 우수하면서도 신축성이 좋아 니트나 신축성이 있는 옷감의 바느질에 주로 활용된다. 니트웨어의 바느질은 다양한 방법의 오버록스티치를 활용하고 있다. 퍼커링이 잘 발생하지 않지만 바느질선이 벌어지는 현상이 쉽게 일어날 수 있으므로 실들의 장력이 균형 잡히도록 조정해야 한다. 장비에 칼이 부착되어 바느질이 되면서 시접의 가장자리가 짧게 정리되므로 바느질선이 잘못될 경우 수선이 불가능하다.

(6) 편평봉

편평봉은 직물을 서로 겹친 위를 바느질하는 것이 아니고 재단된 면을 서로 접하게 위치시킨 후 그 위를 일정한 너비로 넓게 바느질하므로 실은 많이 소요되지만 부피감도 적고, 신축성과 내구성도 우수하다. 실이 지나간 자리는 겉면과 뒷면에 모두 일정한 너비로 나타난다.

표 7-1 스티치의 종류별 특징

체인스티치(단환봉) : 100단위

생산 단가	시간당 생산량이 많음
내구성	유연하나 쉽게 풀림
쾌적성	본봉보다는 덜 쾌적함
단 점	쉽게 풀리므로 고급제품에는 부적합 함
특 성	봉사 한 올로 바느질 가능함

핸드스티치(수봉) : 200단위

생산 단가	수공임은 높으나 기계공임은 가격이 다양함
내구성	낮음
쾌적성	손으로 한 것이 더 부드러움
단 점	내구성이 낮으므로 장식적인 목적에 주로 사용
특 성	특수 장비를 필요로 함

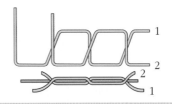

로크스티치(본봉) : 300단위

생산 단가	시간 당 생산량이 적어 생산단가가 높음
내구성	내구성은 좋으나 신축성은 부족함
쾌적성	매우 우수, 날렵하고 바느질선이 깔끔함
단 점	밑실을 자주 갈아야하므로 생산단가가 높음
특 성	잘 풀어지지 않음, 가장 보편적으로 사용됨

183

이중체인스티치(이중환봉) : 400단위

생산 단가	시간당 생산량은 많으나 실 소요량이 높음
내구성	내구성이 좋으며, 신축성도 좋은 편임
쾌적성	본봉보다는 덜 쾌적함
단 점	바느질선이 벌어지기 쉬움
특 성	가장자리 감치는 스티치와 복합적으로 사용

오버록스티치(가장자리 감침봉) : 500단위

생산 단가	시간당 생산량은 많으나 실 소요량이 많음
내구성	신축성이 매우 좋고, 내구성도 좋음
쾌적성	본봉보다 부피감이 많고 덜 쾌적함
단 점	가장자리를 감치며 박는 용도로 제한됨
특 성	니트웨어에서 널리 사용됨

커버스티치(편평봉) : 600단위

생산 단가	시간당 생산량은 많으나 실 소요량이 높음
내구성	신축성이 매우 좋고, 내구성도 좋음
쾌적성	본봉보다 덜 쾌적함
단 점	스티치의 너비가 밖으로 드러나 보임
특 성	겉과 속을 일정한 면적으로 덮는 바느질

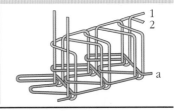

4) 땀 수

바느질의 품질을 평가하는 요소 중 가장 간단하면서도 중요하게 평가되는 요소는 땀수이므로 작업지시서에는 부위에 따라 어떤 땀수로 바느질해야 하는지 표시한다. 가장 일반적으로 사용되는 튼튼한 바느질 땀수는 1인치에 12땀이 만들어지는 12spi(stiches per inch)이다. 그러나 스트레스를 받는 부위나 시접이 좁아서 미어질 염려가 있는 부위는 짧은 땀(16~22spi)을 사용하고, 시침을 위해서는 긴 땀(4spi)을 사용한다. 커튼이나 침장류는 옷보다 긴 땀을 사용하여도 품질이 낮은 것이 아니므로 주로 6~8spi를 사용한다.

5) 솔 기

솔기(seam, 씨임)란 연속된 스티치가 만든 바느질선을 말한다. 솔기는 하나하나의 스티치(stitch, 땀)가 일정한 간격으로 계속되어 만들어진 봉제선이다. 의복의 기능과 성능에 적합한 솔기와 시접 처리는 옷의 기능적 성능과 미적 성

솔기의 분류와 표시기호 KS K 0030

국제표준규격(ISO)과 같은 방법으로 5자리 숫자로 솔기를 표시한다.

1. 제1자리 숫자는 아래 유형 ①~⑧의 구별을 나타낸다.
2. 제2, 3자리 숫자는 솔기천의 구성의 구별은 01~99로 나타낸다.
3. 제4, 5자리 숫자는 ②구성 내의 침의 위치 및 천의 상태 차이를 01~99로 나타낸다.
4. KS K 0029(스티치 형식의 분류와 표시기호)에 규정하는 스티치 형식의 표시기호를 병기하는 경우는 솔기의 표시기호 뒤에 사선을 넣어 표시한다.

유 형	유형별 솔기 특징	그림표시
1	천은 2매 이상으로 구성한다. 2매인 경우는 그 양쪽 모두 같은 쪽의 가장자리를 스티치 부위로 하며 3매 이상인 경우에는 처음 2매의 어느 것과 같은 쪽 또는 양쪽의 가장자리를 스티치 부위로 한다.	
2	천은 2매 이상으로 구성한다. 2매인 경우는 각각 상반되는 쪽의 가장자리가 스티치 부위로 포개져 합치는 것으로 한다. 3매 이상인 경우는 처음 2매의 어느 것과 같은 쪽 또는 양쪽의 가장자리를 스티치 부위로 한다.	
3	천은 2매 이상으로 구성한다. 2매인 경우 그 중 1매는 한쪽편의 가장자리가 스티치 부위이고, 다른 1매는 양쪽 가장자리가 스티치 부위로서 전자의 가장자리를 후자가 감싸는 것으로 한다. 3매 이상인 경우는 처음 2매의 어느 것과 같은 쪽 또는 양쪽의 가장자리를 스티치 부위로 한다.	
4	천은 2매 이상으로 구성한다. 2매인 경우는 각각 상반되는 쪽의 가장자리가 스티치 부위로 맞대어 있는 것으로 한다. 3매 이상인 경우는 처음 2매의 어느 것과 같은 쪽의 가장자리를 스티치 부위로 한다.	
5	천은 1매 이상으로 구성한다. 1매인 경우는 양쪽의 가장자리를 스티치하지 않는 부위로 한다. 2매 이상인 경우는 처음 1매와는 달리 한쪽 또는 양쪽 가장자리를 스티치 부위로 한다.	
6	천은 1매로 구성한다. 한쪽 가장자리를 스티치 부위로 한다.	
7	천은 2매 이상으로 구성한다. 2매인 경우, 그 중 1매는 한쪽 가장자리를 스티치 부위로 한다. 3매 이상인 경우는 처음 2매와 달리 양쪽 가장자리 모두를 스티치 부위로 한다.	
8	천은 1매 이상으로 구성한다. 양쪽 가장자리 모두를 스티치 부위로 한다.	

미 연방 규격(U.S Fed. Std. No. 751a)에 의한 솔기의 분류방법

솔기는 4가지의 형태에 따른 솔기와 두 가지의 끝맺음과 장식을 목적으로 하는 종류가 있으며, 분류 방법은 솔기의 첫 글자를 영문 대문자로 표시한다.

분 류	설 명	예
SS(Superimposed Seams)	• 2매 이상 소재가 포개진 상태에서 봉제하는 솔기 • 의복을 구성하는 기본 솔기 • 평솔, 통솔, 유사 통솔이 포함됨	
LS(Lapped Seams)	• 2매 이상의 소재를 서로 포개거나 겹친 상태에서 그 부분에 스티치를 1줄 또는 여러 줄로 봉제하는 솔기	
BS(Bound Seams)	• 1매 이상 소재의 가장자리를 다른 소재나 테이프로 감싸서 한줄 또는 여러 줄로 봉제하는 솔기	
FS(Flat Seams)	• 2매의 소재를 포개지 않고 접하게 한 상태에서 연결하는 솔기	
EF(Edge Finishing)	• 1매 이상의 소재를 사용하여 가장자리 마무리하는 솔기	
OS(Ornamental Seam)	• 구성적인 목적보다 장식적인 목적으로 접어 박는 솔기	

능에 영향을 미치므로 기성복의 품질을 평가할 때 솔기와 가장자리의 처리 방식을 평가한다. 품질이 우수한 솔기는 스티치 형태나 봉사의 특성과 장력 등이 바느질할 소재와 의복의 용도에 적합한 것이다.

우수한 품질의 의류제품은 여러 종류의 스티치를 의복의 형태와 기능에 적절하게 선택하고 균일하게 봉제하여 의복의 외관이 향상되고 세탁 후에도 형태가 변함 없이 오래 유지 된다. 그림 7-5는 스커트의 허릿단 부분 옷감의 위치와 스티치의 위치를 표시한 그림 기호이다.

솔기와 시접의 정리 방법

분류	설명	예
Plain Seam	• 겉면을 마주 놓고 스티치한 후 시접을 양쪽으로 펼쳐서 정리하거나 한쪽으로 접어서 처리	
Control Stitching (Under-stitching)	목둘레선이나 칼라의 안단 쪽에만 스티치가 나타남(안단이 밖으로 보이지 않도록 함)	
Enclosed Seam (예: French Seam)	• 시접의 올풀림 방지 • 비치는 옷감의 우아한 마무리 • 길지 않은 직선에 적합함 • 수선이 어려움 • 생산 단가 상승	
Lapped Seam (예: Flat-Felled Seams, Welt Seam)	• 셔츠의 요크 모양 제작에 사용 • 진(jean)의 옆솔기	
Bound Seam	• 목둘레, 민소매 단에 활용 • 추가적인 시접정리 필요없음 • 장식적인 가장자리 장식 가능 • 가장자리 올풀림 방지	

허리단　　　스커트

그림 7-5 옷감과 스티치 위치의 그림 기호의 예 : 스커트 허릿단

3. 바느질의 품질

옷의 바느질 상태는 의복의 전반적인 외관에 영향을 미치므로 고르고 바르며 부드럽고 튀지 않는 바느질 상태를 유지하도록 주의해야 한다. 또한 바느질 방법에 따라 심미적인 외관뿐만 아니라 내구성(durability)과 쾌적성(comfort)도 영향을 받는다. 따라서 기능성과 심미성의 여러 가지 측면을 고려해서 바느질 방법이 선택되어야 하며, 부가적으로 수선의 용이함도 고려해야 한다.

스트레스를 많이 받는 부위에서는 튼튼하고 신축성도 약간 있는 스티치를 선택한다. 대표적인 예가 바지의 엉덩이부분으로 쉽게 미어지거나 터질 수 있는 부위이므로 적합한 바느질 방법의 선택이 필요하다. 또한 니트나 수영복용 직물과 같은 신축성이 큰 직물도 바느질 방법의 선택에 주의가 필요하다. 바느질 방법의 선택 여부에 따라 착용감에도 영향을 미친다. 예를 들어 피부를 자극해서 가렵게 하는 바느질 방법은 속옷이나, 특히 피부가 약한 유아나 노인용 의류의 바느질 방법으로는 적합하지 않으므로 주의해야 한다.

바느질의 품질은 직물의 강도와 밀도, 스티치 상태, 바느질 방법의 상호작용의 결과로 나타난다. 바느질의 상태가 좋지 못할 경우 흔히 발생하는 문제점은 바느질선이 쭈글거리는 심 퍼커링, 바느질선이 중간에 끊김, 바느질선이 너무 느슨하여 이가 벌어짐(seam grin), 바느질선이 있는 부분의 옷감이 밀려 미어짐(seam slippage) 등이 있다.

그림 7-6 부피를 줄인 시접 정리 : 소매 겨드랑이 부위와 치맛단

그림 7-7 부피가 큰 시접 부위 : 바짓단과 바지 밑선

1) 시 접

시접은 재단된 옷감의 끝과 바느질선 사이의 간격으로 바느질선이 터지거나 밀리지 않도록 보호하는 역할을 한다. 시접 분량은 일반적으로 1.5cm 정도가 적당하다. 그러나 칼라의 가장자리나 커프스처럼 시접이 여러 겹으로 겹쳐지는 부위는 부피를 최소화하기 위해 약 0.4cm의 시접을 사용한다. 넓은 시접이 필요한 부위는 재킷, 코트, 스커트 바지의 단이며, 남성용 정장바지 뒤 허리는 허리에 넓은 허리 시접을 두어 허리사이즈 수선이 용이하도록 시접을 준비해두는 방법이 전통적으로 사용된다.

바느질선이 교차되면 시접이 겹쳐서 부피감이 나타난다. 착용감을 향상시키기 위해서 좁은 시접으로 처리를 하는 부분은 바지의 밑부분과 셔츠의 겨드랑이 부분이다(그림 7-6). 또한 치마나 바지의 단도 시접이 겹쳐져 부피가 커지는 것을 방지하기 위한 방안이 필요하다.

2) 스티치 풀림

바느질선이 풀리는 사고를 막기 위해서는 바느질을 시작한 부분과 마치는 부분에서 스티치가 안 풀리게 되돌아 박기를 하거나 매듭을 짓는다. 그러나 시접을 정리하면서 바느질이 되는 오버록 스티치는 되돌아 박기가 되지 않으므로 스티

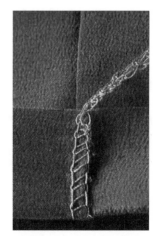

그림 7-8 오버록 스티치 풀림 방지 실기둥

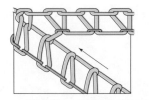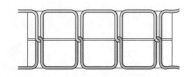

그림 7-9 장력이 균형을 이룬 스티치 : 오버록 스티치와 로크 스티치

치를 시작하기 전과 마친 후에 옷감이 없는 상태로 바느질해서 실기둥을 만들어 풀리지 않도록 한다(그림 7-8).

3) 스티치 장력

스티치의 품질 불량 중 장력의 문제는 300단위 로크 스티치와 500단위 오버록 스티치 종류에서 주로 발생한다. 로크 스티치의 경우 밑실과 윗실의 장력의 균형이 이루어지지 않아 바느질선이 벌어지는 현상이 일어난다. 500단위 오버록 스티치의 경우 실들 간에 장력의 균형이 이루어지지 않으면 루프 연결고리가 안쪽이나 바깥으로 밀리는 경향을 보인다.

4) 스티치 뭉침

옷감이 일정한 속도로 바늘 부위를 통과해야 스티치가 균일하게 형성되어지는데, 옷감의 이동이 중단되면 같은 자리에 반복해서 스티치가 생겨 실의 뭉침이 일어난다. 이런 현상의 원인으로는 기계의 밸런스가 맞지 않거나 바늘이 불량인 경우도 있다.

5) 스티치와 봉사의 관계

재봉사는 옷의 원가에는 큰 영향을 미치지 않는 요소이지만 옷의 품질에 미치는 영향력은 크다. 실의 내구성이나 외관, 재질은 스티치의 품질에 영향을 미치며 궁극적으로 옷의 품질에 영향을 미치게 된다. 재봉사는 내구성이 우수하고 실의 두께가 균일해야 하며, 어느 정도의 신축성이 필요하다. 실의 두께가 균일하지 못하면, 바느질 도중 실이 끊기거나, 바늘이 휘거나 부러지게 할 수도 있다. 신축성이 적은 재봉사는 바느질 도중 발생하는 장력을 견디지 못해 끊어질 수도 있다. 그러나 신축성이 너무 많은 재봉사는 바느질 시 실이 늘어났다가 바느질을 마친 후 다시 원래의 길이로 회복되므로 퍼커링을 일으키는 원인을 제공한다. 일반적으로 재봉사는 옷감의 특징, 무게에 맞추어 선택해야 한다. 두껍고 거칠은 옷감에는 굵은 재봉사를 사용하고, 부드럽고 얇은 옷감에는 가는 재봉사가 적합하다. 단춧구멍과 같이 마찰이 많이 일어나는 부위에 사용되는 재봉사는 특히 내구성이 좋아야 한다. 일반적으로 가는 실을 여러 겹으로 여러 번 꼬아 만든 재봉사가 튼튼하다.

6) 스티치의 대용

전통적인 방법의 스티치가 적합하지 않은 부위에는 스티치를 대신하는 방법이 사용된다. 예를 들어 가죽제품이나 엠블럼을 부착하는 경우에는 접착제를 사용하기도 하고, 비옷의 바느질에는 열선으로 소재의 성분을 녹여서 부착하는 열융착법(ultrasonic welding)을 사용하기도 한다. 또한, 고어텍스와 같은 투습방수 소재는 봉제선을 따라 형성된 바늘 통과 구멍사이로 물이 스미지 않도록 완벽한 방수를 위해 바느질선을 씸실링(seam sealing) 테이프로 덮는다.

7) 퍼커링

솔기의 상태와 모양은 의복의 전체적인 미와 품질에 영향을 미친다. 바르고 균일하며, 뒤틀리거나 주름잡히지 않은 솔기는 외관상으로 아름다울 뿐만 아니라 의복의 내구성을 높인다. 솔기의 외관을 저하시키는 가장 큰 원인은 퍼커링(seam puckering)이다. 퍼커링이란 봉제 후 봉제선이 매끄럽지 않고 쭈글거리는 작은 주름이 생기는 경우를 뜻한다.

퍼커링의 발생원인은 대부분 다음과 같다.

- 바늘에 의해 옷감의 올이 밀려서 생기는 퍼커링
- 톱니와 노루발의 압력 불균형에 의한 퍼커링
- 윗실과 밑실의 장력의 불균형에 의한 퍼커링
- 사용소재의 특성 차이에 의한 퍼커링

(1) 원단 밀도에 의한 퍼커링

밀도가 높은 소재는 재봉바늘에 의해 경사와 위사가 여러 방향으로 밀려서 퍼커링이 발생한다. 일반적으로 대부분의 직물은 경사 밀도가 위사 밀도보다 높다. 경사방향과 위사방향 그리고 45° 바이어스 방향을 같은 스티치 형태와 재봉사의 장력으로 봉제했을 때, 경사방향 퍼커링이 가장 심하며, 위사방향은 경사방향보다 덜 심하고 바이어스 방향은 퍼커링 현상이 일어나지 않는다. 예를 들어 바지 앞 지퍼 플라이에서는 봉제선이 원단의 경사방향과 평행하기 때문에 퍼커링이 발생하기 쉽다. 반면에 아랫부분의 사선으로 꺾이는 곳에서는 봉제선이 바이어스 방향으로 형성되기 때문에 퍼커링이 일어나지 않는다. 따라서 퍼커링 발생이 문제가 되는 직물을 사용해야 하는 경우에는 패턴 제작 시 식서방향을 염두에 두고 퍼커링을 최소화할 수 있는 방안을 찾아야 한다.

(2) 소재차이에 의한 퍼커링

가장 많이 사용되고 있는 본봉 재봉기는 톱니에 의해 옷감이 움직이는 방식이다. 따라서 겉면이 매끄럽고 얇은 소재를 바느질하거나 두 장의 소재가 서로 마찰 특성이 다를 때(안감과 겉감 봉제의 경우)에는 노루발에 의해 이동되는 윗면소재의 양과 톱니에 의해 이동되는 아랫면 소재의 이동 속도가 다르기 때문에 밑에 놓여있는 소재에 퍼커링이 생긴다.

이러한 문제점이 발생하는 경우에는 두 소재의 이동량을 같게 하기 위해서는 노루발의 형태를 교체하는 방법도 사용한다.

(3) 솔기방식에 따른 퍼커링

원단을 여러 겹 봉합하면 퍼커링이 일어나기 쉬우며, 솔기의 형태에 따라 퍼커링이 일어나는 정도가 다르다. 예를 들면 바지의 옆선솔기 방식이 가름솔인지 쌈솔인지에 따라 퍼커링의 발생정도가 다르다. 쌈솔의 경우는 여러 겹을 겹쳐서 바느질이 되므로 퍼커링이 발생할 확률이 높다. 또한 스커트, 바지 등 밑단의 경우, 단을 두 번 접어서 본봉으로 하는 것보다 블라인드(blind)스티치로 하면 퍼커링이 생기지 않는다.

(4) 윗실과 밑실의 장력 차이에 의한 퍼커링

윗실과 밑실의 장력은 서로 조화가 이루어질 때 스티치 형성이 매끈하게 된다. 장력이 너무 약하면 스티치가 엉성하게 이루어져 바느질선의 강도가 약해지고, 장력이 너무 강하면 퍼커링이 생긴다. 이 외에도 봉사와 소재의 수축률이 다를 경우에도 세탁 후 퍼커링이 나타난다. 퍼커링은 완전히 제거하기는 어

봉제 기계 및 설비

재봉기는 크게 가정용과 공업용으로 분류된다. 가정용 재봉기는 직선이나 지그재그와 단춧구멍 스티치를 비롯한 다양한 스티치가 가능하며 본봉스티치가 가능한 재봉기이다. 반면 공업용 재봉기는 한 가지 종류의 스티치가 가능한 전문적인 장비이며 스티치에 따라 다양한 종류가 사용된다. 공업용 재봉기는 한국공업규격KS(Korean Industrial Standard)의 KS B 7007 '공업용 재봉틀의 분류에 대한 용어 및 표시기호'에 따라 분류한다. 오늘날 다양한 공업용 재봉기와 컴퓨터를 이용한 특수 재봉기가 사용되고 있으므로 통일된 명칭과 체계적인 분류방법이 필요하다. 다음은 공업용 재봉틀의 예이다.

가장자리 감침봉 재봉기
(편성물 소재와 시접의 가장자리 처리)

QQ 단춧구멍 재봉기
(코트, 신사복의 단춧구멍)

본봉기(일반적인 바느질용)

칼 본봉기(시접끝 정리와 동시에 본봉)

새로운 봉제 장비

전자식 재봉기

　생산 임금에 대한 부담을 낮추고 품질 관리의 효율성을 높이는 방안으로 자동으로 복잡한 봉제공정을 처리하는 다양한 전자식 재봉기가 개발되고 있다. 입력된 프로그램에 의해 자동적으로 가동되는 전자식 재봉기는 일정한 규격으로 생산되는 부위의 작업에 주로 사용된다. 예를 들어 재킷의 포켓, 드레스셔츠 칼라, 커프스, 진(jean)바지, 소매부착, 옆솔기, 뒤중심선봉제 등 작업부위에 따라 다양한 전자식 자동 재봉기가 개발되어 사용된다. 자동재봉기는 조작방법도 간단하여 봉제시간에 많이 소요되는 부분을 자동적으로 처리하여 숙련된 작업자를 대신할 수 있으므로 시간과 생산비를 절약할 수 있는 이점이 있다. 따라서 한 종류의 의복을 대량생산하는 업체에서 활발하게 사용한다. 그러나 다품종을 소량 생산하는 업체에서는 생산물량이 적으므로 전자식 재봉기 활용시간이 짧아 장비구입 비용의 부담이 크다.

자동 포켓제조장비 : 포켓 위치에 맞추어 재단과 봉제가 자동으로 이루어짐

용착 재봉

　초음파를 사용하여 쐐기모양의 기둥 끝을 뜨겁게 하거나 뜨거운 공기를 통과시켜 소재를 봉합하는 방식이다. 재봉기의 형태는 원통형, 기둥형 등이 있고 1분간 약 10m까지도 용착이 가능하다. 사용소재는 열가소성 포일이나 플라스틱으로 표면을 라미네이트 처리한(약 0.5mm까지) 직물 등이다. 바늘구멍에 물이나 화학물이 스며들지 못하게 해야 하는 비옷, 작업복, 위생복, 스포츠웨어, 방사선 차단복 제조에 주로 사용된다.

려우나 스티치 조건을 조절하여 감소시킬 수 있다. 밑실과 윗실의 장력 차이에 의한 퍼커링 현상은 작업자의 숙련도에 따라서도 어느 정도 방지할 수 있다.

4. 마무리공정

봉제를 마친 후 생산 라인의 마지막 부분에서 실시하는 공정인 마무리공정에는 주름을 펴서 바느질선을 안정시키고 옷의 형태를 정리하는 프레싱, 라벨이나 단추를 다는 공정, 늘어진 실밥을 정리하는 공정 등이 포함된다.

1) 프레싱

프레싱(pressing)은 봉제 작업이 이루어지는 중간에 가장자리나 바느질선을 다리는 프레싱과 봉제작업이 완성된 후 옷의 형태를 매끄럽게 안정시키고, 모양을 잡아주기 위해 사용하는 프레싱이 있다. 마무리 공정에서 이루어지는 프레싱은 전문적인 프레싱 도구를 사용하며 스팀다리미와 프레스기를 이용하거나 입체형 프레스기(steam mannequin)를 사용한다. 예를 들어 남성 재킷의 라벨과 앞자락의 형태를 잡아주는 프레싱 작업에서는 좌, 우로 각각 별도의 입체 프레스장비를 사용한다.

2) 라벨부착

브랜드를 알리는 라벨은 소비자의 시선을 끌기 위해 비교적 크기가 크고 화려한 모양을 가지고 있으며 소비자에게 잘 보이는 위치(예 : 상의의 경우 목뒤의 중심)에 부착되고, 사용된 섬유의 구성 성분이나 세탁 방법을 알리는 케어(care)라벨은 옆솔기선에 부착된다. 종이로 만든 행택은 마무리 공정과 프레싱이 완료된 후 포장이 이루어지는 과정 중에 부착된다. 라벨에 포함된 정보는 제품의 특징이나 기능을 확인할 수 있는 정보이다.

제품마다 부착되는 바코드는 제품의 지문과 같은 역할을 하여 상품의 특징이나 생산처, 생산일자를 확인할 수 있는 정보이다. 바코드는 제조업체나 유통업자에게는 상품의 흐름을 파악할 수 있는 도구로 사용되며, 이 외에도 위조 상품의 유통을 방지하는 데에도 사용된다. 최근에는 제품의 정보를 칩의 형태로 내장시킨 제품을 유통시킴으로써 상품의 도난을 방지하고, 제품의 흐름을 운송 중에도 파악할 수 있는 기능을 가진 RFID(Radio Freguency Identification)도 개발되고 있다.

3) 완제품 가공

최근에는 캐주얼웨어를 중심으로 제품의 상품성을 높이기 위해 다양한 워싱가공을 한다. 봉제가 완료된 제품을 미리 수축시키거나 자연스러운 느낌을 주기 위해 이루어지는 워싱가공을 계획하여 제작되는 제품은 워싱가공에서 나타날 수축률을 미리 반영하여 패턴을 제작한다. 워싱가공은 다양한 기술을 사용하여 색과 촉감을 변화시키는 데 이용되고 있다. 예를 들면 돌을 넣어 워싱처리하여 자연스러운 마모를 유발시키는 스톤워싱(stone washing), 화학물질이나 효소를 첨가한 워싱가공을 하기도 한다. 최근에는 환경에 대한 관심이 높아짐에 따라 워싱 과정 중에 발생되는 오염을 최소화하기 위하여 친환경적인 용매를 사용하는 방법들이 사용되는 추세이다.

4) 가먼트 염색

가먼트 염색(garment dyed)은 완성된 제품의 색을 소재 선택 단계에서 결정하지 않고 옷을 만든 후에 염색하는 것이다. 동일한 스타일의 제품이라도 판매율이 색상에 따라 달라지는 경향이 있으므로, 의류업체에서는 색상에 대한 결정을 판매시점에 최대한 근접시키기 위한 방안으로 염색이 완료되지 않은 상태의 원단으로 일단 제품을 만들어 판매할 완제품의 수량을 확보한 다음 색상에 대한 구매자의 수요를 반영하여 완제품을 염색하는 방법을 사용하기도 한다. 모든 제품이 가먼트 염색이 가능한 것은 아니며 주로 스웨터, 스타킹과 같은 품목에 사용한다. 가먼트 염색을 계획하여 생산되는 제품은 염색하는 동안 일어나게 될 변화를 고려하여 설계해야 한다. 예를 들어 미리 수축률을 제품 치수에 반영하여 생산해야 한다.

5. 포장 및 선적

각종 가공이 완료된 상품들은 접거나 옷걸이에 걸어 폴리비닐백에 씌운 상태로 박스에 넣어 운송된다(그림 7-10). 의류상품의 포장 방법은 상품의 신선도 유지에 큰 영향을 미치므로 제조업체들은 생산의뢰서(작업지시서)의 마지막 부분에는 상품의 포장 방법도 구체적으로 명시한다(그림 7-12). 특히 최근에는 물류센터에서 중간 포장단계를 거치지 않고 바로 매장으로 보낼 수 있도록 공장에서 미리 포장하는 경향이 크므로 각 매장에서 필요한 수량에 대한 정보를 공장에 미리 제공하여 각 매장의 수요에 따라 박스 포장을 하도록 하는 경향이 늘고 있다. 따라서 생산업체가 포장하여 매장으로 보내는 물품의 가격, 물량 등 선적의 내용을 알 수 있는 자료를 유통업체에게 미리 보내어 매장에서 디스플레이를 준비할 시간을 단축시킨다.

판매가 이루어지는 시점에서는 제품과 브랜드나 유통업체에 대한 이미지를 소비자에게 전달하기 위하여 포장 디자인의 차별화를 시도하고 있다(그림 7-13~7-16). 예를 들면 각종 태그나 쇼핑백의 디자인을 통해 소비자에게 브랜드의 이미지를 알리는 노력을 기울인다. 그림 7-13은 자연을 사랑하는 깨끗한 친환경적인 이미지와 자연친화적인 이미지를 소비자에게 전달하는 쇼핑백 디자인의 예이다.

그림 7-10 폴리백으로 포장된 상품의 이동

그림 7-11 포장 박스의 라벨 작업

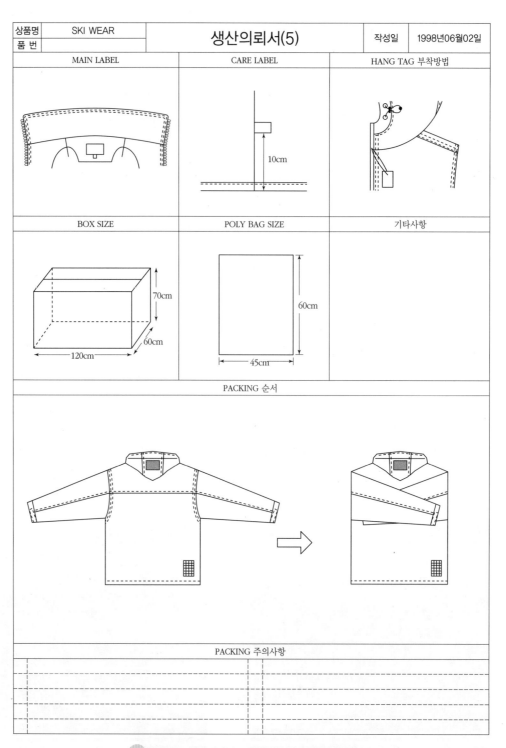

상품명	SKI WEAR	생산의뢰서(5)	작성일	1998년06월02일
품 번				

MAIN LABEL	CARE LABEL	HANG TAG 부착방법

10cm

BOX SIZE	POLY BAG SIZE	기타사항

70cm
60cm
120cm

60cm
45cm

PACKING 순서

PACKING 주의사항

그림 7-12 작업지시서 : 라벨부착 및 제품 포장 방법

그림 7-13 브랜드별 쇼핑백

그림 7-14 행택 디자인 Ⅰ : 포멀한 남성복 이미지를 전달하며, 제품의 품질 관리에 관심을 기울임을 알리기 위한 방충제 행택

그림 7-15 행택 디자인 Ⅱ : 소재의 기능성을 전달하는 다양한 정보를 담은 스포츠웨어의 행택

브랜드 이름, 제품 사이즈를 쉽게 파악하도록 한 디자인

＊세탁시 유의사항＊
●세탁은 40℃ 이하의 미지근한 물에서 손세탁이나 세탁기를 사용하십시요.
●세제는 중성세제를 사용하시고 표백제를 사용하지 마십시요.
●특히 더러워진 부분은 스폰지 또는 부드러운 솔을 사용하십시요.
●세탁후 짜지말고 젖은상태로 옷걸이에 걸어서 그늘에서 말려주십시요.
●다리미를 사용하실 때는 P/C의 경우에는 80℃~120℃, 100% 면의 경우 140℃~160℃에서 다리십시요.
●드라이 크리닝보다는 물 세탁을 해주십시요.

제품의 세탁 시 주의사항에 대한 정보를 제공하여, 사용 시의 소비자 만족을 추구하는 폴리백 포장디자인

그림 7-16 폴리백 디자인

복습문제

1 신상품 개발 프로세스 중 스타일의 개발이 이루어지는 과정을 설명하시오.

2 신상품 품평회에서 이루어지는 업무에 대하여 설명하시오.

3 생산준비공정 중 연단과 재단, 그레이딩에 대하여 설명하시오.

4 샘플용 패턴과 생산용 마스터 패턴의 차이를 설명하시오.

5 마커(marker) 제작 시, 2~3개 사이즈를 같은 마커에 배치하는 이유를 설명하시오.

6 아래 / 위가 분명한 무늬의 프린트 직물용 마커의 특징을 설명하시오.

7 심 접착은 본 생산에서 언제 이루어지는지 설명하시오.

8 본봉(로크 스티치)의 장점과 단점을 설명하시오.

9 환봉(체인 스티치)의 장점과 단점을 설명하시오.

10 퍼커링이 발생하는 원인을 세 가지 설명하시오.

11 완제품의 가공 중 워싱 가공의 특징에 대하여 설명하시오.

12 스포츠웨어 행택과 남성 정장 행택의 디자인 및 특징의 차이를 설명하시오.

심화학습 프로젝트

1 남성 정장 제조공장과 캐주얼웨어 제조공장을 방문하여 두 공장의 생산준비공정과 생산공정의 차이와 특징을 비교하시오. 사용하는 장비의 특성과 컴퓨터 기술의 도입 정도의 차이가 있는가? 각 공장의 작업 중 가장 인상적인 특징은 어떤 것이 있는가? 같이 방문한 동료들과 공장 방문 소감을 서로 나누어 보시오.

2 남성용 드레스 셔츠와 여성용 블라우스를 한 벌씩 선택하여 각 의류에 사용된 스티치의 종류, 바느질 방법에 대하여 비교 분석하고 두 제품을 만들기 위해 사용된 옷감 및 패턴의 종류와 바느질 순서 등을 적어보시오. 두 제품의 차이를 종합적으로 비교하여 표를 작성하시오.

제 4 부 의류상품의 품질

Apparel products for business of fashion

의류상품의 품질

소비자에게 지불한 가격에 합당한 제품을 공급하는 것은 브랜드의 장기적인 신뢰 구축에 중요한 요소이다. 따라서 고객의 브랜드에 대한 신뢰를 구축하기 위해서는 상품을 공급하는 제조업체와 유통업체들이 엄격한 품질기준을 설정하여 적용하는 것이 필요하다.

구체적인 품질관리를 위해서 업체들은 어떤 품질기준을 세우고 어떻게 품질기준을 달성할 것인지에 대한 방안을 세워야 하며 제조된 제품이 품질기준에 합당한가의 여부를 판단하는 방법을 알아야 한다. 예를 들어 진(jean)은 워싱 방법과 원단 특성의 상호관계에 따라 최종 완제품의 품질이 좌우되므로 워싱가공 후 변화되는 제품의 수축률, 강도, 신도, 무게, 염색견뢰도, 세탁견뢰도 등을 테스트하고 평가하는 기준이 필요하다. 제품의 품질기준은 제조와 직접적인 관련이 있는 생산부서에서만 알아야 하는 것이 아니다. 상품의 최종적인 판매와 관련된 영업을 포함한 마케팅부서와 재료를 구매하는 업무를 담당하는 직원들도 자사 제품의 품질 요구수준을 이해하고, 품질에 합당한 제품을 생산하고 유통시킬 수 있도록 해야 한다.

품질이 우수한 제품을 제조하고 공급하려는 노력은 브랜드의 고객을 확보하는 힘을 발휘한다. 전체 유통 구조에서 보면 최종적인 소비자 외에도 공급을 받는 입장에 있는 사람이나 기업, 부서도 소비자이다. 따라서 제조업체는 제조한 물품을 구매하는 유통업체와 소비자가 요구하는 품질 수준에 맞는 제품을 제조해야 하며, 제조업체에 재료를 공급하는 업체는 제조업체가 요구하는 품질 수준에 적합한 재료를 공급할 수 있도록 해야 한다. 또한 소매점들은 소비자로부터 신뢰받는 이미지관리를 위해 엄격한 제품 품질 평가기준의 확립과 적용이 필요하다.

그러나 지나치게 높은 품질기준의 적용은 생산단가를 상승시키므로 상품의 제한된 가격선에 적합한 기준이 필요하다. 소비자가 구매한 물품에 대하여 불량품이라는 평가를 내리는 경우에는 판매처나 제조업체가 수선비용이나 반품 비용을 충당해야 하는 일차적인 손해가 발생하지만 이보다 더 치명적인 손실은 소비자의 불만족에 따른 브랜드 신뢰도의 추락이다. 따라서 제조업체나 유통업체들은 시장 수요가 예상 밖으로 증가할 때에도 품질기준을 엄격하게 지켜 브랜드의 인지도를 유지해야 한다.

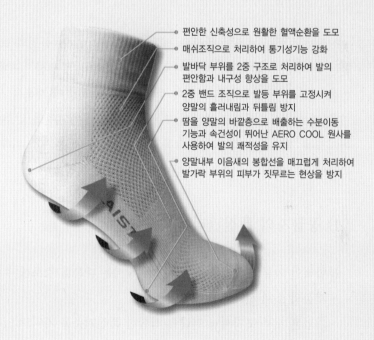

편안한 신축성으로 원활한 혈액순환을 도모

매쉬조직으로 처리하여 통기성기능 강화

발바닥 부위를 2중 구조로 처리하여 발의 편안함과 내구성 향상을 도모

2중 밴드 조직으로 발등 부위를 고정시켜 양말의 흘러내림과 뒤틀림 방지

땀을 양말의 바깥층으로 배출하는 수분이동 기능과 속건성이 뛰어난 AERO COOL 원사를 사용하여 발의 쾌적성을 유지

양말내부 이음새의 봉합선을 매끄럽게 처리하여 발가락 부위의 피부가 짓무르는 현상을 방지

이 장에서는 ...

= 품질관리의 기준을 이해한다.
= 품질관리 방법을 이해한다.
= 작업지시서의 특징을 이해한다.
= 국제적인 품질 인증을 이해한다.

chapter **8**

품질관리

1. 품질관리의 기준

소비자는 의류 제품의 품질을 제품에 내재되어 있는 품질과 브랜드와 제품이 갖는 이미지로 평가한다. 따라서 제품의 품질관리는 생산 · 구매 · 마케팅을 포함한 모든 부서가 관심을 가져야 한다. 우수한 품질의 제품을 생산 · 유통시키기 위해서는 기본적으로 생산의 모든 부분에서 품질기준을 맞추어 생산이 이루어지도록 제도적인 준비가 필요하고, 이를 실행에 옮기기 위해서는 운영적인 측면에서도 품질기준 관리시스템이 필요하다(부록참조).

1) 공급자의 품질관리기준

통합적인 의류 제품의 품질관리를 위해서는 다음을 검토해야 한다.
• 제품의 소재 선택은 적합하였는가?
• 기업은 제품 포지셔닝 전략에 적합한 품질기준을 가지고 있는가?
• 제품의 생산과 가공 프로세스는 품질기준에 적합하였는가?
• 사이즈와 맞음새는 목표 고객의 특성을 잘 반영하였는가?
• 제품의 최종적인 포장이나 제품의 디스플레이 방식은 적합하였는가?

표 8-1 제품의 품질특징 분석 요소

분석 요소	분석 항목	세부적인 항목
제품 포지셔닝	• 기능성을 추구할 것인가? 심미성을 추구할 것인가? • 반복 사용할 것인가? 일회성 사용 용도인가? • 유행과 패션을 강조할 것인가? 베이직한 스타일을 유지할 것인가? • 가격 분포는?	
착용자 적합성	• 외관(스타일) • 착용감 • 용도	• 착용자의 특성(체형, 연령, 라이프스타일) • 사이즈
재료의 선택	• 소재(원단) • 부자재(심, 안감, 지퍼, 봉사)	• 디자인(색상, 프린트, 촉감 등) • 원단의 물리 화학적 특성 – 섬유조성, 무게, 밀도, 게이지 – 화학적 물성 • 관리방법 • 생산 공정의 문제점 발생 가능성
생산 공정 관리	• 상의/하의 앞판, 뒤판 • 소매, 소매 밑단(커프스) • 목부분(칼라, 네크라인) • 포켓	• 공정 분석 • 부분별 사용할 원·부자재의 선택 • 부분별 공정 기술의 선택 • 작업수행 품질평가 기준 설정
생산 및 가공	• 재단 • 봉제 • 가공, 프레싱	• 마커의 효율과 적합성 • 재단의 올방향 • 스티치나 프레싱 방법과 품질
포장 및 디스플레이	• 액세서리 • 포장방법 • 디스플레이 도구	• 디스플레이 방법(옷걸이/ 접어서 진열) • 부착한 라벨/태그 정보의 정확성 • 포장 방법의 적절성

각 회사가 설정한 품질기준에 부합한 제품을 생산하기 위해서는 재료와 제조 기술의 관리가 철저히 이루어져야 한다. 즉, 원단을 포함한 각종 부자재의 품질이 회사가 정한 기준에 합당해야 하며, 정확한 봉제가 이루어지도록 생산지시서에 작업사항들이 구체적으로 기록되고 준수되어야 한다. 또한 기성복은 다양한 사이즈로 생산되므로, 사이즈별 일관성이 중요하다. 생산되는 제품의 불량을 방지하기 위해서는 연속적인 샘플링이 실시되어야 한다. 작업물이 최종 단계에 가기 전에 중간 점검을 통해 불량품을 생산하는 작업자나 장비를 파악하여 불량품이 발생하는 근원을 없애야 한다.

최근에는 해외생산이 증가함에 따라 품질관리의 중요성이 높아지고 있다. 해외생산의 생산관리는 해당 국가의 정치적, 경제적, 환경 상태에 따라 많은 문제들이 발생하기도 한다. 따라서 관리의 효율성을 높이기 위하여 현지 생산기지의 관리를 전문적으로 수행할 수 있는 현지 에이전트를 이용하는 경우가 많으며, 이들은 통관절차나 생산에 관련한 생산일정의 지연이나 품질상의 문제가 발생하지 않도록 관리하는 역할을 담당한다.

2) 소비자의 품질관리기준

소비자들이 의류 제품의 특징이나 가치를 평가하는 일반적인 기준은 '원·부자재는 무엇을 사용했는가, 꼼꼼하고 솜씨 있게 만들어졌는가, 특별한 기능이 있는가?'이다. 이 외에도 디자인이 마음에 드는지, 유행이 반영되었는지를 평가하며 옷이 크거나 작지 않고 잘 맞는지, 착용감이 좋은지, 용도에 맞는지, 개인이 추구하는 가치 기준에 합당한지 등 다양한 측면에서 제품의 구매가치를 평가한다.

의류 제품의 구매가치는 기능적인 요소와 심미적인 요소로 평가된다. 대부분의 의류 상품은 기능성과 심미성 두 가지 요소를 모두 가지고 있다. 다만 기능성과 심미성 중 어떤 요소가 더 중요하게 반영되는 것이 적합한 것인가의 차이가 있을 뿐이다. 또한 기능성에서도 어떤 기능성을 더 중요하게 평가할 것인가도 중요하다. 예를 들어 잠옷은 편안하게 잠을 자고 쉴 수 있는 목적에 부합하는지를 평가 기준으로 삼아야 하므로 촉감이 좋으며 신체 신진대사에 도움이 되는 재료를 사용하였는지와 신체를 편안하게 보호하는 형태를 갖추었는지를 평가하여야 한다. 그러나 정장은 착용자가 업무적인 능력과 사회적인 예의를 갖추었음을 보여주는 도구의 역할이 중요시되므로 품위있는 외관을 제공하는 재료의 선택과 엄격한 품질관리 기준이 필요하다. 특수한 예로 연극이나 오페라에서 사용되는 무대 의상은 일정한 거리가 떨어진 관객에게 보이는 상태에서의 인물의 특성을 잘 표현하는 심미적인 요소와 조명과의 관계 등을 고려해야 한다. 또한 장기 공연에도 일정한 상태가 유지되어야 하므로 내구성을 고려해야 하며, 무대의 전환에 따라 신속하게 벗고 입는 과정에서 발생할 수 있는 옷의 훼손을 예방할 수 있도록 튼튼하게 바느질이 되어 있어야 하는 점도 있다.

의류 상품은 주어진 가격 범위 안에서 생산이 되므로 기업이 기대하는 이윤 수준도 달성하고 소비자의 기대 품질 수준도 만족시킬 수 있는 균형점을 유지하는 것이 중요하다. 소비자의 기대수준과 기업의 이윤추구를 만족시킬 수 있는 균형점을 정확하게 맞추기 위해서는 목표 고객들의 제품에 대한 기대 수준, 제품의 용도에 대한 구체적이고 측량이 가능한 기준을 가지고 있어야 한다. 또한 원가와 품질의 최적 수준을 결정하기 위해서는 제품의 물리적인 품질 특성을 결정짓는 스타일, 맞음새, 사이즈, 원단, 부자재, 스티치, 바느질방법, 가공 등의 다양한 수준을 인지하고 가격에 적합한 품질관리 수준을 선택할 수 있어야 한다.

품질관리 수준을 결정하기 위한 제품의 구분은 가격이나 제품의 패션성 요구 정도에 따른 차별적인 접근 방법도 필요하다. 예를 들어 셔츠와 같이 기본적인 의류 품목에 비하여 일시적인 유행이 중요한 패션제품은 신제품으로서의 가치가 유지되는 기간이 8~12주에 불과하므로 색상이나 스타일을 중요시하는 것이 일반적인 전략이다. 의류브랜드는 제품의 가격대에 따라 세분화된다. 따라서 가격대를 반영한 제품의 개발 및 선택이 중요하다. 예를 들어 정상 판매가격이 40만원 내외인 고급 브랜드의 셔츠는 가격이 5만원 이하로 판매되는 제품에 비하여 제품의 기획 단계에서부터 고급제품의 품질에 부합하는 철저한 품질관리 기준의 설정 및 관리가 필요하다.

2. 품질검사

원단, 부자재, 완성품의 구매 단계에서는 품질기준에 합당한 물품 구입을 위하여 여러 가지 검사에 합격한 물품에 대해서만 납품을 받는다. 소매업자도 생산관리업자와 마찬가지로 원단이나 부자재에 대한 품질관리의 중요성을 인식해야 한다. 소매업자들은 제품을 판매할 때나 소비자가 구매한 후 사용할 때 불량이 발생하지 않도록 하는 품질관리 항목에 관심을 가져야 한다. 예를 들어 매장의 조명에 색상이 변하는 문제가 발생하기도 하므로 이러한 점에 주의를 기울여야 한다. 소비자는 세탁 후 지나치게 수축하거나 염색 상태가 변하는 사고에 관해서 주로 불만을 갖게 되므로 이러한 사고 방지를 위한 품질관리나 제품 선정기준을 가지고 있어야 한다.

제조업체는 원단이나 부자재업체가 납품한 원단이나 부자재의 특성이 제조업체의 기준에 합당한지 판단하기 위해 전문적인 검사 기술을 가진 기관이나 자체적으로 운영하는 시험소에서 여러 가지 성능을 검사한 시험 결과서를 기준으로 재료의 품질을 판단한다. 직물의 무게, 유연성, 늘어나는 성질 등은 봉재와 가공 작업에서 어떠한 생산 장비를 어떠한 조건으로 조정하여 사용해야 하는지를 결정하는 데 참고자료가 되므로 소재의 여러 가지 물성에 대한 검사 결과가 중요한 역할을 한다. 예를 들어 이염이 심한 직물은 작업을 하는 중에도 작업자의 손이나 장비에 이염을 가져와 다른 색상의 제품에 얼룩을 만들어 불량 발생의 원인이 될 수도 있으므로 이염 발생의 심각성에 따라 제품 구매의 기준을 세워야 한다.

생산물량이 많은 경우에는 동일한 스타일 제품이 다수의 공급업체와 제조업체를 통해 생산되므로 품질이 일정하게 유지되어 생산되도록 주의를 기울여야 한다. 동일한 스타일을 제조하기 위한 재료를 여러 공급업체로부터 분산하여 납품 받는 경우에는 완제품의 품질을 일정하게 유지할 수 있도록 원단이나 부자재의 품질에 대한 엄격한 검사결과의 비교가 필요하다. 재주문으로 장기간 생산되는 제품에 대해서는 생산이 진행되고 있는 동안에도 공급업체가 동일한 품질기준에 합격한 재료를 납품하고 있는지 계속적으로 검사하여 매달 또는 주기별로 검사한 결과를 정리함으로써 공급업체의 신뢰도 수준을 파악하는 자료로도 사용한다.

소비자가 제품을 사용하는 중에 발생할 수 있는 불량요소를 미리 파악하여 방지하기 위해서는 착용 테스트를 실시한다. 품목에 따라서는 신상품으로 출시하기 전에 반복 착용과 세탁을 거듭하면서 발생하는 불량을 검토하기도 한다. 착용 테스트 결과는 현재 진행중인 제품의 안정적인 품질관리를 위해 이용되며 또한 후속 제품 개발을 위한 참고자료로 활용하기도 한다. 검수 (inspection)는 제품이 생산되는 과정에서 원단 상태나 완제품의 상태에서 전체적, 부분적으로 제품의 불량 부분을 찾는 작업이다. 불량을 찾아내는 방법으로는 다음의 방법들이 사용되고 있다.

1) 눈으로 확인하는 검사

특별한 장비가 필요없으므로 가장 간편한 방법으로 소비자나 유통 바이어들이 주로 사용하는 방법이다. 일반적으로 의류 제품의 전반적인 외관을 평가하는 데 적합하다. 비슷한 제품을 오랜 경험으로 평가해 본 사람들에게 적합한 방법으로 판단하는 사람의 전문적인 지식이나 경험에 근거하여 비교적 신속하고 정확하게 판단이 가능한 방법이다. 경험이 풍부한 전문가들은 특별한 분석 장비 없이도 옷감을 만져보고 받은 느낌을 근거로 옷으로 만들어진 후의 착용감 등을 예상하거나, 해당 소재에 적합한 제품 디자인 특성이나 생산방법 등을 예측하기도 한다.

2) 간단한 실험을 통한 검사

비교적 저가의 장비를 가지고 기본적인 제품의 물리적인 특성을 파악하는 방법이다. 예를 들어, 직물의 조직, 실(yarn)의 특성, 염색 방법, 주요 섬유 성분, 세탁 후 수축이 발생하는 비율이나 물빠짐 현상 등을 검사하는 방법으로 현미경이나 간단한 실험장비를 이용하여 직물의 특징을 관찰할 수 있는 분석방법이다. 눈으로 확인하는 방법에 비해 분석 비용이 조금 소요되기는 하지만, 객관적인 정보를 수집하여 분석에 활용한다는 장점이 있다.

3) 전문적인 실험 분석을 통한 검사

국제적 또는 국가가 공인한 전문 기관에 의뢰하여 표준실험방법에 근거한 실험결과 수치를 기준으로 분석하는 것이다. 원·부자재 구매확정을 결정하는 자료수집에 사용되며 섬유조성비율, 강도, 통기성, 견뢰도 등을 실험한다. 객관적이고 정확한 실험 결과를 바탕으로 분석이 이루어진다는 장점은 있으나 빠르게 변화하는 의류 산업의 특성상 생산시간이 지연되는 것이 문제점으로 지적되며, 다른 분석 방법에 비하여 실험에 많은 경비가 소요된다. 회사 내에 자체적으로 전문적인 검사가 가능한 실험실을 운영하는 것은 장비, 인건비 등의 투자 및 관리 비용이 많이 소요되므로 외부 전문기관을 주로 이용한다. 국

표 8-2 소재(원단)의 품질 평가를 위한 검사 항목, 시험방법, 판정기준의 예

검사 항목	시험 방법	회사 판정 기준
혼용률	KS K 0210	±5%
치수변화율	KS K 0465	직물(경, 위사 ±3%) 편물(±5%)
일광견뢰도	KS K 0700	3급 이상
마찰견뢰도	KS K ISO105−CO7	건식(4급), 습식(3급)
땀견뢰도	KS K 0715	변퇴색 4급, 오염 3급
세탁견뢰도	KS K 0430	변퇴색 4급, 오염 3급
인장강도(kg)	KS K 0520	경사(30), 위사(20)
아이롱 치수 변화율	KS K 0558	경, 위사 ±2%

가공인 시험검사기관으로는 한국의류시험연구원(KATRI)과 한국원사직물시험연구원(FITI)이 있다.

3. 품질관리를 위한 서류들

제품품질에 대한 소비자의 기대 수준과 가격에 적합한 제품의 생산과 유통을 위해서 품질기준(standard)과 스펙(specification, specs)이 사용된다. 품질기준은 기업이 전반적인 제품의 품질 수준을 유지하기 위하여 가지고 있는 중요한 기준이며 관련 업무를 담당하는 생산(임가공), 이화학검사, 검품, 마케팅에서 품질 기준을 잘 파악하고 적용시켜야 한다. 스펙은 특정 제품이 회사의 품질기준에 합당하게 제조되기 위해서 제시한 품질 준수 지침이다. 예를 들어 회사가 정한 품질기준을 만족시키려면 해당 제품은 모섬유 함유율 95% 이상이어야 하고 소재의 수축률은 3% 내외이어야 하며 땀에 젖었을 때의 견뢰도나 세탁견뢰도는 변퇴색이 4급이어야 한다든가 제품의 부위별 치수는 구체적으로 어떤 치수여야 한다는 지침을 적은 것이다.

표 8-3 소재(원단)와 완제품의 품질 평가 기준과 스펙의 사용 목적 및 활용 부서

분류		목적	활용 부서	예
기준	원단	목표고객의 수요에 합당한 제품 품질 유지	검사부서, 품질관리자, 바이어, 머천다이저	허용 수축률(−4%×−4%) 장력강도(200×140lbs) 파열강도(10×6lbs)
	완제품	모든 제품이 일정한 품질 상태를 유지할 수 있는 생산 기준	생산품질관리자, 작업자, 품질기준 산정 기술자	스티치가 안 끊어지게 함 구멍이 안 생기도록 정리 가장자리 마무리
스펙	원단	구매 시 공급업체에 제시할 원단의 특성 명시	바이어, 머천다이저, 구매 에이전트, 품질기준 산정 기술자	무게 : 야드당 8온스 조직 : 평직 염색 : 인디고 염료
	완제품	제품생산, 작업방법 명시	디자이너, 머천다이저, 패턴사, 작업반장, 품질기준 산정 기술자	땀수 : 8spi 스티치 : 301 솔기 : 401

1) 작업지시서

디자인된 스타일의 특성과 품질을 갖춘 제품을 생산하기 위해서는 정확하고 이해하기 쉬운 작업지시서(생산의뢰서)가 제공되어야 한다(그림 8-1, 8-2). 세밀한 부분까지 정확하게 지정한 작업지시서와 스펙은 작업자에게 제품의 설계에 대한 정확한 이해를 제공하므로 의도한 특성을 제대로 나타낸 제품을 생산할 확률이 높아진다. 그러나 모호한 설명이나 도식화 그림을 포함하지 않는 작업지시서는 설계의도를 정확하게 전달하기 어려우므로 불량품이나 원래 디자인한 제품의 특성이 제대로 반영되지 못한 제품이 생산될 가능성이 높다. 생산의뢰자(제조업자)가 정확하게 표현된 작업지시서를 제공하지 못하여 사고가 발생했을 때, 생산을 의뢰한 제조업체나 생산을 담당하였던 임가공업체 모두가 시간 및 비용의 손해를 입게 된다. 해외생산의 증가에 따라 생산업체와 제조업체는 지리적으로 멀리 떨어져 있으므로 만일 스펙에 맞지 않는 제품이 생산되어 공급될 경우에는 문제점을 해결하는 데 시간이 소요되어 판매 시기를 놓치게 되므로 예상했던 판매율에 도달할 가능성이 낮다. 따라서 판매업체는 판매손실을 입게 된다. 또한 임가공업체는 불만족스러운 작업수행의 기록이

PRODUCTION		91036300	
Style : 9136300 Division : DRS-1PCKNIT Season : SPR99 Description : Knit A-line T-shirt dress Comment :		Report # Del.Date : 8/30 Approved : M=21″ P=19 1/2″ Date : July 22, 1998 Modified : July 22, 1998	
Sketch : 9136300F.WMF (front)		Sketch : 9136300B.WMF (back)	

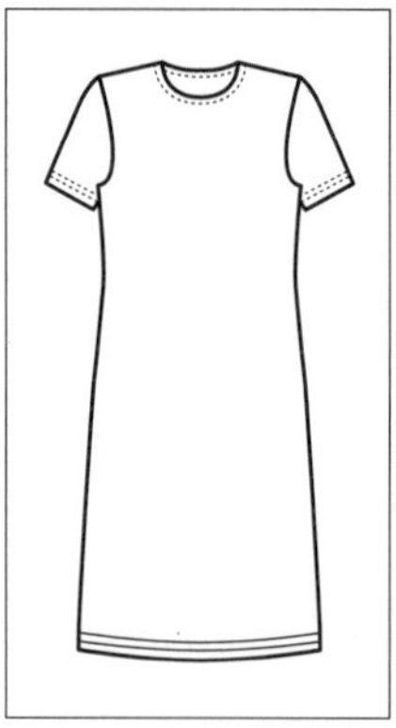

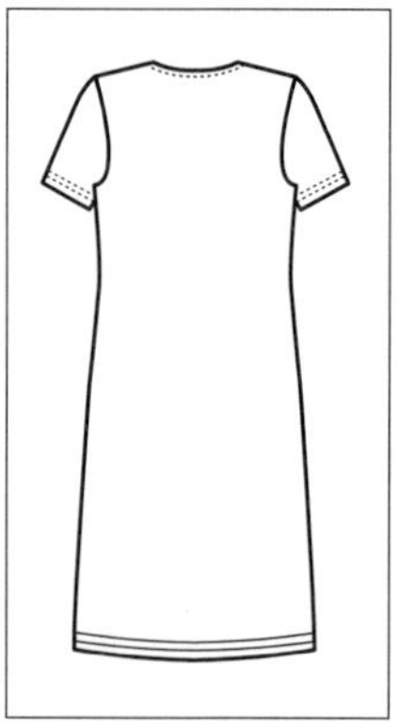

PRODUCTION		Garment construction	
Construction	Description	Construction	Description
Side seam	4 thread mock safety stitch w/12-14 stitches per 1″	Neck	Jew. neck, faced w/ 3/8″ self biasbinding, 1/4″
Shoulder	4 thread mock safety stitch w/12-14 stitches per 1″	Reinforcement Tape	mobilon tape at back of shoulder seam
Armhole	4 thread mock safety stitch w/12-14 stitches per 1″	Sleeve hem/bttm hem	1″ hem, dbl mdl topstitch
Opening	Pull over head	Topstitching	1/4″ s.n. : neck

그림 8-1 해외 생산용 작업지시서의 예 : 도식화와 제품설계 스펙

누적됨에 따라 제조업체와 유통업체에게 손해를 입힌 원인을 규명하여 변상의 책임을 지며 다음 작업 생산 물량을 확보할 가능성도 낮아진다.

작업지시서는 작업자가 쉽게 이해하여 작업에 활용할 수 있도록 가능한 한 자세하고 명료하게 설명되어야 하므로, 도식화의 사용이 빈번하게 이루어진다 (그림 8-2). 전 세계적으로 대부분의 브랜드들은 생산단가를 낮추기 위해 인건 비가 저렴한 해외에서 생산하는 경향이 있다. 그러나 해외생산은 국내생산과 달리 언어와 풍습, 작업환경이 다른 환경에서 생산이 이루어지므로 명확한 작 업지시서의 작성이 중요하다.

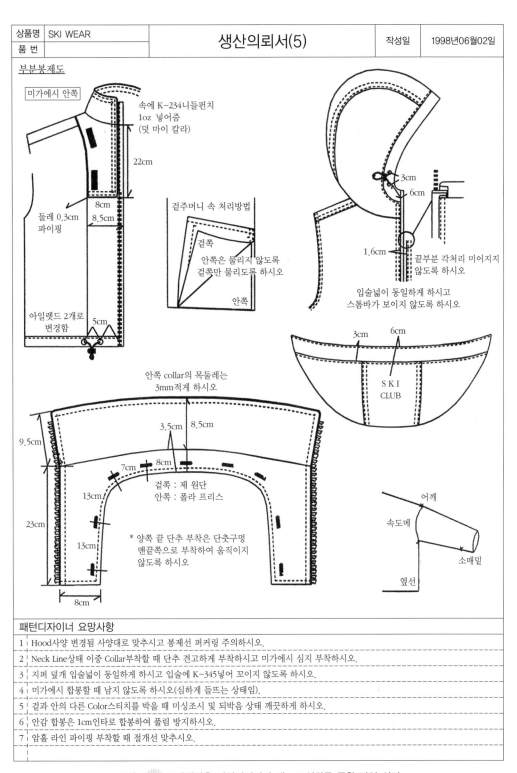

상품명	SKI WEAR	생산의뢰서(5)	작성일	1998년06월02일
품 번				

부분봉제도

미가에시 안쪽

속에 K-234니들펀치
1oz 넣어줌
(덧 마이 칼라)

22cm

둘레 0.3cm
파이핑

8cm
8.5cm

아일렛드 2개로
변경함

5cm

겉주머니 속 처리방법

겉쪽

안쪽은 물리지 않도록
겉쪽만 물리도록 하시오

안쪽

3cm
6cm

1.6cm
끝부분 각처리 미어지지
않도록 하시오

입술넓이 동일하게 하시고
스톰바가 보이지 않도록 하시오

3cm 6cm

S K I
CLUB

안쪽 collar의 목둘레는
3mm적게 하시오

9.5cm

3.5cm 8.5cm

7cm 8cm

겉쪽 : 제 원단
안쪽 : 폴라 프리스

13cm

23cm

13cm

* 양쪽 끝 단추 부착은 단춧구멍
맨끝쪽으로 부착하여 움직이지
않도록 하시오

8cm

어깨

속도메

소매밑

옆선

패턴디자이너 요망사항

1	Hood사양 변경됨 사양대로 맞추시고 봉제선 퍼커링 주의하시오.
2	Neck Line상태 이중 Collar부착할 때 단추 견고하게 부착하시고 미가에시 심지 부착하시오.
3	지퍼 덮개 입술넓이 동일하게 하시고 입술에 K-345넣어 꼬이지 않도록 하시오.
4	미가에시 합봉할 때 남지 않도록 하시오(심하게 들뜨는 상태임).
5	겉과 안의 다른 Color스티치를 박을 때 미싱조시 및 되박음 상태 깨끗하게 하시오.
6	안감 합봉은 1cm인타로 합봉하여 풀림 방지하시오.
7	암홀 라인 파이핑 부착할 때 절개선 맞추시오.

그림 8-2 국내생산용 작업지시서의 예 : 도식화를 통한 작업 설명

213

품질관리 제8장

2) 원·부자재 스펙

원·부자재의 스펙은 구매부서에서 업무 처리하는 데 필요한 서류이다. 직물의 특성을 정확하게 표현하기 위해 직물 무게와 평직이나 이중직 등 직물의 조직 특성을 명시하고 이 외에도 색상, 원단 폭, 원사 굵기, 원사의 짜임에 대한 기록도 포함되어 있다. 구매 단계에서의 정확한 스펙 적용이 이루어지지 않으면 생산 단계에서 불량이 발생할 확률이 매우 높으므로 우수한 품질의 제품생산을 위해 스펙기준 설정 및 관리의 엄격함이 요구된다. 특히 생산하는 물량이 많아서 여러 공급업체에서 재료를 나누어 구입해야 하는 경우나 오랜 기간 동안 공급이 이루어지는 기본형 스타일의 제품은 오랫동안 반복되어 생산되므로 매번 동일한 품질의 재료가 공급되도록 구매과정에서 원·부자재 스펙의 지속적인 관리가 필요하다.

원단에 대한 검수는 원단을 생산한 공장이나 제조업체에서 이루어지며, 눈으로 보고 불량을 찾아내는 방법(eyeball test)이나 컴퓨터를 이용한 자동 검색방법이 사용된다. 단위 길이에서 발견된 불량 수가 기준치보다 더 많이 발생하였을 경우 공급업체에 반품하거나 조정작업에 착수한다. 즉 구매부서는 불량의 심각성이 위험한 수준인 경우에는 구매를 포기하기도 하지만, 완제품을 매장에 납품할 시간이 부족한 경우에는 납품을 받는다. 그러나 불량재료는 저급한 품질의 완제품 생산으로 이어지므로 재료의 품질불량이 가져다 줄 반품의 위험과 브랜드 인지도 하락 위험을 초래한다. 불량 원단의 공급은 제조업체나 공급업체 모두에게 불이익이 되는 결과를 초래하므로 불량발생 사고를 사전에 방지할 수 있도록 사전 조치를 취해야 한다. 예를 들어 예방을 위해 업무정보를 상호 공유하여 신뢰를 쌓는 기업들이 증가하고 있다.

원단에 대한 품질관리는 원단을 생산한 공장에서 행해지나, 제조업체에 원단이 도착한 후에도 원단의 불량을 찾아낸다. 이 과정에서 원단에 대한 불량 판정은 단위 길이에서 중요한 불량과 사소한 불량이 얼마나 많이 발견되었는가에 따라 결정되며, 회사에서 정한 기준치보다 많은 수의 불량이 발견되면 원단의 납품을 거절할 수 있다. 그러나 사소한 불량이 발생하거나 불량이 발견된 부분이 일정한 부분에 국한되는 경우에는 원단의 가격을 다시 조정하여 납품가를 낮추어 납품을 받기도 한다.

상품명	SKI WEAR	품 번			생산의뢰서(5)			작성일	1998년06월02일

COLOR/SIZE수량

C#	COLOR	SIZE		85	90	95		합 계
1	011) WHITE			112	224	112		448
3	039) BLACK			150	300	150		600
	합 계			262	524	262		1048

ASSORT정보

방식	COLOR	SIZE		85	90	95		BOX량
1	011) WHITE			1	2	1		
3	039) BLACK			1	2	1		
	ASSORT지시							

SIZE SPEC

				85	90	95			
A	옷길이			66.0	68.0	70.0			
B	가슴둘레			118.0	123.0	128.0			
C	어깨넓이			50.0	52.0	54.0			
D	소매길이			56.0	57.5	59.0			
E	소매 밑단 둘레			13.0	14.0	15.0			
F	밑단둘레			108.0	113.0	118.0			
G	목둘레(겉)			52.5	54.0	55.5			
H	목둘레(안)			50.0	51.5	53.0			
I	HOOD			36X26	37X27	37X27			
J									
K									
L									

공통부자재

품 명	규 격	수 량	품 명	규 격	수 량	품 명	규 격	수 량
Main label	SPWLRD04S	1개	MAIN TAG	SPHTRD03H	1.02			
Content label	SPPLQC04	1.02	가격Tag	SPHTBA01	1.02			
Size label	SPWLSZ03	1.02	POLY BAG	SPPBD010	1.02개			
취급주의 라벨	SPPLQC05	1.02	BOX					
아쏘트 스티커	SPSKAS01	0.102	소재표시Tag	SPHTRD-12	1.02			

일반부자재

품 명	소 재	C#	규 격	색 상	수 량	사용장소	업체지정
지퍼	나일론		#5호	body matching		앞 프론트, 가슴, 옆주머니	
			#5호	c1 matching		안바람막이용 지퍼	
지퍼풀	니켈		98ZP-4	silver	4	앞 프론트, 가슴, 옆주머니	일
			일반silver풀	silver	1	안바람막이용	
스트링	직조		TAPE3	black		후드, 밑단	동부
스토파	플라스틱		#RST-12	니켈칼라	4	후드, 밑단	
스트링볼	플라스틱			니켈칼라	4	후드, 밑단	
아이렛	니켈		1CM	silver	4	후드, 밑단	
자수	인견사	1	98E-2	black	1	후드	삼오사
		3		white(c1)	1		
자수	인견사	1	98E-2(5*3.5cm)	black	1	왼쪽소매(밑)	삼오사
		3		white(c1)	1		
봉사	폴리core사60′g/3			body matching			
WAPPEN	직조		98W-13	black	1	안바람막이용	인터로고
WAPPEN	비닐	1	98W-2-2	black	1	뒤오른쪽밑단	인터로고
		3	98W-1-2	white	1		
벨크로				원단 matching		손목	
레쟈				원단 matching	4	양쪽옆주머니	
내장재							
			uls70(2.5oz)			몸판	
			uls50(1.8oz)			후드, 소매	

그림 8-3 작업지시서의 예 : 제품치수와 부자재의 스펙

불량 원단으로 후속 가공작업이 진행되면 봉제에 소요되는 가공 비용이 낭비되는 결과를 초래한다. 또한 원단의 사소한 불량은 제품 하나의 불량 문제로 그치는 것이 아니라 소비자들이 해당 브랜드의 다른 제품도 구매를 회피하는 상황으로 발전하여 브랜드의 이미지 실추로 이어지는 경우가 많다. 따라서 원단의 불량 판정에는 신중한 판단이 요구된다. 또한 작업이 진행되고 있는 도중에 원단의 불량이 발견되면 완제품의 납품 기일을 맞추는 일에 차질을 가져올 수 있다. 패션 산업에서는 시간이 제품의 가치에 영향을 주는 매우 중요한 요소이므로 계획된 작업 스케줄을 벗어나 제한된 시간 안에 진행되지 못하여 납품일자를 맞출 수 없게 되면 제품의 가치는 하락한다.

따라서 원자재 구매품질관리의 정확성을 높이기 위해서 입고될 원단에 대하여 색상별, 로트(lot)별 샘플을 1야드씩 받아서 공인된 실험기관(예: 한국의류시험연구원)에 물성검사를 의뢰한다. 여기서 받은 '이화학성적서'의 결과에 따라 해당 기업의 기준에 근거하여 합격/불합격을 판단한다. 이 때 원단의 로트별 이색검사나 이염, 수축률 등도 검사된다. 부자재도 물성검사를 거쳐 구입을 결정하며, 물세탁이나 드라이 크리닝에 대한 안전성도 검사 받는다.

3) 완제품의 품질관리 보고서

작업지시서에는 제품의 제조가 완료되기까지 거쳐야 하는 각 공정마다 회사가 정한 기준에 합당한 제품을 제작하기 위한 규격이 명확하게 표시된다. 예를 들면 스티치의 종류, 봉사의 색상이나 굵기 등 세세한 부분에 대한 기준이 제공된다. 비교적 단순한 공정을 거쳐 생산되는 티셔츠는 6가지 공정으로 완성이 되지만, 바지는 약 20가지 공정을 거쳐 제작되므로 바지의 스펙이 더 자세하게 제작된다. 만약 동일한 스타일의 셔츠를 시장의 수요시기에 맞추어 대량으로 공급하기 위해 여러 생산 공장에서 분산되어 생산된다면 모든 공장에서 생산된 제품이 동일한 품질의 제품으로 생산되도록 스펙의 정확한 표현에 대해 더욱 세심한 주의가 필요하다.

완제품의 불량이 발견되는 시기는 공장의 작업장이나 매장, 소비자가 제품을 사용하는 시점 등 다양하다. 소매업자는 제품을 진열하였을 때 불량을 발견하지만 소비자는 주로 구매 후 사용할 때나 세탁한 후 불량을 발견한다. 예를 들면 세탁한 후 지나치게 수축하거나 염색이 번지는 불량을 경험하기도 한다. 따라서 생산 작업 동안에 파악되지 않은 완제품의 불량 발생을 최소화하기 위해서는 소재 선정이나 스타일 개발단계부터 다양한 종류의 검사를 실시해야 하며, 전문적인 검사 기술을 가진 기관에 의뢰하여 불량품 생산을 방지하기 위한 근원적인 대비책을 마련해야 한다.

검품 방식은 작업 과정에서 실시하는 검사와 생산이 완료된 완제품에 실시하는 검사로 구분된다. 완제품에 대하여 실시하는 검품은 생산 작업이 완료된 완성품에 대하여 불량을 검사하는 것으로 전체 물량에 대한 검사를 실시한다. 완제품에 대한 검사는 가공 완료된 제품에 대해 실시하며 출하가 이루어지기 전에 불량품이 유통되지 않도록 하는 데 목적이 있다. 품질이 안정적인 제품은 부분적으로 샘플을 택하여 검사를 하는 방법을 사용하기도 하나 샘플에서 발견되는 불량발생 빈도가 품질 합격 판정 수준 이상이면 모든 생산 제품에 대해 다시 검사를 실시한다.

완제품의 스펙에 나타나는 오차 허용 기준은 제품이 불량으로 판정되지 않을 최대한의 오차 범위(tolerance)를 정한 것이다. 예를 들어 바느질 땀의 길이를 12spi 기준으로 설정하였더라도 바느질하는 과정에서 정확하게 이 기준을 맞추기는 사실상 불가능하다. 따라서 스펙에는 허용오차 범위를 표시해서 12±2spi로 명시한다. 이것은 10spi부터 14spi인 경우에는 불량이 아니라는 의미이다. 그러나 허용오차가 지나치게 크면 품질이 일정한 제품 생산에 걸림돌이 되고, 지나치게 작으면 융통성이 부족한 스펙을 만들어서 작업에 어려움을 준다. 따라서 기업이 설정한 품질기준을 만족시키면서 작업의 융통성이 보장될 수 있는 오차 허용 기준의 산출이 중요하다. 허용오차를 비교적 느슨하게 적용할 수 있는 부분은 셔츠의 옆선과 소매 밑 솔기선이 십자모양으로 만나야 하는 것과 같이 전체적인 품질에 크게 영향을 주지 않는 부분이다. 그러나 단추의 수, 단추의 위치와 같은 항목은 정확한 위치에 작업이 이루어지도록 해야 하므로 허용오차를 줄 수 없다.

일반적으로 봉제공장에서는 작업을 완료한 물량에 따라 임금을 지급하는 방식을 사용한다. 따라서 작업자가 작업물의 완성도보다는 작업을 빨리 완료하는 데 더 관심을 기울이는 경향을 보이므로 작업 중간에 불량을 검사하는 단계를 두고 작업물량에서 불량이 발생한 경우 임금에서 삭제하는 방법을 사용하여 작업자가 작업 속도뿐만 아니라 작업 결과의 완성도에도 주의를 기울이도록 유도하는 방식을 사용하고 있다. 완제품 검품의 일차적인 목적은 불량품이

Q.C REPORT

DATE   년 7월 3일

결	PETTNER		
재			

BRAND 名	品 名	STYLE NO	PATTERN NO	ORDER 량	원단명	협력업체
	MENS BLOUSON	TPUO−9604		2,000 PCS		원전

지적 내용	비 고
1. SAMPLE SIZE CHECK 참조하여 패턴 수정 후 재단 봉제하십시오.	4. 모자 도메는 두 군데 하십시오.
2. 앞판 주머니 정확하게 각지도록 하고 주머니 입술 일정하게 만드십시오.	5. 초두제품 COMF 받으십시오.
3. 가슴 PRINT위치는 앞중심에서 : 9cm 떨어지고 앞목지점 테이프 끝에서 2cm 떨어져 만드십시오.	

SIZE SPEC

부위 호칭			95	100	105				
SHOULD			55.5	57	58.5				
SLEEVE LENGTH			58.5	60	61.5				
BACK LENGTH			74	76	78				
CHEST			128	132	136				
WAIST									
BOTTOM			118	122	126				
MUSCLE(1/2)			27.3	28	28.7				
CUFFS(1/2)			12.5	13	13.5				
NECK									

SAMPLE SIZE CHECK(100호)

부 위	SPEC	제 품
SHOULD	57	OK
S/LENGTH	60	OK
B/LENGTH	76	−0.5
CHEST	132	OK
WAIST		
BOTTOM	122	OK
MUSCLE	28	OK
CUFFS	13	−1
NECK		

그림 8-4 품질관리 보고서의 예

소매점에 보내지는 것을 방지하기 위한 것이지만 이 외에도 불량품이 발생하는 작업자나 작업을 파악하여 문제점이 발생하지 않도록 장비의 선택이나 작업 방법을 교정하여 이후에 발생할 불량을 미리 방지하기 위한 목적이 있다.

소매점에서도 불량제품이 소비자에게 판매되어 상점의 이미지가 실추되는 것을 방지하기 위해 제조업체에서 납품한 완제품의 불량을 검사한다. 특히 소매업체가 제조를 관여하는 자체생산 브랜드(PB상품) 제품의 경우 완제품 검품을 철저히 하여 일정한 품질기준을 통과한 제품만이 판매가 되도록 주의를 기울인다. 또한 불량 제품을 납품한 경력이 있는 제조업체는 후속 주문에서 제외시키는 불이익을 준다.

완제품의 품질 평가기준(불량 판정 기준)을 만들어 생산과 검품 과정에서 생산 부서, 검사소, 검품 담당자가 적용하여 업무를 처리한다. 일반적으로 불량 판정은 크게 두 가지로 분류된다. 주요 불량(major defect)은 제품의 품질에 결정적인 문제가 있는 경우이다. 그러나 간단한 처치로 불량 기준을 통과할 수 있으며 눈에 잘 안 보이는 불량은 작은 불량(minor defect)으로 분류한다.

표 8-4 불량 판정 분류의 예

	불량 발생 예	주요불량	작은불량		불량 발생 예	주요불량	작은불량
원 단	구멍, 찢김. 올터짐	V		프레싱	프레싱이 지나치게 많이 됨	@	
	영구적인 접힘	V			뒤틀림	@	
	영구적인 오염	V			주름이 생김	@	
	세탁이 가능한 오염		V	단 추	기능이 다른 단추의 사용	V	
	실이 늘어짐	@			장식이 다른 단추의 사용		V
	가장자리 올이 풀림	@			단추 다는 위치가 바르지 않음	V	
스티치	2땀 이상 스티치가 뜸	V			기능적인 단추를 잘못 달음	V	
	땀수 부적합		V		장식적인 단추를 잘못 달음		V
	스티치가 겹침	@			사이즈나 타입이 스펙과 불일치	V	
	스티치가 이중으로 됨	@			불량 단추 사용	V	
염 색	염색이 고르지 않음	@		단춧 구멍	기능이 다른 단춧구멍 사용	V	
	색상이 맞지 않음	@			장식이 다른 단춧구멍 사용		V
라벨 부착	라벨이 부착되지 않음	V			기능이 추가된 단춧구멍 사용	V	
	부착 위치가 약간 어긋남		V		단춧구멍의 위치가 틀림	V	
	라벨이 제대로 부착되지 않음	V			단춧구멍의 스티치가 잘못됨	V	
	틀린 라벨이 부착됨	V		자 수	자수가 놓일 자리에 놓이지 않음	V	
	라벨이 튼튼하게 부착되지 않음		V		잘못된 위치에 자수를 놓음	V	
포 켓	1/4인치 이상 틀린 위치에 부착	V			(자수)치수, 모양, 색이 스펙과 불일치	V	
	1/4인치 미만 틀린 위치에 부착		V				
	비뚤어지게 부착함	@		@ 상태에 따라 불량의 등급을 결정하는 사항			
	사이즈, 모양이 스펙과 다름	V					

4. 반품의 분석

구매한 제품의 품질에 불량이 발견되었을 경우 상품을 소매점에 반품하는 것은 소비자의 권리인 동시에 제조업체에 소비자의 불만을 전달하는 방법이기도 하다. 그러나 통계적으로 불량 제품을 구입한 소비자의 약 10% 정도만이 소매점에 제품을 반품한다. 따라서 반품된 물품은 소비자 한 명의 평가가 아니라 소비자 10명의 평가에 해당하는 것으로 해석해야 하며 동일한 불량이 반복되지 않도록 불량 발생 원인을 찾아서 제거해야 한다. 제조업체나 소매업체로서는 반품된 물품의 수량이 적을 지라도 반품의 원인에 대하여 신중하게 대처하는 것은 반품하지 않은 소비자들의 반응이 해당 브랜드를 외면하는 형태로 나타나기 때문이다.

소비자가 반품한 물품은 제조업체에게 돌아가게 되며, 반품에 대한 원인 집계 및 분석은 소매업체와 제조업체 모두에게 필요하다. 반품에 대한 이유를 스타일별, 생산 공장별, 반품 이유별로 집계하면 후속 생산이나 제품 개발에 품질 관리 기준으로 활용할 수 있다. 반품에 대한 원인 보고서는 반품의 이유와 제품 특징을 촬영한 사진 자료를 함께 정리하여 실물을 다시 확인하지 않아도 될 정도로 자세하게 기록하는 것이 바람직하다. 그러나 보고서에 반품의 원인과 조처사항을 상세하게 기록하지 않고 반품된 물품을 폐기하였을 경우에는 반품의 원인을 파악하지 못하므로 불량 발생을 낮추지 못하고 품질 개선 방안을 마련할 기회를 놓치게 된다.

5. ISO 9000 인증

ISO 9000 인증은 민간 부분의 자발적인 품질인증으로 해당 회사의 품질관리 수준이 국제적으로 공인되었다는 것을 의미한다. ISO 9000 인증은 인증을 받은 기업체의 제품이 우수한 품질관리 수준을 거쳐 생산되었다는 것을 인정해 주는 것이므로 브랜드의 품질수준을 향상시키는 효과를 가지고 있다. 그러나 다른 산업에 비하여 자산 규모가 비교적 적은 기업이 많이 분포한 의류산업 분야에서는 ISO 9000 인증사업이 서서히 이루어지고 있다.

1 복습문제

1 기업의 품질관리 기준을 모든 관련 부서에서 알고 있어야 하는 이유를 설명하시오.

2 제품 포지셔닝을 세우기 위해 살펴보아야 할 제품 특징 분석요소에 대하여 설명하시오.

3 포지셔닝에 부합하는 제품을 생산하기위해 재료선택 시 평가하는 요소를 설명하시오.

4 포장 및 디스플레이 방법에 관한 품질 평가항목에 대하여 설명하시오.

5 잠옷과 정장의 품질 평가 기준은 어떻게 다르며, 왜 차이가 발생하는지 설명하시오.

6 원단품질 검사방법 세 가지를 사용장비와 평가방법 측면에서 설명하시오.

7 스펙(spec)과 품질기준(standard)의 차이에 대하여 설명하시오.

8 작업지시서(생산의뢰서)에 포함되는 내용에 대하여 설명하시오.

9 원·부자재의 스펙에 포함되는 내용에 대하여 설명하시오.

10 스펙에 표기되는 허용오차(tolerance)에 대하여 설명하시오.

11 주요불량(major defect)과 작은 불량(minor defect)의 차이를 설명하시오.

12 반품분석보고서 작성 시 주의할 점에 대하여 설명하시오.

2 심화학습 프로젝트

1 소비자보호원이나 이와 비슷한 업무를 취급하는 기관을 방문하여 의류제품의 품질에 관계되는 소비자 불만 접수 내용을 품목별로 비교하고, 사고 유형을 분석하시오.

2 의류업체에서 이용하는 작업지시서를 3개 이상 수집하여 작업지시서(생산의뢰서)에 포함된 내용들의 항목들을 조사하시오. 제품의 품목에 따라 차이가 있는 내용은 어떤 것이며, 공통된 항목은 어떤 것이 있는지 분석하시오.

chapter 9
기성복의 사이즈

이 장에서는 ...

= 기성복 사이즈의 특징을 이해한다.
= 여성복과 남성복 사이즈 체계의
　특징을 이해한다.

1. 기성복 사이즈

　기성복은 특정한 사람이 아닌 일반인을 위해 생산되는 의류이다. 따라서 다양한 치수와 체격을 가진 사람들을 합리적인 방법으로 분류하여 공통된 신체적 특징을 가진 사람들이 공유할 수 있는 사이즈로 의복을 생산한다.

　기성복의 사이즈는 소비자의 성별·연령별·체형별로 구분되어 있으며, 제품의 종류에 따라 다양한 방식의 사이즈 체계가 사용되고 있다. 의류 치수규격은 연령과 성별에 따라 영유아용, 아동용, 여성용, 남성용 규격으로 나뉜다. 한국 표준 의류 치수규격에는 유아복, 여자아동복, 남자아동복, 여자 청소년복, 남자 청소년복, 여성복, 남성복, 노년여성복의 치수규격이 있다. 이 외에도 개별적인 품목을 위한 의류규격으로는 드레스셔츠, 파운데이션 의류, 모자, 양말, 팬티스타킹의 치수규격이 있다.

　소비자의 체형과 체격은 다양하다. 의류제품규격에서 사용하는 여성들의 체형 분류 기준은 가슴둘레와 엉덩이둘레의 차이이다. 예를 들면 가슴이 엉덩이보다 큰 체형이나 반대로 가슴에 비해 엉덩이가 발달한 체형, 상체와 하체가 균형잡힌 체형으로 구분된다(그림 9-1). 남성의 경우 근육의 발달과 자세에 따라 체형을 나누기도 한다(그림 9-2). 그러나 자세의 차이를 기성복의 치수규격 기준에 반영하는 것은 경제성이 적으므로 남성정장을 위한 치수에서는 가슴둘

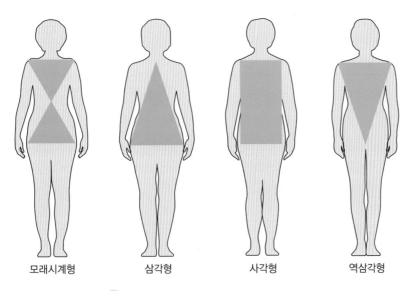

| 모래시계형 | 삼각형 | 사각형 | 역삼각형 |

그림 9-1 정면 실루엣에 따른 여성 체형 분류

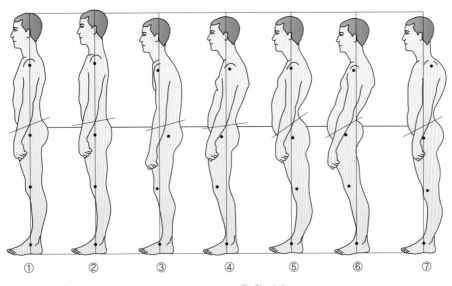

①   ②   ③   ④   ⑤   ⑥   ⑦

① 정상자세
② 등이 밋밋한 자세
③ 등이 굽고 척추가 평평한 자세
④ 등이 굽고 배를 내민 자세

⑤ 휜 자세
⑥ 등이 뒤로 젖혀지고 배를 내민 자세
⑦ 근육형의 자세

그림 9-2 자세에 따른 남성의 측면 체형 분류

표 9-1 성인 여성의 가슴둘레와 엉덩이둘레의 치수 분포 : 1997년도 국민체위조사

엉덩이둘레 / 가슴둘레	73	76	79	82	85	88	91	94	97	100	103
104									0.1		
102						0.1	0.1	0.1	0.1	0.1	0.2
100				0.1			0.2	0.3	0.4	0.2	0.1
98			0.1	0.1	0.6	0.7	0.5	0.4	0.4	0.4	
96		0.1	0.1	0.7	0.9	1.5	1.3	1.2	0.4	0.4	
94			0.4	1.8	2.5	2.7	1.7	1.3	0.6	0.3	0.2
92	0.1	0.4	1.3	3.3*	4.0*	3.2*	1.8	1.7	0.5	0.1	
90		0.8	3.0*	4.0*	4.1*	2.4	1.2	0.5	0.2		
88	0.7	1.8	4.1*	3.9*	3.0*	1.8	0.8	0.6		0.1	
86	1.0	2.2	3.3*	4.1*	2.3	0.8	0.3	0.1			
84	0.9	1.8	2.5	2.0	0.6	0.3	0.3	0.1			
82	1.3	1.6	0.8	0.5	0.4	0.1					

* 3% 이상의 인구분포를 보이는 치수

레와 허리둘레의 차이(드롭치)를 기준으로 체형을 분류하기도 한다. 여성복의 치수체계는 상체와 하체의 치수를 대표하는 가슴둘레와 엉덩이둘레를 기준으로 체형을 분류하기도 한다. 예를 들어 상체와 하체가 균형이 잡힌 체형(모래시계형), 상체에 비해 하체가 발달한 체형(삼각형, 서양배형), 하체에 비해 상체가 발달한 체형(역삼각형), 상체와 하체는 균형이 잡혔으나 허리가 굵은 체형(사각형)으로 나누기도 한다(그림 9-1). 이 중 사각형은 중년여성에게 많이 나타나는 체형이며, 역삼각형은 운동선수나 젊은 여성들에게서 많이 나타나는 체형이다. 우리나라 성인 여성의 가슴둘레와 엉덩이둘레를 기준으로 분포치수를 살펴보면 많은 여성들이 가슴둘레 86~92cm에 분포하고 있지만, 더 작은 치수나 더 큰 치수에도 상당수의 여성들이 분포하고 있다(표 9-1). 판매되지 않고 남는 재고물량을 최소화하기 위하여 일반적으로 의류업체들은 소비자의 구매가 가장 빈번하게 이루어지는 중간 치수 제품의 생산에 주력하는 특징을 가

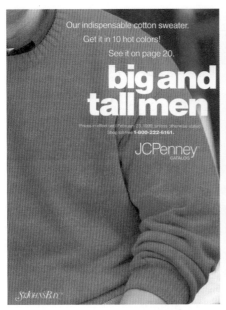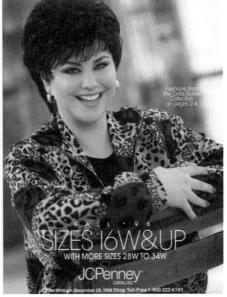

그림 9-3 남녀 사이즈별 틈새시장 : 큰 체격의 남성(big and tall)과 여성(plus)의 사이즈

지고 있다. 아주 작은 사이즈나 아주 큰 사이즈의 의류 생산은 틈새 시장을 겨냥하는 브랜드의 마케팅 전략에 따라 특정한 브랜드에서 선택적으로 생산되고 있다.

많은 기업들이 극단적인 사이즈를 회피하므로 극단적인 사이즈의 소비자를 위한 틈새시장이 있다. 예를 들면 키가 크고 뚱뚱한 남성들을 위한 사이즈(Big and Tall size)나, 키가 작은 여성들을 위한 사이즈(Petite size)와 뚱뚱한 여성들을 위한 사이즈(Plus stze) 등이 있다(그림 9-3).

제품의 사이즈는 소비자뿐만 아니라 제조업체, 소매유통업체도 관심을 가지는 요소이다. 좋은 사이즈의 옷이란 착용자의 체격에 비해 너무 작거나 크지 않고 부위별로 잘 맞으며, 착용하고 활동하는 데 불편함을 주지 않는 치수의 옷이다. 의류 치수 호칭은 소비자가 구매할 의류를 착용해보기 전에 자신에게 맞는 치수

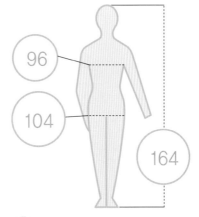

그림 9-4 ISO와 KS 의류 치수 표기

표 9-2 ISO에서 규정한 의복분류와 표시항목

의복분류	신체치수표시 항목
A. 외의	
A. 1. 상의, 전신의류	
A. 1. 1. 니트나 수영복을 제외한 의복	가슴둘레, 엉덩이둘레, 신장
A. 1. 2. 니트	가슴둘레
A. 2. 하의	엉덩이둘레, 허리둘레, 안다리길이
B. 내의, 잠옷, 수영복	
B. 1. 상의, 전신의류	
B. 1. 1. 전신용 내의	가슴둘레, 신장
B. 1. 2. 상반신용 내의	가슴둘레
B. 1. 3. 상반신용 투피스	가슴둘레, 엉덩이둘레, 신장
B. 1. 4. 수영복	가슴둘레, 엉덩이둘레
B. 2. 하의	
B. 2. 1. 내의	엉덩이둘레
C. 기타	
C. 1. 파운데이션 의복	
C. 1. 1. 상의, 전신의류	밑가슴둘레, 가슴둘레
C. 1. 2. 하의	허리둘레
C. 2. 상반신/전신용 셔츠	가슴둘레

를 파악하는 데 도움을 주는 정보이다(그림 9-4). 소비자들의 혼란을 최소화하기 위해서는 각 업체에서 제조되는 동일한 사이즈 호칭의 의류는 같은 체격 조건을 가진 사람들에게 적당하게 맞아야 한다.

의류업체들이 사용하고 있는 의류 치수규격은 법적인 구속력이 없는 자발적 규격이다. 즉, 소비자의 권익을 위해 제안되는 임의적인 규격이므로 시장의 수요 변화에 따라 변화하는 경향을 보인다. 그러나 브랜드의 장기적인 발전을 위해서는 안정되게 유지되는 치수 규격을 사용함으로써 소비자와의 신뢰를 지켜야 한다.

기성복은 개인에게 맞추어 생산된 제품이 아니라 특정 집단의 소비자를 대상으로 제조되는 제품이기 때문에 다양한 사이즈로 생산된다. 다양한 사이즈의 의류 중에 자신에게 잘 맞는 치수를 선택할 수 있도록 모든 기성복에는 치수를 표기한다. 기성복의 치수는 숫자코드나 문자코드로 표기되기도 하며, 인체치

수를 표기하는 방식도 사용된다. 예를 들면 남성 정장 재킷과 코트의 치수는 577, 677 등 3자리 숫자로 표기되는데 각각의 숫자는 신장과 가슴둘레, 허리둘레를 숫자코드로 표기하는 방식이다. 스포츠웨어는 S, M, L, XL, XXL와 같은 문자로 표기되는 경우가 많다.

세계 각국에서 생산되고 유통되는 다양한 브랜드 제품을 소비자가 편리하게 구매할 수 있도록 국제 표준화 기구(International Organization for Standardization, ISO)는 의복의 품목에 따라 1~3개의 기본 인체 치수를 표기하도록 권고하고 있다(표 9-2). 우리나라의 산업표준규격도 ISO의 치수 표기 방식을 따라서 각 의류품목에 따라 대표 신체치수를 표기하는 방식을 사용하고 있다.

2. 유아용 의류치수규격

1999년도에 제정된 한국표준의류치수 규격은 유아복의 범위를 신생아부터 4세 이하의 어린이를 대상으로 하였으나, 2005년도에 개정된 한국표준의류치수 규격은 토들러용 의류치수를 포함하여 유아복의 범위를 신생아부터 6세까지로 확대하였다. 따라서 1999년도 유아복 치수규격에는 105호까지 제안되었으나 2005년도에 개정된 규격에는 125호까지 확대되었다(표 9-3). 유아복은 아직

표 9-3 한국 표준 치수규격 : 유아복

호칭 신체치수	55	60	65	70	75	80	85	90	95	100	105	110	115	120	125
키(cm)	55	60	65	70	75	80	85	90	95	100	105	110	115	120	125
몸무게(kg)	4.6	6.2	7.4	8.6	9.6	10.8	12.3	13.4	14.6	15.8	17.4	19.1	21.1	23.2	26.0
나이	3개월	6개월	9개월	12개월	18개월	2세	2세	3세	3세	4세	4세	5세	5세	6세	6세
가슴둘레(cm)	36.4	40.5	42.4	44.1	45.5	47.7	49.7	51.1	52.5	53.0	55.0	56.6	58.4	60.4	63.1
배둘레(cm)	40.2	42.5	43.6	44.5	45.1	45.4	47.4	48.5	49.2	50.1	51.3	52.4	54	56	58.1
엉덩이둘레(cm)	36.4	40.9	44.2	45.4	45.9	47.6	49.8	51.3	53.0	54.3	56.5	59.4	60.6	62.9	65.7
팔길이(cm)	16.3	17.7	19.4	20.9	22.6	24.1	25.8	27.4	29.0	30.7	32.4	34.2	36.1	37.9	40.0

남녀의 체형적인 구분이 크지 않으므로 남녀가 동일한 의류치수규격을 사용한다. 신장을 기준으로 호칭을 표기하며 나이도 함께 표시할 수 있다. 한국은 5세 ~6세 어린이를 토들러사이즈(toddler size)로 분류하여 유아복의 범주에 포함시키나 미국은 걷기는 하지만 아직 기저귀를 착용하는 18개월~3세 어린이를 토들러사이즈의 착용 대상자로 분류하며, 아동복사이즈(children size)와 구분하기 위하여 2T, 3T, 4T로 호칭한다.

3. 아동복 의류치수규격

1) 국내 아동복치수규격

1999년도에 개정된 의류치수규격은 아동복 치수 의류의 착용 연령을 4세 이상의 어린이로 분류하였으나, 2005년 개정된 한국표준의류치수규격은 7세 부터 12세인 남녀 아동을 아동복 착용 대상으로 분류하였다. 아동복의 치수는 남녀 구분을 하여 제시되며, 키가 115~155㎝의 범위에 속하는 어린이를 대상으로 한다. 여자 아동복 치수는 성인의 의류처럼 피트성의 여부에 따라 의복의 종류를 세분화하고 각각의 종류에 적합한 기본신체부위표시방안을 제시한다. 예를 들어 코트, 재킷, 드레스, 원피스, 홈드레스, 셔츠, 블라우스는 피트성이 필요한 스타일이면 키와 가슴둘레를 표시하고, 피트성이 필요하지 않은 스타일이면 키만 표시한다. 바지나 스커트도 피트성이 필요한 스타일이면 키와 허리둘레를 표시하고, 피트성이 필요하지 않으면 키만 표시한다. 이외에 니트, 점퍼, 오버올, 잠옷, 수영복은 키만 표시하며, 내의는 상반신용은 가슴둘레를 하반신용은 엉덩이둘레를 표시한다.

남자 아동복의 치수를 표기하는 방법은 정장상의는 키와 가슴둘레를 표기하고, 정장하의는 키와 허리둘레를 표기한다. 그러나 비교적 피트성이 요구되지 않는 의류품목인 캐주얼상의, 편물제상의, 캐주얼하의, 코트, 오버올, 가운, 운동복, 수영복, 잠옷 등은 키의 치수만 표기한다.

표 9-4 유아복과 아동복 업체의 제품 생산기획 치수 범위의 예

업체	A	B	C	D	E	F	G	H	I	J	K	L	M	N	O	P	Q	R	S
60	○	○	○	○	○	○													
65																			
70	○	○	○		○	○	○												
75	○	○		○	○														
80	○	○	○		○	○	○	○											
85	○	○		○															
90	○	○	○		○														
95	○	○					○												
100		○		○	○	○	○			○		○				○	○	○	
105		○																	
110			○	○	○	○	○	○	○	○	○	○			○			○	○
115																			
120			○	○	○	○	○	○	○	○	○	○	○	○	○	○	○	○	○
125																			
130						○	○	○	○	○	○	○	○	○	○	○	○	○	○
135																			
140											○	○	○	○	○			○	○
145								○	○	○						○	○		
150											○	○	○	○	○			○	○
155								○	○	○						○	○		
160											○	○	○	○	○			○	○
165								○	○	○						○	○		
170											○	○	○	○	○	○	○	○	○
175																	○		
치수 개수	7	9	6	6	8	7	7	7	6	7	7	8	6	6	7	7	8	8	7
티셔츠	5	6	4	3	6	6	6	7	5	7	7	8	5	5	4	NA	NA	NA	7
니트/남방	5	6	4	3	6	5	6	7	6	7	5	8	5	5	4	NA	NA	NA	7
코트/재킷	5	7	3	3	6	4	5	6	5	7	5	8	5	5	4	NA	NA	NA	7
바지/치마	5	6	3	3	6	6	6	7	6	7	5	8	5	5	5	NA	NA	NA	7
오버롤	5	4	4	3	2	5	6	7	6	6	4	8	5	5	4	NA	NA	NA	7
우주복	5	4	2	3	2	2	–	–	–	–	–	–	–	–	–	NA	NA	NA	–
원피스	5	5	5	2	6	5	6	7	6	6	5	8	5	5	5	NA	NA	NA	–
내의	5	5	4	3	6	6	4	3	–	–	–	–	–	–	–	NA	NA	NA	–

좌측 세로축: 전체 생산 치수(호칭) / 품목별 생산 치수 개수

주) NA는 업체의 내규에 의해 의류 품목별 생산치수를 외부에 공개하지 않음을 의미함.

2) 국내외 아동복업체의 치수규격

우리나라 아동복 업체들은 15세까지를 아동복 착용자로 규정하나 대부분의 업체는 실질적인 아동복 제품생산을 13세 미만으로 제한한다. 브랜드에 따라 유아복과 아동복 업체로 세분화되어 있으며, 최근에는 마켓세분화 경향에 따라 토들러 의류와 청소년 시장이 부각되고 있다. 아동복 업체는 100호부터 생산을 기획하는 업체들도 있으나 대부분 110호나 120호부터 생산한다(표 9-4). 업체들은 가장 큰 치수가 165호, 170호, 175호 등이라 밝히고 있으나 실질적으로 아동복은 성인들의 옷이나 청소년을 위한 옷과 비교하면 스타일의 특성이 다르므로 키 160cm 미만을 대상으로 생산된다. 비만 아동을 위한 특수 치수의 필요성은 인정하고 있으나, 세분화된 사이즈 체계를 가지고 있는 업체는 거의 없다.

ISO, 미국, 일본, 영국의 아동복 치수규격은 소년(boys), 소녀(girls)로 나뉜다(표 9-5). 이 외에 미국의 아동 사이즈(children size)는 4세부터 6세까지의 어린이를 대상으로 하며, 여아용 의류인 경우에는 4, 5, 6, 6X호로 표기하고, 남아용 의류의 경우에는 4호부터 7호로 표기한다. 여아의 경우 7호 대신 6X로 표기하는 이유는 대략 7세를 기준으로 의류 스타일이 더 성숙한 스타일로 바뀌기 때문에 브랜드들도 이 연령을 분기점으로 시장도 세분화되기 때문으로 보인다. 이후의 연령은 소녀용과 소년용으로 나뉘며, 소녀용은 7, 8, 10 12, 14호로 전개된다. 소년용은 8, 10, 12, 14, 16, 18, 20호로 전개된다.

4. 청소년용 의류치수규격

청소년기 남녀의 의류제품 수요 증가에 따라 시장의 세분화 필요성이 높아져 2005년도 한국표준의류치수규격은 아동이나 성인의 중간단계로 12세부터 18세까지의 남녀를 위하여 남녀청소년용 의류치수 규격을 별도로 제안하였다. 여자 청소년의 의류치수는 키 150~170cm인 여자를 대상으로 성인 여성과 유사한 제품 분류를 하여 치수규격을 제안한다. 예를 들어 코트와 피트성이 요구되는 스타일의 드레스나 원피스와 상의, 오버올, 전신용 가운, 전신용 운동복, 슬

표 9-5 국내외 유아복과 아동복 표준치수 규격

국 가	구 분		키(cm)	대상 연령	체형세분화	치수의 범위
한국 (KS)	유아		50~125	6세 이하	–	55, … 120, 125
	아동	남	115~155	7~12세	–	115, 120, … 150, 155
		여	115~155	7~12세	–	115, 120, … 150, 155
일본 (JIS)	유유아		50~100	언급 없음	–	50, 60, … 95, 100
	소년		90~185		Y, A, B, E	90, 95, … 180, 185
	소녀		90~175		Y, A, B, E	90, 95, … 170, 175
ISO	Infanys		50~104	언급 없음	–	신장 표기
	Girls		110~164		–	신체치수 표기
	Boys		110~170		–	신체치수 표기
미국 (ASTM)	Infanys		~88.0	0~24개월	–	0~3, … 18~24(월령 표기)
	Children		83.8~123.2	언급 없음	–	2, 3, … 6, 6X/7
	Girls		129.5~158.7	언급 없음	S, R	7, 8, 10, 12, 14, 16
	Boys		121.9~172.7	언급 없음	S, R	7, 8, 10, 12, … 16, 18, 20
영국 (BS)	Infanys		56~104	신생아~4세	–	50, 56, … 98, 104
	Girls		110~164	5~14세	S, R	110, 116, … 158, 164
	Boys		110~164	5~14세	S, R	110, 116, … 158, 164

주1) S, M, L는 SMALL, MEDIUM, LARGE를 의미하며, S, R은 SLIM과 REGULAR를 의미함.
* 한국은 KS K 0052-1999 ; KS K 0050-1999 ; KS K 0051-1999, 일본은 JIS L 4001 : 1998, JIS L 4002 :
  1997 ; JIS L 4003 : 1997, ISO는 ISO/TR 10652 : 1991, 미국은 ASTM D 4910-99 ; ASTM D 5628-95 ;
  ASTM D 6192-97 ; ASTM D 6458-99, 영국은 BS 3728-1982 자료를 요약함.

립, 전신용 수영복은 가슴둘레와 키를 표시하고, 피트성이 필요하지 않은 스타일의 드레스나 원피스, 상의, 운동복상의, 수영복상의 등은 가슴둘레를 표시한다. 여자 아동복에서 피트성이 필요하지 않은 원피스나 상의의 치수를 키로만 표기를 하는 것과 비교하면 청소년의 체형은 아동기를 지나 성인의 체형에 가까운 형태를 보이므로 청소년 여자용 치수표기방식이 성인 여자용 치수표기법과 비슷한 방법을 제안한다. 예를 들면, 피트성이 요구되는 스타일의 바지 및 스커트는 허리둘레와 키를 표시하고, 피트성이 필요하지 않은 스타일의 바지나 스커트, 운동복바지는 허리둘레치수를 표시한다. 엉덩이둘레를 표시하는 옷은 반 슬립, 팬티 등 하반신용 내의와 수영복이다. 반면 남자 청소년의 의류치수는 키 145~180㎝인 남자를 대상으로 한다. 피트성이 필요한 품목인 교복 재킷과 코트, 상체와 하체를 커버하는 원피스 스타일 의류를 포함하여 피트성이 필요한 스타일의 상의는 가슴둘레와 키를 표시하고 교복바지도 피트성이 요구되는 품목이므로 허리둘레와 키로 기본신체치수를 표시한다. 그러나 피트성이 필요하지 않은 스타일은 하나의 기본신체치수만을 표시한다. 예를 들어 상의는 가슴둘레만을 표시하고, 하의와 수영복은 엉덩이둘레만을 표시한다.

5. 여성용 의류치수규격

1) 한국 의류치수규격

여성용 의류 치수규격은 의류의 사이즈 호칭방법을 상의와 하의, 셔츠, 내의, 수영복 등으로 구분하여 의류 품목에 따라 표기 방식을 다르게 사용한다. 상의와 하의의 경우 피트성이 요구되는 스타일의 의류와 피트성이 요구되지 않는 의류로 분류되어 호칭을 표기한다. 정장과 같이 가슴, 허리, 엉덩이의 실루엣이 드러나는 피트성이 요구되는 스타일의 상의 사이즈 는 가슴둘레-엉덩이둘레-신장으로 표기가 되며 가슴에 비해 엉덩이가 큰 체형(A체형), 하의의 사이즈는 허리둘레-엉덩이둘레로 표기한다(표 9-6). 제품들이 한 사이즈 커지거나 작아지는 간격(사이즈 편차)은 신장은 5cm, 가슴둘레와 허리둘레, 엉덩이둘레는 3cm 간격으로 나뉜다. 이 외에 신축성이 좋거나 헐렁하게 착용하는 상의와 셔츠는 가슴둘레만으로 표기하며, 사이즈 편차는 5cm이다. 그러나 의류업체에 따라서는 신체치수 외에 '55', '66' 과 같은 과거의 여성복 사이즈 호칭방법을 병행하여 사용하기도 한다. 수영복의 치수는 가슴둘레-엉덩이둘레의 치수로 표기한다.

표 9-6 한국 표준 치수규격의 의류 종류 및 기본신체치수 : 여성복

의류 종류	기본 신체부위 및 표시순서		
	1	2	3
코트			
• 피트성이 필요한 경우(*)	가슴둘레	엉덩이둘레	키
• 피트성이 필요하지 않은 경우	가슴둘레	키	
드레스, 원피스, 홈드레스, 상의(**)			
• 피트성이 필요한 경우(*)	가슴둘레	엉덩이둘레	키
• 피트성이 필요하지 않은 경우	가슴둘레		
바지 및 스커트			
• 피트성이 필요한 경우	허리둘레	엉덩이둘레	
• 피트성이 필요하지 않은 경우	허리둘레		
오버롤	가슴둘레	엉덩이둘레	키
작업복			
• 전신용	가슴둘레	키	
• 상반신용	가슴둘레		
• 하반신용	허리둘레		
내의 및 잠옷			
• 전신용(슬립, 가운, 원피스 잠옷)	가슴둘레	키	
• 전신용(기타)	가슴둘레	엉덩이둘레	
• 상반신용	가슴둘레		
• 하반신용(패티코트)	허리둘레	키	
• 하반신용(반 슬립, 팬티, 기타)	엉덩이둘레		
수영복			
• 원피스	가슴둘레	키	
• 상반신용	가슴둘레		
• 하반신용	엉덩이둘레		

* 재킷, 코트의 스타일에 따라 엉덩이둘레에 대한 피트성이 그다지 필요하지 않으면 엉덩이둘레를 표시
　하지 않을 수 있다.
** 상의는 재킷, 블라우스, 셔츠, 니트 의류를 총칭한다.

2) 미국 의류치수규격

미국은 여러 인종이 섞여서 살고 있다. 따라서 기성복의 치수 체계도 다양한 체격의 여성을 위해 체형을 구분하여 제공되고 있다. 미국의 여성복 치수체계

는 1940년대에 이루어진 인체계측조사사업이 기반이 되었으며, 이 때 이루어진 계측조사의 결과는 대형유통마켓과 의류업체들이 주축이 되어 1960년대부터 상용화되기 시작하였다. 이 때 제정된 여성 의류 규격(CS215-58)은 여성의 체형은 4개로 나누고 다시 엉덩이둘레의 발달 정도에 따라 체형을 분류하였으나 1970년대에 실용성을 고려하여 일반적인 성인 여성체형(Misses), 젊은체형(Junior), 부인체형(Women's), 키가 작은체형(Half-size)으로 4개의 체형으로 나누어 단순화시킨 의류치수규격(PS42-70)으로 변경하였다. 성인 여성을 위한 의류 제품의 치수는 착용자의 프로포션이나 신체치수를 고려하여 신장이 5피트 4인치 이상인 일반적인 성인 여성을 위한 사이즈(Misses size, 호칭 2부터 20까지의 짝수)는 키에 따라 다시 작은키(Misses Petite), 보통키(Misses), 큰키(Misses Tall)로 구분되었으며, 신장이 5피트 4인치 이상이고 하반신이 길고 젊어 보이는 체형을 가진 소비자를 위한 주니어 사이즈(Junior size, 호칭 3부터 15까지 홀수)는 키에 따라 작은키(Junior Petite)와 보통키(Junior)로 나누었다. 중년기의 풍만한 체격의 여성을 위한 사이즈인 우먼스 사이즈(Women's size)는 최근에는 젊은 비만 인구가 증가하면서 착용 가능 연령이 하향되었다. 따라서 '우먼스 사이즈 = 중년 여성 사이즈'라는 소비자들의 인식을 바꾸기 위하여 체격이 큰 여성을 위한 사이즈라는 의미의 '플러스 사이즈(Plus size)'로 변경되어 사용되고 있다. 또한 키가 작은 체형의 여성을 위한 사이즈로 쁘티뜨 사이즈(Petite size, 일반 사이즈 표기에 'P'를 연결한 호칭)를 사용하고 있다. 이 사이즈는 신장이 5피트 4인치 이하인 여성을 위한 치수이다. 1990년대 후반부터는 의류치수규격도 일반 공업용품의 품질규격인 ASTM규격에 포함되어 사용되고 있다.

3) 품목에 따른 의류치수호칭의 차이

우리나라 여성복의 의류치수 표기방식은 품목에 따라 다양한 방식이 사용되고 있지만, 미국의 의류업체들은 체형을 반영한 드레스 사이즈 호칭을 다양한 의류품목에 공통적으로 적용한다. 우리나라 여성 의류의 사이즈 호칭방법은 상의와 하의, 셔츠, 내의, 수영복 등 품목에 따라 다른 표기방식이 사용되고 있다. 상의는 피트성이 요구되는 품목과 피트성이 요구되지 않는 의류로 분류하여 각 품목에 따라 기본 신체치수를 표기한다. 우리나라의 표준 의류치수표기

방식은 몸에 밀착되는 스타일의 드레스나 재킷, 코트는 가슴둘레-엉덩이둘레-키로 표기하고, 바지는 허리둘레-엉덩이둘레로 표기하며, 스웨터는 문자(S, M, L...)로 표기하도록 권유한다. 또한 그다지 밀착되지 않는 스타일의 상의는 가슴둘레의 치수에 따라 90, 95 등으로 표기할 것을 권고한다.

그러나 미국의 제조업체는 거의 모든 품목을 동일한 사이즈 코드로 표시한다. 예를 들어 'Size 8' 재킷을 착용하는 여성은 니트를 포함한 다양한 종류의 옷을 구매하더라도 동일한 'Size 8'로 표시된 제품을 구매할 수 있도록 하는 전통을 유지하고 있다. 다만 청바지의 경우에는 남성복과 마찬가지로 허리치수와 안다리길이(inseam length)로 판매하기도 하나 여성복업체에서 제공하는 청바지는 여성복의 사이즈 표시 방식(예 : Size 8)으로 표기하는 경향이 있다.

브래지어를 제외한 상하 세트와 상의의 내의류는 가슴둘레를 기준으로 표기하며, 하의는 엉덩이둘레 치수로 표기한다. 브래지어는 밑가슴둘레(cm)와 컵 사이즈(A, B ...)로 표기하며, 컵 사이즈는 가슴둘레와 밑가슴둘레의 차이에 따라 설정된다. 컵 사이즈 A는 가슴둘레와 밑가슴둘레의 차이가 10㎝인 경우이고, 이 차이 치수가 2.5㎝씩 증가함에 따라 B, C, D로 컵 사이즈가 호칭된다. 2005년 의류치수표기방식이 개정되기 이전에는 수영복은 가슴둘레와 엉덩이둘레로 표기가 되었다(예 : 90-95). 그러나 2005년도의 표준 의류치수표기방식은 전신용 수영복 치수를 '가슴둘레 - 키'로 표기하도록 한다. 미국은 수영복도 드레스치수와 마찬가지로 동일한 호칭방식(예 : Size 8)을 사용한다.

4) 연령에 따른 의류치수 수요

여성복 브랜드의 타깃 연령은 브랜드의 치수 호칭 분포와 밀접한 관계가 있다. 이는 연령별로 평균적인 신체치수나 체형이 변화하기 때문이며, 연령이 증가함에 따라 허리치수가 가장 변화가 심한 부위로 알려져 있다. 1997년도 국민체위조사에 의하면 20대 한국 여성에게 가장 분포 빈도가 높은 허리치수는 64cm와 67cm 치수나 61cm와 70cm에도 상당수가 분포됨을 보인다(표 9-7). 30대부터 40대 중반까지는 67cm, 70cm, 73cm, 76cm에 주로 분포하고, 40대 후반부터 50대까지는 73cm, 76cm, 79cm, 82cm에 주로 분포하며, 76cm 치수에 가장 높은 분포를 나타내고 있는 것으로 나타났다. 이러한 국민체위 조사결과는 20대 여성용 브랜드의 바지나 스커트는 허리치수 64cm와 67cm에 가장

표 9-7	한국 성인 여성의 연령에 따른 허리치수 분포 : 1997년도 국민체위조사 결과												단위 : cm, %
허리둘레 연령	58	61	64	67	70	73	76	79	82	85	88	91	94	97
20~29세	7.1	19.9	26.2	26.0	14.1	5.0	1.7	—	—	—	—	—	—	—
30~44세	—	4.5	9.7	17.4	19.6	18.9	14.9	7.9	3.2	3.2	—	—	—	—
45~59세	—	—	3.8	8.2	7.7	10.6	20.2	12.5	12.5	9.1	—	13.9	—	—

▓ 인구 분포가 높은 치수

많은 물량의 생산이 필요하지만 61cm와 70cm의 허리치수도 상당량 필요함을 보인다. 또한 중년을 위한 브랜드의 하의 치수는 20대나 30대 여성을 위한 브랜드의 치수보다 큰 치수가 생산되어야 하며 다양한 치수가 필요함을 보여준다. 50대를 위해서는 하의의 허리둘레 치수의 범위를 넓혀서 91cm의 치수까지 다양하게 필요함을 보여준다. 30~44세를 대상으로 하는 브랜드는 허리둘레 치수가 67cm, 70cm, 73cm, 76cm인 제품이 필요하며 85cm까지도 생산에 고려할 필요가 있음을 보인다. 2005년도에 개정된 노년 여성을 위한 여성복 치수는 60세 이상인 여성들의 체형이 일반 성인여성보다 키가 작고 체간부가 두꺼워짐을 반영하여 70세 이전과 70세 이후 두 집단으로 나누어 70세 이전은 키 145cn부터 160cm까지의 노년기 여성용 치수를 제안하며, 70세 이후는 145cm부터 155cm까지의 노년기 여성용 치수를 제안한다.

6. 남성용 의류치수규격

남성용 의류는 여성복과는 달리 인체치수를 의류 제품의 치수표기로 사용하는 전통을 가지고 있다. 또한 여성복 제조업체에 비하여 남성복 제조업체들이 비교적 표준화된 치수표를 가지고 운영하고 있다. 남성용 의류 브랜드들은 수트와 재킷, 코트를 제조하는 남성 정장 전문 브랜드와 캐주얼웨어를 전문적으로 제조하는 브랜드, 드레스셔츠를 전문적으로 제조하는 브랜드, 넥타이나 모자와 같은 액세서리를 전문으로 생산하는 브랜드로 세분화되어 있으며, 의류 품목에 따라 다른 치수규격이 사용되고 있다.

1) 한국 치수규격

남성복의 치수규격은 품목에 따라 상의류와 하의류, 셔츠나 잠옷, 내의와 수영복으로 분류되어 각각의 치수표기방식이 표준 의류 치수규격으로 제안되어 있다(표 9-8). 몸에 잘 맞게 착용하는 것이 중요시되는 남성정장 재킷이나 코트의 치수규격은 상당히 세분화되어 있다. 동일한 스타일의 정장 재킷의 사이즈 수는 일반적으로 10개 이상이다. 그러나 캐주얼 셔츠의 사이즈 수는 3~4개가 사용되고 있다. 우리나라 남성용 정장은 가슴둘레-허리둘레-신장의 순서로 인체치수(cm)를 표기하는 방법을 사용하고 있다. 1999년도에 개정된 KS 의류 치수규격에는 재킷이나 코트의 사이즈는 Y형이나 A형, B형이라는 체형도 표기하도록 하였으나 대부분의 브랜드들은 체형의 표기는 하지 않고 있으므로 2005년도에 개정한 남성복 치수규격표시방법은 체형을 치수표기 표에서 삭제하였다. 1999년도 남성복 치수표기규격에는 남성의 체형을 YY형, Y형, A형, B형, BB형으로 구분하였으나 2005년도 규격에는 YY형을 제외하였다. 캐주얼 재킷, 카디건, 점퍼는 '가슴둘레 - 키'로 치수를 표기하며 니트셔츠의 경우에는 가슴둘레의 치수를 표기하거나 문자로 대, 중, 소(S, M, L, XL..)로 표기하도록 하고 있다.

남성정장 제조업체들은 가슴둘레는 85cm부터 118cm까지, 키는 185cm까지 매우 다양한 치수규격을 운영하고 있다(표 9-9). 남성복 정장 수트의 치수규격을 다양하게 운영하는 방법은 각 브랜드의 전략과도 연계되어 있다. 예를 들어 표 9-9의 D브랜드는 모든 치수의 드롭치(가슴둘레와 허리둘레의 차이)를 12cm로 일정하게 유지시키는 전략을 사용하고 여기에서 벗어나는 체형의 소비자에게는 맞춤 서비스를 제공하는 방안을 사용한다. 반면 B브랜드는 중년 이후의 남성이 배가 나온 체형이 많음을 반영하여 중년 연령분포가 높은 신장 165cm와 170cm의 정장 치수에 배가 나온 체형을 위한 드롭치 9cm인 B체형 치수를 다수 분포시키고 있다.

2) 미국 치수규격

미국의 경우 남성복 정장이나 캐주얼웨어 상의는 모두 가슴둘레(인치) 치수

표 9-8 한국 표준치수규격의 의류 종류 및 기본신체치수 : 남성복

의류 종류	기본 신체부위 및 표시순서		
	1	2	3
코트 • 피트성이 필요한 경우 • 피트성이 필요하지 않은 경우	 가슴둘레 가슴둘레	 허리둘레 키	 키
신사복	가슴둘레	허리둘레	키
캐주얼 재킷, 카디건, 점퍼	가슴둘레	키	
셔츠, 편물제 상의	가슴둘레(*)		
정장용 드레스셔츠	목둘레	화장(**)	
바지 • 정장 바지 • 캐주얼 바지	 허리둘레(***) 허리둘레(*)	 엉덩이둘레	
운동복 • 상의 • 하의	 가슴둘레(*) 허리둘레(*)		
수영복	엉덩이둘레(*)		
작업복 • 전신용 • 상의 • 하의	 가슴둘레(*) 가슴둘레(*) 허리둘레(*)	 키	
가운	가슴둘레(*)	키	
잠옷 • 전신용 • 상의 • 하의	 가슴둘레(*) 가슴둘레(*) 엉덩이둘레(*)		
내의 • 상의 • 하의	 가슴둘레(*) 엉덩이둘레(*)		

* 범위표시의 경우에는 M, L, LL 등을 사용한다.
** 목뒤점부터 어깨끝점을 지나 손목 안쪽점까지 측정한 길이
*** 정장바지도 필요한 경우에는 허리둘레만 표시할 수 있다.

표 9-9 우리나라 남성 정장 4대 브랜드의 재킷 치수 분포의 예(브랜드 표시: A●, B●, C●, D●)

키(cm) 가슴둘레(cm)	165	170	175	180	185	190
118						
115						
112						
109						
106						
103						
100						
97						
94						
91						
88						
85						

* 드롭치수(윗가슴둘레 – 허리둘레) : ⬤ 15cm, ● 12cm, • 9cm

로 표기한다. 예를 들어 남성 정장 코트나 재킷은 주로 가슴둘레 32인치부터 50인치인 남성들을 위해서 생산되며, 38~44호가 보편적으로 제조되는 치수이다. 남성복 치수는 32호부터 44호까지는 1인치 치수 간격으로 생산되며 45호부터는 보통 2인치 간격으로 제조되는 경향을 보인다. 남성정장 재킷이나 코트는 키에 따른 치수규격의 세분화가 이루어져 있다. 키에 따라 S(short, 작은 키) R(regular, 중간 키), L(long, 큰 키)을 숫자 호칭 뒤에 연이어 표기하는 경향을 보인다. 예를 들어 가장 일반적인 사이즈의 재킷은 42R(42 regular, 가슴이 42인치이고 키는 보통인 남성용 치수)이다. 그러나 캐주얼웨어는 신장에 따라 치수규격을 세분화시켜 적용하지 않는다.

3) 바지와 드레스셔츠 치수규격

우리나라의 남성 정장바지 사이즈는 허리둘레와 엉덩이둘레 치수를 표기하며 캐주얼 바지는 허리둘레 치수만을 표기하는 방식을 사용하고 있다. 바지의 길이는 별도로 표시되지 않으며 구매 시 매장에서 구매자의 바지길이에 맞추어 수선하여 판매한다. 반면 미국의 청바지 사이즈는 허리둘레와 안다리길이로 표기하며 바지 길이는 안다리길이를 기준으로 29~34인치가 보편적으로 생산된다. 미국의 남성 정장 전문 브랜드 중에는 정장바지의 피트성을 높이기 위해 샅부터 허리까지의 길이(rise)에 따라 3가지 길이(Short-rise, Regular-rise, Long-rise)로 맞음새를 구분하여 바지의 치수를 다양하게 생산하는 업체도 있다.

드레스셔츠는 한국이나 미국 모두 목둘레 사이즈와 소매(화장)길이로 표기한다. 다만 한국은 센티미터(cm) 단위로 표기하고, 미국은 인치(inch) 단위로 표기하는 차이가 있다. 드레스셔츠의 치수에 관한 한국의 표준규격은 2005년도부터는 남성복 치수규격에 포함시켰다. 목둘레-화장치수의 범위를 35-74호부터 42-81호까지 31가지의 드레스셔츠를 제안한다. 목둘레 치수는 35-41cm의 7가지이며, 화장치수는 74~84cm까지 2cm 간격으로 제공된다. 미국의 경우 목둘레는 14 1/2부터 17인치까지 1/2인치 간격으로 생산하며, 소매길이는 30~34인치가 보편적으로 생산되며 1인치 간격으로 생산되나 재고율을 낮추기 위해 소매길이 선택은 제한하여 드레스셔츠의 치수 종류를 단순화시키기도 한다.

240

복습문제

1 기성복 의류치수 규격의 종류는 어떻게 나뉘는지 설명하시오.

2 키가 작거나 큰 소비자만을 대상으로 하는 사이즈에는 어떤 것이 있는지 설명하시오.

3 남성 정장 재킷의 사이즈는 어떻게 표기하는지 설명하시오.

4 유아복의 치수규격은 몇 호부터 몇 호까지 있는지 설명하시오.

5 우리나라 청소년 의류 치수규격은 어떤 것이 있는지 설명하시오.

6 미국과 우리나라 아동복 치수규격의 차이를 설명하시오.

7 미국 여성복 치수규격의 특징을 설명하시오.

8 우리나라 남성용 의류치수규격과 여성용 의류치수규격의 차이점을 설명하시오.

9 우리나라 성인 여성의 허리둘레치수 분포는 20대, 30대, 50대가 어떻게 다른지 설명하시오.

10 남성 드레스셔츠 치수는 어떻게 표시되는지 설명하시오.

11 남성 바지의 치수는 어떻게 표시되는지 설명하시오.

12 남성 재킷의 치수규격에서 체형의 차이를 어떻게 반영하는지 설명하시오.

241

심화학습 프로젝트

1 대상 고객의 연령이 다른 여성복 브랜드 5개의 의류치수규격을 수집하여 조사브랜드의 치수규격 차이를 의류품목(예: 재킷 또는 스커트)별로 정리해 보시오.

2 남성 정장 전문 브랜드 3개와 여성복이나 캐주얼의류 브랜드 업체에서 운영하는 남성복 브랜드 3개의 재킷 치수의 종류와 분포를 조사하여 차이점이나 공통점을 정리해 보시오.

부 록　섬유 제품 분야 품질 표시 기준

＝ 섬유 제품 분야 품질 표시 기준(기술표준원고시 제 2002-76호) ＝

1. 적용범위

* 의류, 한복, 수의류
* 그 밖의 섬유제품(양말, 손수건, 타월, 머플러, 스카프, 숄, 넥타이, 이불, 요, 가방)

2. 품질표시사항

섬유 제품분야에 대한 상품별 품질 표시 사항은 [별표 1]과 같다. (맞춤복은 제외한다.)

3. 용어의 정의

3.1 '조성섬유' 라 함은 [별표 2]에 따른다.

3.2 '다운(down)' 이라 함은 오리와 거위털 중 솜털 송이와 미성숙 연성솜털의 것을 말하며 기타 다운제품에 관한 용어의 정의는 관련 한국산업규격에 따른다.

3.3 '충전재' 라 함은 섬유제품의 외피와 내피 사이를 채운 오리털 및 거위털, 목화섬, 화섬솜, 기타 섬유소재를 말한다.

3.4 '혼용율' 이라함은 2종 이상의 섬유가 혼용(혼방, 교직)되었을 때, 각 조성 섬유 무게의 전 조성 섬유 무게에 대한 백분율(%)로 나타낸 것을 말한다. 이 경우에 조성섬유의 무게는 KS K 0301에 의한 공정수분율을 포함한 정량을 말하며, 혼용율 시험 방법은 KS K 0210에 따른다.

3.4 '발수가공' 이라함은 섬유제품이 물에 저항하는 성질이 부여된 가공을 말하며 발수가공시험은 KS K 0590(직물의 발수도 시험 방법: 스프레이법)에 따른다.

3.6 '방염가공' 이라 함은 직물 등 섬유제품에 화학적으로 약제처리를 하여 섬유제품의 불에 대한 저항성 또는 지연성을 부여하는 가공을 말하며 방염가공이라 표시하였을 경우 표시 기준은 소방법(법률 제6387호)의 방염성능 기준에 따른다.

4. 세부 표시 기준 및 방법

섬유 제품 분야에 대한 상품별 세부 표시 기준 및 방법은 다음과 같다.

4.1 섬유의 조성 또는 혼용률 표시는 조성섬유의 명칭을 표시하는 문자에 섬유의 조성

또는 혼용률을 백분율로 나타내는 수치를 병기한다.

다만, 조성이 다른 2종류 이상의 실로 된 원단, 그 원단 또는 조성이 다른 2종류 이상의 원단을 사용하여 제조하거나 가공한 섬유상품에 대하여는 다른 실 또는 원단의 매사용 부분을 분리하여 그 사용 부분을 알기 쉽도록 표시하고 각 사용부분별 섬유의 조성 또는 혼용률을 병기하여 표시할 수 있다.

4.2 원단의 생산업자 또는 가공업자는 섬유의 조성 또는 혼용률을 직물의 양변이나 직물의 필 단위 끝부분 또는 말대에 제직, 날염, 금 은박, 프린트나 떨어지지 않는 기타의 방법으로 표시하여야 한다.

다만, 모직물 및 모혼방직물은 직물의 양변 2m(또는 2m이내)마다 제조(가공)자명(또는 수입자명) 및 섬유의 조성 또는 혼용률을 표시하여야 한다.

4.3 섬유 제품에 있어서 치수표시는 [별표 3]에 따르고, 호칭을 표시할 경우에는 치수표시 명세에 의한 기본신체치수를 cm단위 없이 '―'로 연결하여 하거나 가슴둘레만을 호칭으로 사용한다.

4.4 실의 길이 표시는 1000m미만은 50m의 정수배로, 1000m이상은 500m의 정수배로 하며, 4000m이상은 1000m단위의 정수배로 하여 m로 표시하여야 한다.

4.5 발수가공여부의 표시는 코트류는 발수도 70이상, 운동복, 재킷 및 잠바는 50이상일 경우 '발수가공 됨'이라 표시할 수 있다.

4.6 원단 중 커튼 전용 원단에 대하여는 방염가공여부를 표시할 수 있다.

4.7 취급상 주의사항의 표시는 그 제품에 적합한 내용을 [별표 4]에 따라 3종류 이상 표시하여야 하며, 그 표시 시험 방법은 KS K 0021에 따른다.

다만, 수의류, 손수건, 타월, 모기장, 덮개류, 가방 등은 취급상 주의표시를 생략할 수 있다. 또한 취급상 주의표시로 정보전달을 하지 못하는 경우에는 취급상 주의표시 외에 간단한 문장 등으로 부기할 수 있다.

4.8 불꽃 접근시 제품에 옮겨 붙을 가능성이 있어 주의를 요하는 제품에 대해서는 [별표 5]와 같이 '불꽃주의' 기호를 추가할 수 있다.

5. 제조자 등 명칭부기

제조자 등 명칭부기는 제조자명, 수입자명(수입품에 한함), 제조년월, 제조자 또는 수입자의 주소 및 전화번호(지역번호 포함), 제조국명을 표시하여야 하며, 보조의 방법으로 판매자명과 주소 및 전화번호(지역번호 포함)를 표시할 수 있다.

6. 특수한 표시방법

4.1 항의 표시방법에 갈음하여 아래의 방법으로 조성 또는 혼용률 표시를 할 수 있다.

6.1 조성 섬유 중 어느 한 종류의 섬유의 혼용률이 80%를 초과하는 경우에는 그 혼용률을 표시하는 수치에 '이상'이라 부기하고 기타의 섬유의 명칭을 표시하는 문자는 일괄하여 기재하고 그들 섬유의 혼용률을 합계한 수치에 '미만'이라 부기하여 표시하는 방법

6.2 조성섬유 중 2이상 섬유 혼용률의 합이 10% 미만일 경우 그들 섬유의 명칭을 나타내는 문자를 일괄하여 기재하거나 혹은 '기타'로 표시하고 그들의 섬유 혼용률을 합계한 수치를 병기하는 방법

6.3 [별표 6]에 적힌 섬유 제품(그 조성섬유 중 섬유의 종류가 2이상인 것에 한한다)에 대하여 그 조성섬유 중 혼용률이 큰 것부터 순차로 섬유의 명칭을 나타내는 문자를 열기하는 방법

6.4 [별표 7]에 적힌 섬유상품(그 조성섬유 중 섬유의 종류가 2이상인 것에 한한다)은 [별표 6]와 같이 표시하거나 또는 조성섬유 중 혼용률이 큰 것부터 적어도 2이상의 섬유의 명칭을 표시하는 문자를 순차로 열기하고, 나머지의 섬유를 '기타'로 일괄하여 표시하는 방법

6.5 조성섬유 중 모섬유의 조성이 100%인 직물에 대하여는 그 직물의 양면에 '순모' 또는 'all wool'이라는 문자 및 제조자명 또는 상표를 제작하여 표시하는 방법

6.6 안감을 사용하는 섬유 제품에 대하여는 그 안감을 분리하여 섬유조성을 표시할 경우 그 안감에 대하여는 조성섬유 중 혼용률이 큰 것부터 순차로 섬유의 명칭을 나타내는 문자를 열거하거나 조성섬유가 3종류 이상으로 되어 있는 경우에는 혼용률이 제일 큰 섬유를 표시하고, 나머지의 섬유는 '기타'로 일괄하여 표시하는 방법

6.7 이불 및 요의 솜, 침낭의 충전재로 방적공정의 폐설물, 천조각 또는 실부스러기 등을 섬유상태의 것으로 사용한 경우에는 '재용면 사용'으로 표시하는 방법

6.8 혼용률 산정이 불가능한 상품의 경우에는 6.3 또는 6.4항에 따르는 것을 원칙으로 하며 이 방법으로 표기가 불가능할 경우는 조성섬유 명칭 다음에 '혼용률 불명'이라 표시한다.

7. 통일문자

7.1 표시에 사용하는 섬유의 명칭을 나타내는 문자에는 [별표 8]에 따라 통일문자를 사용하여야 한다. 다만 종류가 불명한 섬유에 대하여는 '기타섬유' 또는 '기타'라는

문자를 통일문자로 하여 사용하고 조성섬유 중 혼용률이 5%미만인 섬유에 대하여
는 '기타섬유' 또는 '기타' 라는 문자를 통일문자로 하여 사용할 수 있다.

7.2 전호의 통일문자에는 상표 또는 통일문자 이외의 섬유명을 병기할 수 있다. 다만,
상표 및 통일문자 이외의 섬유명은 통일문자 다음의 괄호 내에 기재한다.

8. 혼용률에 관한 특례

8.1 섬유 제품 중 [별표 9]에 적힌 조성섬유가 있을 때에는 이를 조성섬유로부터 제외
하여 섬유의 조성 또는 혼용률을 산정한다.

8.2 원단의 장식 또는 조직의 모양에 사용한 실 및 섬유 제품의 장식보강 또는 가장자
리 등 특정부분의 효용을 증가시키기 위한 보강재, 상표, 무늬, 레이스, 밴드 등에
사용된 실 또는 원단으로서 그 조성섬유의 전체에 대한 혼용률이 7% 이하인 것에
대하여는 이를 조성섬유로부터 제외하여 혼용률을 산정할 수 있다.

8.3 일부의 조성섬유에 대하여 그 혼용률의 산정이 곤란한 경우에는 그 조성섬유의 혼
용률에 대하여는 혼용률을 나타내는 수치에 갈음하여 '혼용률 불명' 또는 '불명'
이라 표시하여야 한다.

9. 오차의 허용범위

섬유의 조성 또는 혼용률을 표시하는 경우의 오차의 허용범위는 [별표 10], 실의 번
수 또는 데니어를 표시하는 경우의 오차의 허용범위는 [별표 11], 원단의 폭을 표시하
는 경우의 오차의 허용범위는 [별표 12], 다운제품(의류)의 충전재 함량을 표시하는 경
우 오차의 허용범위는 KS K 2620(충전재용 우모)에 따른다. 실, 원단, 솜의 중량 또는
길이를 표시하는 경우의 오차의 허용범위는 −2%로 한다.

10. 용어사용의 제한

10.1 제4조 제1호 또는 제6조에 따라 표시가 되어 있는 경우에는 제4조 제1호 또는 제6
조의 규정에 의한 표시 이외의 섬유의 명칭을 나타내는 문자를 사용하거나 특정
의 섬유를 나타내는 것으로 널리 수요자들에게 인식되어 있는 상표를 사용할 수
있다.

10.2 전호의 섬유의 명칭을 나타내는 문자의 사용에 있어서 그 섬유의 조성이 100%인
때에 한하여, 그 문자에 '순' 등 섬유의 조성이 100%인 뜻을 나타내는 문자를 부
기할 수 있으며, 기타의 경우에는 그 문자에 혼방, 교직, 교편 또는 혼용인 뜻을
나타내는 문자를 부기할 수 있으며, 아울러 모든 조성섬유명을 병기하여 수요자

가 명확히 인식할 수 있도록 표시하여야 한다.

10.3 8.1 및 8.2항에 의하여 혼용률을 산정하였을 경우에는 조성섬유에서 제외한 실 또는 원단이 사용되어 있다는 뜻을 당해 문자에 각각 부기하여야 한다.

10.4 조성섬유 표시는 동일 크기의 문자로 분명히 표시하여야 한다.

11. 표시방법

섬유 제품의 품질표시는 제품의 사용에 불편을 주거나 미관을 심히 해하지 않는 한 소비자가 쉽게 식별할 수 있는 위치에 선명한 문자를 사용하여 낱개의 제품으로부터 떨어지거나 지워지지 않도록 품질표시를 하여 부착하여야 한다(종이상표, 꼬리표, 스티커는 제외). 다만 실, 원단, 솜, 파운데이션류, 런닝셔츠, 팬티류, 양말류, 장갑류, 수영복, 체조복, 스카프, 머플러, 손수건, 가발류는 종이상표, 꼬리표, 스티커를 사용하여 최종 소비사에게 제품이 판매 전달될 때까지 떨어지거나 지워지지 않도록 표시할 수 있으며, 동일품명으로 2개 이상(상·하의 경우는 제외)의 개수로 모아서 포장된 상태로 판매할 경우는 최소 판매 포장 단위 표면에 품질표시를 할 수도 있다.

= 상품별 품질 표시 사항 =

섬유 상품	품질 표시 사항
1. 실(전부 또는 일부가 면, 모, 견, 마, 비스코스레이온 섬유, 동암모늄레이온섬유, 아세테이트섬유, 폴리아미드계 합성섬유, 폴리에스터계 합성섬유, 폴리아크릴로니트릴계 합성섬유, 폴리비닐알콜계 합성섬유, 폴리염화비닐덴계 합성섬유, 폴리염화비닐계 합성섬유, 폴리에틸렌계 합성섬유, 폴리프로필렌계 합성섬유, 폴리우레탄계 합성섬유에 한한다)	1. 섬유의 조성 또는 혼용율 2. 번수 또는 데니어(가공된 실은 제외) 3. 길이 또는 중량 4. 제조년월 5. 제조자명 6. 수입자명(수입품에 한함) 7. 주소 및 전화번호(지역번호 포함) 8. 제조국명
2. 원단(위의 실을 사용하여 제조한 직물, 편성물, 부직포 및 레이스원단, 커튼)	1. 섬유의 조성 또는 혼용율 2. 폭 3. 길이 또는 중량 4. 방염가공여부(커튼전용원단 중 방염가공된 제품에 한함) 5. 취급상 주의(생지원단은 제외) 6. 제조자명 7. 제조년월 8. 수입자명(수입제품에 한함) 9. 주소 및 전화번호(지역번호 포함) 10. 제조국명
3. 솜	1. 섬유의 조성 또는 혼용율 2. 중량 3. 제조자명 4. 제조년월 5. 수입자명(수입품에 한함) 6. 주소 및 전화번호(지역번호 포함) 7. 제조국명

섬유 상품		품질 표시 사항
4. 위의 실 및 원단을 사용하여 제조 또는 가공한 섬유제품(전기 가열식의 것을 제외한다)	– 외의류(남성의류 및 여성의류의 총칭 : 슈우트, 스웨터, 재킷, 오바, 커버롤 등) – 중의류(남성의류 및 여성의류 총칭 : 베스트, 블라우스, 셔츠, 조끼 등) – 내의류(남성의류 및 여성의류의 총칭 : 팬티, 내의, 슬립, 파운데이션, 란제리, 수영복, 체조복 등 신체에 접촉되는 의류) – 유아용 의류 – 양말류 – 잠옷류 – 다운의류 – 이불 및 요 – 모포 – 침낭 – 카펫 – 학생복 – 모자	1. 섬유의 조성 또는 혼용율 2. 치수 3. 방수, 발수 및 방염 등 가공여부(방수, 발수 및 방염처리 등 특수가공된 제품에 한함) 4. 충전재(충전재를 사용한 제품에 한한다) 　– 섬유소재명(이불 및 요 침낭은 섬유소재명 및 % 표기) 　– 다운의류, 이불 및 요 중 다운제품은 솜털, 깃털, 기타로 구분하여 % 표기 5. 취급상 주의사항 6. 제조자명 7. 제조년월 8. 수입자명(수입제품에 한함) 9. 주소 및 전화번호(지역번호 포함) 10. 제조국명
	– 한복 – 수의류 – 기타섬유제품(장갑, 손수건, 타월, 머플러, 스카프, 숄, 넥타이, 가발류, 모기장, 덮개류, 가방, 기저귀류, 턱받이류, 가발류 등)	1. 섬유의 조성 또는 혼용률 2. 취급상 주의사항 3. 제조자명 4. 제조년월 5. 수입자명(수입제품에 한함) 6. 주소 및 전화번호(지역번호 포함) 7. 제조국명

＝ 조성섬유 ＝

1. 실에 있어서는 이를 조성하는 섬유

2. 직물에 있어서는 이를 조직하고 있는 실(변사를 제외한다)을 조성하는 섬유 다만, 파일 직물에 있어서는 파일을 조성하는 섬유

3. 편성물에 있어서는 이를 편성하고 있는 실을 조성하는 섬유

4. 부직포에 있어서는 이를 구성하고 있는 섬유

5. 레이스 원단에 있어서는 이를 구성하고 있는 실을 조성하는 섬유

6. [별표 1] 제4호의 섬유 제품(이하 '의류품 등' 이라 한다)은 그 원단을 구성하는 섬유 (다만, 이불제외)

7. 이불 및 요, 다운의류, 침낭에 있어서는 충전재 및 이들 제품들의 원단을 구성하고 있는 실을 조성하는 섬유

8. 솜에 있어서는 이를 구성하는 섬유

＝ 섬유상품에 있어서의 치수표시 ＝

품 명	치수표시명세	제품치수 허용범위
남성의류	KS K 0050에 따름	
여성의류	KS K 0051에 따름	
유아복	KS K 0052에 따름	
양말류	KS K 0088에 따름	
드레스셔츠	KS K 0037에 따름	목둘레 : +0.7cm −0.3cm 화장 : ±1cm
브래지어	KS K 0070에 따름	
모자	KS K 0059에 따름	
모포 이불 및 요 침낭 카펫	제품치수 가로×세로	−3cm

비고 : 1. 치수표시는 cm 단위를 사용하여 표시하여야 한다.

　　　2. 의류의 치수표시는 신체치수로 표시한다.

　　　　다만, 드레스셔츠(Y셔츠)는 제품치수를 표시함을 원칙으로 하되 필요에 따라 신체치수를 표시할 수 있다(반소매 제품은 화장을 제외한다).

　　　3. 치수측정은 정밀도를 가진 자로 명확히 재며 제품의 치수는 평평한 대위에 놓고 부자연한 주름이나 장력이 없도록 한 후 잰다.

= 취급상 주의표시 =

1. 물세탁 방법

번 호	기 호	기호의 뜻
101	95℃	물의 온도 95℃를 표준으로 하여 세탁할 수 있다. 삶을 수 있다. 세탁기로 세탁할 수 있다.(손세탁 가능) 세제 종류에 제한받지 않는다.
102	60℃	물의 온도 60℃를 표준으로 하여 세탁기로 세탁할 수 있다. (손세탁 가능) 세제 종류에 제한받지 않는다.
103	40℃	물의 온도 40℃를 표준으로 하여 세탁기로 세탁할 수 있다. (손세탁 가능) 세제 종류에 제한받지 않는다.
104	약 40℃	물의 온도 40℃를 표준으로 하여 세탁기로 약하게 세탁 또는 손세탁[1]도 할 수 있다. 세제 종류에 제한받지 않는다.
105	약 30℃ 중성	물의 온도 30℃를 표준으로 하여 세탁기로 약하게 세탁 또는 약한 손세탁[1]도 할 수 있다. 세제 종류는 중성세제를 사용한다.
106	손세탁 30℃ 중성	물의 온도 30℃를 표준으로 하여 약하게 손세탁[1]도 할 수 있다.(세탁기 사용 불가) 세제 종류는 중성세제를 사용한다.
107		물세탁은 안된다.

주[1] : 약한 손세탁은 흔들어 빨기, 눌러 빨기 및 주물러 빨기가 있다.
비고 : 물세탁 방법은 기호 중 온도기호 '℃'는 생략할 수 있다.

2. 산소 또는 염소표백의 가부

번 호	기 호	기호의 뜻
201	염소표백 (삼각형)	염소계 표백제로 표백할 수 있다.
202	염소표백 (삼각형에 X)	염소계 표백제로 표백할 수 없다.
203	산소표백 (삼각형)	산소계 표백제로 표백할 수 있다.
204	산소표백 (삼각형에 X)	산소계 표백제로 표백할 수 없다.
205	염소 산소표백 (삼각형)	염소, 산소계 표백제로 표백할 수 있다.
206	염소 산소표백 (삼각형에 X)	염소, 산소계 표백제로 표백할 수 없다.

3. 다림질 방법

번 호	기 호	기호의 뜻
301		다리미의 온도 180~210℃로 다림질을 할 수 있다.
302		다림질은 헝겊을 덮고 온도 180~210℃로 다림질을 할 수 있다.
303		다리미의 온도 140~160℃로 다림질을 할 수 있다.
304		다림질은 헝겊을 덮고 온도 140~160℃로 다림질을 할 수 있다.
305		다리미의 온도 80~120℃로 다림질을 할 수 있다.
306		다림질은 헝겊을 덮고 온도 80~120℃로 다림질을 할 수 있다.
307		다림질을 할 수 없다.

비고 : 1. 다림질 방법 기호 중 온도기호 '℃'는 생략할 수 있다.

4. 드라이클리닝

번 호	기 호	기호의 뜻
401	드라이	드라이클리닝을 할 수 있다. 용제의 종류는 퍼클로로에틸렌 또는 석유계를 사용한다.
402	드라이 석유계	드라이클리닝을 할 수 있다. 용제의 종류는 석유계에 한한다.
403	드라이	드라이클리닝 할 수 없다.
404	드라이	드라이클리닝은 할 수 있으나 셀프서비스는 할 수 없고, 전문점[1]에서만 할 수 있다.

비고 : 1. 전문점이란 가죽, 모피 제품을 취급하는 업소를 말한다.

5. 짜는 방법

번 호	기 호	기호의 뜻
501	약하게	손으로 짜는 경우에는 약하게 짜고, 원심 탈수기인 경우는 단시간에 짠다.
502		짜면 안된다.

6. 건조방법

번 호	기 호	기호의 뜻
601	옷걸이	햇빛에 옷걸이에 걸어서 건조시킬 것
602	옷걸이	옷걸이에 걸어서 그늘에서 건조시킬 것
603	뉘어서	햇빛에 뉘어서 건조시킬 것
604	뉘어서	그늘에 뉘어서 건조시킬 것
605		세탁 후 건조할 때 기계 건조를 할 수 있음
606		세탁 후 건조할 때 기계 건조를 할 수 없음

별표 5

= 불꽃 주의 표시 기호 =

기 호	기호의 뜻
 불꽃주의	불꽃 접근 시 불길이 옮겨 붙을 가능성이 있음

별표 6

= 혼용률이 큰 것부터 순차로 섬유명칭의 문자를 열거하여 표시하는 방법 =

1. 방모방식의 실 및 이를 사용하여 제조하거나 가공한 섬유 제품
2. 넵사, 슬럽사 등 섬유조성이 불균일한 실 및 이를 사용하여 제조하거나 가공한 섬유 제품
3. 기모된 직물 및 편성물과 이를 사용하거나 가공한 섬유 제품
4. 조성섬유의 일부가 마인 섬유 제품(마 이외의 조성섬유의 전부 또는 일부가 면·모·견·비스코스섬유 또는 아세테이트섬유인 것에 한한다)
5. 지조직에 무늬가 있는 원단이 무늬부분 또는 연속무늬가 있는 원단을 사용하여 제조하거나 가공한 의류품의 무늬부분
6. 오팔가공한 직물이나 편성물을 사용하여 제조하거나 가공한 의류품 등

═ 혼용률이 큰 것부터 2이상의 섬유명칭의 문자를
순차로 열거하고 나머지는 기타로 표시하는 방법 ═

1. 양말
2. 장갑
3. 케미칼레이스 원단 및 겉감에 케미칼레이스 원단만을 사용하여 제조하거나 가공한 의류품 등
4. 레이스원단(지조직을 갖는 것에 한함. 이하 이호와 같다) 및 겉감에 레이스원단만을 사용하여 제조하거나 가공한 의류품 등의 지조직 이외의 부분
5. 수공레이스 의류제품
6. 레이스원단을 사용하여 제조하거나 가공한 의류품 등(제3호 및 제4호에 적힌 것을 제외한다)의 레이스원단을 사용한 부분
7. 수영복, 체조옷
8. 브래지어, 코르셋, 기타의 파운데이션
9. 이불 및 요의 솜, 침낭의 충전재(다운제품 제외)
10. 이불 및 요의 겉감과 안감의 조성섬유가 다를 때의 이불 및 요의 겉감

═ 섬유 명칭의 통일 문자 ═

섬　　유			통일문자
면			면
수　모			모
양　모			
견			견
아　마			마
저　마			
대　마			
황　마			
비스코스 레이온 섬유	평균중합도가 40이상으로서 결정도가 높고 단면적이 균일한 원형의 것	폴리노직	레이온
	고강력과 고습강력을 부여하는 공정으로 제조된 재생 셀루로오스 섬유	모　달	
	습윤상태에서 비강력이 22.5g/tex이상이며 신도는 15% 이하인 섬유		
	기타의 것	레이온	
동암모늄 레이온 섬유		큐프라 또는 구리 암모늄레이온	
리오셀		텐　셀	
아세테이트 섬유	초화도가 45.0% 이상인 것	아세테이트	아세테이트
	초화도가 59.5% 이상인 것	트리아세테이트	
	기타의 것	아세테이트계	

섬　　유			통일문자
폴리아미드계 합성섬유 폴리비닐알콜계 합성섬유 폴리염화비닐리덴계 합성섬유 폴리염화비닐계 합성섬유 폴리에스터계 합성섬유			나일론 비닐론 비닐리덴 폴리염화비닐 폴리에스테르
폴리아크릴로 니트릴계 합성섬유	아크릴로니트릴의 중량비율로 85% 이상을 함유하는 장쇄상 합성고분자를 섬유의 구성물질로 하는 인조섬유	아크릴	아크릴
	중량으로 35% 이상 85% 미만의 아트릴로니트릴 단위를 함유하는 장쇄상 합성고분자를 섬유의 구성물질로 하는 인조섬유	모다크릴	
	기타의 것	아크릴계	
폴리에틸렌계 합성섬유			폴리에틸렌
폴리프로필렌계 합성섬유			폴리프로필렌
폴리우레탄계 합성섬유			폴리우레탄
폴리에틸렌계 및 폴리프로필렌계로 혼합방사된 합성섬유	어느 한쪽의 중량비율이 20% 이상 함유된 것		폴리올레핀
	어느 한쪽의 중량비율이 20% 미만 함유된 것		80% 이상 함유된 쪽 섬유 명칭을 사용
전 각항의 섬유 이외의 섬유			그 섬유의 명칭을 나타내는 문자에 '지정외섬유' 또는 '지정외'라는 문자를 괄호를 붙여 부기한다.

= 조성섬유로부터 제외하여 혼용률을 산정할 수 있는 경우 =

1. 모포의 모우를 구성하고 있는 섬유 이외의 조성섬유

2. 이모편직물 또는 이모편직물을 원단으로 사용하고 있는 의류품 등에 대하여는 이모의 조성섬유('겉'이라는 뜻을 나타내는 문자를 부기하는 경우에 한한다)

3. 금속사·첨사 기타의 섬유 이외의 가공된 실, 스릿트사, 셀로판사의 조성섬유(금속사·첨사 기타의 섬유 이외의 것으로 가공된 실, 스릿트사, 셀로판사를 사용하고 있다는 뜻을 부기하는 경우에 한한다)

4. 넵 또는 스러브의 부분과 넵 또는 스러브 이외의 부분의 조성이 다른 넵사 및 스러브사와 이를 사용하여 제조하거나 가공한 섬유 제품의 넵 또는 스러브의 조성섬유(넵 또는 스러브의 조성섬유의 종류 및 넵사나 스러브사를 사용하고 있는 뜻을 부기하는 경우에 한한다)

5. 겉감의 일부에 레이스원단(지조직을 갖는 것에 한한다)을 사용하여 제조하거나 가공한 의류품 등의 레이스원단을 사용한 부분의 지조직 이외의 조성섬유(지조직이라는 뜻을 나타내는 문자를 부기하는 경우에 한한다)

6. 의류품의 심지·재봉사 등의 부속재료 또는 장식보강재 등으로 사용한 가죽, 인조가죽, 비닐 등의 비섬유재료

═ 혼용률 오차 허용범위 ═

1. 섬유의 조성이 100%인 뜻을 표시하는 경우에는 모에 있어서는 −3%, 모 이외의 섬유에 있어서는 −1%, 다만, 방모방식 실 및 이를 사용하여 제조하거나 가공한 섬유제품에 섬유의 조성이 100%인 뜻을 표시하는 경우에 방모방식 실이라는 것 또는 방모방식 실을 사용한 뜻을 부기한 때와 모섬유의 조성이 100%인 뜻을 모포에 표시하는 경우에는 −5%

2. 혼용률을 나타내는 수치에 '이상'이라 부기하여 표시하는 경우에는 −0%, '미만'이라 부기하는 경우에는 +0%

3. 혼용률을 나타내는 수치가 5의 정수배(100을 제외한다)인 경우에는 ±5

4. 섬유 제품분야 상품별 품질표시기준 및 방법 6.3 및 6.4항의 규정에 의하여 조성섬유의 혼용순서를 열기한 경우에 그 열기순서가 2% 이내의 혼용률의 차이로 잘못된 것은 이를 실제의 혼용순서와 일치하는 것으로 본다.

5. 1호 내지 4호에 적힌 경우 이외의 경우에는 ±4

6. 혼용률 표시는 소수점 첫째자리에서 반올림하여 정수로 표기함

═ 실의 번수 또는 데니어를 표시하는 경우의 오차의 허용범위 ═

실의 구분	허용범위
면사	±3% 다만, 콘덴사 면사는 ±4%
스프사 면방식 합성섬유방적사	±3%
마사	±15%
소모사	직사±4.5% 편사±5.5%
방모사	직사±9.5% 편사±7.0%
소모방식 합성섬유방적사	±6%
생사	28데니어 이하 ±3% 28데니어 초과~100데니어 이하 ±5% 100데니어 초과 ±10%
견방사	±9.5%
인견 및 합성섬유 필라멘트사	40데니어 미만 ±4.0% 40데니어 이상 ±6.0%
합성섬유 가연사	+9%, -6%

═ 원단의 폭 오차 허용범위 ═

원단의 구분	허용범위
면직물(파일직물을 제외한다)	+1.3cm −0.6cm
스프직물	상동
면방식 합성섬유 방적사직물	상동
마직물	상동
모직물	±2.5cm
소모방식 합성섬유 방적사직물	상동
인견직물	+1.5cm −1.0cm
합성섬유 필라멘트사직물	상동
교직물	상동
자수직물	상동
파일직물(테리직물을 포함한다)	±2.5cm
경편직물	+3.0cm −2.0cm
세폭직물	±0.5cm
기타 특수직물	±2.5cm

* 원단의 폭 측정은 양변(Selvage)을 제외한다.
출처 : FITI(2003), 섬유제품취급표시안내서 pp.49-74

참고문헌

국내 》》》

박신웅, 공석봉 (1986), 봉제과학, 교문사

보스렌자 (1993), 신사복 이야기, (주),서광

섬유패션미래전략기획단 (2003), 섬유. 패션 산업의 새로운 도전, 한국섬유산업연합회

한국의류시험연구원 (1994), 섬유제품용어

캠브리지 (2001), 캠브리지 삼십오년의 발자취, (주),캠브리지

한국섬유산업연합회 (2000), 미국 QR의 핵심기술 조사보고서, 정보자료 2000-4

한국원사직물시험연구원 (2003), 섬유제품취급표시안내서, FITI

한국산업규격 KS K 0037:1999, 드레스셔츠의 치수

한국산업규격 KS K 0050:1999, 남성복의 치수

한국산업규격 KS K 0051:1999, 여성복의 치수

한국산업규격 KS K 0052:1999, 유아복의 치수

한국산업규격 KS K 0059:1999, 모자의 치수

한국산업규격 KS K 0070:1999, 브래지어의 치수

한국산업규격 KS K 0088:1999, 양말의 치수

국외 》》》

Alexander, Patsy R. (1977), Textile Products-Selection, Use, and Care, Houghton Mifflin Co. Boston

Brown, Patty, Rice Janett (2001), Ready-to-wear Apparel Analysis, Prentice Hall, Upper Saddle River, NJ

Burns, Leslie Davis & Bryant, Nancy O. (2002), The Business of Fashion, Fairchild Publications, Inc., New York

Diamond, Jay & Pintel, Gerald (2001), Retail Buying, Prentice Hall, Upper Saddle River, NJ

Frings, Gini Stephens (2002), Fashion - From concept to consumer, Prentice Hall, Upper Saddle River, NJ

Greenwood, Kathryn Moore & Murphy, Mary Fox (1978), Fashion Innovation & Marketing, Macmillan Publishin Co. Inc. New York

Glock, Ruth E. & Kunz, Grace I.(1995), Apparel Manufacturing, 2nd ed. Merrill,

Prentice Hall Columbus, Ohio

Hamburger, Estelle (1976), Fashion Business—It's all, Canfileld Press, New York

Hochswender, Woody & Gross, Kim Johnson (1993), Men in Style, Rizzoli, New York

Hollen, Norma R. & Kundel, Carolyn J. (1999), Pattern Making by the Flat-Pattern Method, Merrill, Prentice Hall Columbus, Ohio

Kadolph, Sara J. & Langford, Anna L.(1998), Textiles 8th ed. Merrill, Prentice Hall Columbus, Ohio

Kadolph, Sara J. (1998), Quality Assurance for Textile and Apparel, Fairchild Fashion Group, New York

Marray, Maggie Pexlon (1990), Changing Styles in Fashion, Fairchild Publications, Inc., New York

Moore, Carolyn L., Mullet, Kathy K. & Young, Margaret Prevatt (2001), Concepts of Pattern Grading, Fairchild Publications, Inc., New York

Packard, Sidney, Winters, Arthur A. & Axelrod, Nathan (1980), Fashion Buying and Merchandising 2nd ed. Fairchild Publication Inc., New York

Pine, B. Joseph II (1993), Mass Customization: The New Frontier in Business Competition, Harvard Business School Press, Boston, Massachusetts

Reader's Digest (1986), Complete Guide to Sewing, Reader's Digest, Pleasanville, New York

Rosenau, Jeremy, A. & Wilson, David (2001), Apparel Merchandising, Fairchild Publication Inc., New York

Singer (1985), Sewing for Style, Cy DeCosse Inc. Minnetonka, Minnesota

Singer (1987), The Perfect Fit, Cy DeCosse Inc. Minnetonka, Minnesota

Singer (1988), Tailoring, Cy DeCosse Inc. Minnetonka, Minnesota

Stamper, Anita A. & Sharp, Sue Humphreis, Donnell, Linda B. (1991), Evaluating Apparel Quality 2nd ed., Fairchild Fashion Group, New York

Stegemeyer, Anne (1987), Who's Who in Fashion, 2nd ed. Fairchild Fashion Group, New York

Yoon Chun, Jongsuk (1992), A Methodlogy for Devising an Anthropometric Size Description System for Women's Apparel, Unpublished doctoral dissertation, University of Wisconsin-Madison, Madison WI

Waisman A. & Master Designer (1982), modern custom tailoring for men, The Master Designer, Chicago, Ill

Wolfe, Mary G (2003), The World of Fashion Merchandising, The Goodheart—Wilcox Co. Inc., Tinly Park Ill

Zangrillo, Frances Leto (1990), Fashion Desing for the Plus—Size, Fairchild Fashion Group, New York

ASTM D 6240—98 Standard Tables of Body Measurements for Men Sizes Thirty—Four to Sixty (34 to 60), Regular

ASTM D 5585—94 Standard Tables of Body Measurements for Adult Female Misses Figure Type, sizes 2—20

ASTM D 4910—99 Body Measurements for Infants, Sizes 0 to 24 Months

ASTM D 5826—95 Body Measurements for Children, Sizes 20 to 6x/7

ASTM D 6192—97 Body Measurements for Girls, Sizes 7 to 16

ASTM D 5586—94 Standard Tables of Body Measurements for Women Aged 55 and Older(All Figure Types)

ISO 3635: 1981 Size designation of clothes—Definitions and body measurement procedure

ISO 3636: 1977 Size designation of clothes—Men's and boys' outerwear garments

ISO 3637: 1977 Size designation of clothes—Women's and girls' outerwear garments

ISO/TR 10652 Standard sizing systems for clothes

日本規格協會 (1996), 成人男性用 衣類のサイズ, JIS L 4004

日本規格協會 (1997), 成人女性用 衣類のサイズ, JIS L 4005

찾아보기

269

271